核装备辐射防护

龚军军　夏文明　朱　敏　编著

中国原子能出版社

图书在版编目（CIP）数据

核装备辐射防护 / 龚军军等编著. -- 北京 ：中国原子能出版社，2024. 12. -- ISBN 978-7-5221-4024-7

Ⅰ. TL7

中国国家版本馆 CIP 数据核字第2024B7R388号

核装备辐射防护

出版发行	中国原子能出版社（北京市海淀区阜成路 43 号　100048）
责任编辑	徐　明
责任校对	刘　铭
责任印制	赵　明
装帧设计	北京华联印刷有限公司
印　　刷	北京厚诚则铭印刷科技有限公司
经　　销	全国新华书店
开　　本	787 mm×1092 mm　1/16
印　　张	13. 25
字　　数	331 千字
版　　次	2024 年 12 月第 1 版　2024 年 12 月第 1 次印刷
书　　号	ISBN 978-7-5221-4024-7
定　　价	68. 00 元

发行电话：010-88828678　

前　言

人类发现原子核裂变的奥秘之后，核能首先在军事上得到应用，原子弹一亮相，人们就被其巨大无比的威力所震撼，世界许多国家竞相研制核武器和核潜艇，当今，核武器和核潜艇已成为一个国家的安全支柱。为更好地发挥这些核装备的价值，保护工作人员和环境，需要相关人员了解和掌握辐射防护的基本理论和方法措施。

本书主要介绍核动力舰船和核武器涉及辐射防护的基础理论、防护方法和管理措施等，主要内容包括核辐射物理基础、辐射源、辐射量和单位、电离辐射生物效应、电离辐射防护体系与标准、外照射剂量计算与防护、内照射防护与监测、核辐射探测器与测量方法、核动力舰船辐射监测、核动力舰船辐射防护、核武器辐射监测与防护等。

本书内容系统性较强，简明、通俗、实用性强，主要作为院校核装备运行、维修、技术保障等涉及辐射防护专业的本科生教材，也可供从事核装备教学科研和保障的人员参考。

本书共 12 章，其中第 1 章~第 5 章、第 9 章~第 11 章由龚军军编写，第 6 章~第 8 章由夏文明编写，第 12 章由朱敏编写。全书由龚军军统稿，陈玉清审核。

限于编者水平，书中疏漏或错误之处在所难免，欢迎读者批评指正。

编　者

目　录

第1章 绪 论

辐射防护起源于放射性的发现与研究，是在人类研究、开发和利用核能与核技术的过程中逐渐产生和发展起来的一门应用性较强的学科，主要研究辐射对人体的危害，以及如何减少和防止辐射对人及环境的危害的方法与技术。本章在介绍辐射防护的产生和发展的基础上，主要介绍辐射防护的目的任务、主要内容及对待核辐射的态度。

1.1 辐射防护的产生与发展

自 19 世纪末人类发现放射性以来，核能与核技术的研究开发与应用得到了广泛而迅猛的发展，给人们的生产、生活带来了巨大的便利。但它也是一把双刃剑，给人类带来福音的同时，伴随核能与核技术的电离辐射也给人类带来新的危险。

从 1895 年伦琴发现 X 射线后不久，研究人员就发现长期接受 X 射线照射的人会发生皮肤起红斑、肿胀或溃疡，眼痛或结膜炎，毛发脱落，白血球减少等近期效应，后来发现镭等天然放射性物质也可引起皮肤癌、肺癌等恶性疾病，引起人们对辐射危害的重视，并提出许多防护措施，如将 X 射线管装入衬铅层的包装盒内，接触 X 射线的人员穿戴含铅的防护衣具，戴铅玻璃眼罩防止眼睛受到照射等。1928 年成立了国际 X 射线与镭防护委员会，专门研究 X 射线和镭的防护问题，此后随着研究和应用的深入和扩展，1950 年改名为国际放射防护委员会（ICRP）。由于缺乏对辐射远期效应的认识，20 世纪 30 年代至 50 年代，电离辐射被广泛应用于诊断和治疗，许多病人因接受过高的累积照射而诱发过多的白血病、骨肿瘤、肝癌等恶性肿瘤，使人们对电离辐射的危害有了进一步的认识。随着反应堆、核武器、加速器等核能与核技术的大量发展与应用，给辐射防护提出诸多亟待解决的问题，如辐射防护的标准、辐射屏蔽、辐射生物效应、环境放射性污染等，不断推动辐射防护向前发展，也促进放射生物学、放射医学、放射生态学等学科的产生和发展，辐射防护现已成为核科学与技术的一个重要分支。

在核能与核技术的应用场合，都离不开辐射防护，如核电厂、核动力舰船、宇宙飞船、加速器、核武器、X 光机、核医学、辐照加工技术、同位素应用、无损探伤、辐射育种、土壤施肥、地质勘探、医疗器械用品辐射消毒、高分子材料改性、食品保鲜、强辐射源安装使用和运输等，总之，核能与核技术的发展都要解决辐射防护问题。

国际上从事与辐射防护密切相关的研究机构或组织主要有国际放射防护委员会（ICRP）、国际原子能机构（IAEA）、国际辐射单位与测量委员会（ICRU）、国际辐射防护协会（IRPA）、欧洲辐射防护协会（ESPR）、联合国原子辐射效应科学委员会（UNSCEAR）、世界卫生组织（WHO）等。国内核工业、医疗卫生、环保及军队系统，也有相应的管理、研究、教学等专业机构，如生态环境部（国家核安全局）、生态环境部核与辐射安全中心、中国原子能科学研究院、中国辐射防护研究院等。

统计资料表明，在采取了适当的防护措施后，由核能与核技术应用产生的电离辐射导致的职业病死亡率和事故死亡率远低于矿产开采、建筑、运输等一般工业，但在一些意外或事故发生时，仍然会对公众和社会产生不可估量的影响，反过来也会影响核能与核技术的应用。1986 年 4 月 26 日发生的切尔诺贝利核电站事故，使世界范围内的核电应用受到极大的冲击，核电的发展一度停滞不前。2011 年 3 月 11 日因强烈地震引发海啸而导致的日本福岛核电站事故，释放了大量的放射性物质，放射性污水更是在数年内仍未能得到根本的有效控制，对环境和海洋生物将产生持久的影响，在世界许多国家掀起了轩然大波，促使国际社会和各国政府都重新审视核能安全问题。12 年之后，在未采取充分措施保障核污染水处理效果和可靠性、论证核污染水排海对海洋生态安全和人类健康的长远影响安全性的情形下，2023 年，日本政府强推福岛核电站核污染水排海，引起包括日本本国民众在内的多个国家和地区政府及民众的强烈反对。

1.2 辐射防护的目的

防护的对象是辐射，根据辐射对物质影响的不同，一般将辐射分为电离辐射和非电离辐射。电离辐射是指能够直接或间接使物质发生电离或激发的电磁辐射或粒子，一般由原子核结构和能态变化或原子核外的内层电子的运动变化产生的，如 α 粒子、β 粒子、γ 射线、X 射线、中子等。电离辐射的能量一般很高，可能使物质原子或分子的结构组成发生变化，进而改变其性质或功能。非电离辐射是指不能够使物质发生电离或激发的电磁辐射，多由原子核外层电子或原子分子的运动变化产生，如平时日常生活和工作中遇到的可见光、红外线、手机辐射、微波辐射、高压变电站电磁辐射等。非电离辐射的能量一般很低，一般不会使物质原子或分子的结构组成发生变化，对人体健康的不良影响微乎其微，但如果使用或防护不当，也会对人体的健康产生一些负面影响，但不属于本书关注的范围，关心非电离辐射防护问题的读者可参考相关文献。如果未特别说明，本书中提及的辐射均指电离辐射。

通俗地讲，辐射防护就是对各种射线或粒子进行适当的防护，以减少对人的伤害。但在不同的历史时期，随着人们对放射性认识的不断提高，辐射防护的目的也随之变化发展。在发现和研究放射性现象的早期，主要是研究防止发生眼痛、皮肤损伤、毛发脱落等近期和急性效应的方法和标准等，以防止发生可直接观察到的生物效应。随着研究的深入，人们认识到电离辐射不但会产生上述近期有害效应，较高的累积照射还会诱发白血病、肺癌等恶性疾病，此时辐射防护的目的就是将辐射可能产生的远期效应限制在一个可以接受的水平。

专门从事辐射防护研究的国际组织 ICRP 比较系统和全面阐述辐射防护体系和安全标准的出版物，截至目前主要有 26 号、60 号和 103 号。

ICRP 于 1977 年发表第 26 号出版物，第一次提出剂量限制体系和实践正当化、防护最优化和个人剂量限制的辐射防护三原则，其目的是防止有害的非随机性效应，并限制随机性效应的发生概率，使之达到被认为可以接受的水平。

ICRP 于 1990 年发表第 60 号出版物，在 26 号出版物剂量限制体系的基础上，扩展为基于“实践”和“干预”的放射防护体系，其目的是“为人类提供一个适宜的防护标准而不致过分地限制产生辐射照射的有益实践”，强调不能将个人剂量限值作为衡量防护工作的标准。

ICRP 于 2007 年发表第 103 号出版物，将辐射照射区分为计划照射、应急照射和既存照射，提出“源相关”和“个人相关”的评价类型，进一步强调防护的最优化，其目的是“防止辐射照射对人和环境的有害效应，提出一个适当的水平，但不过分限制可能与照射有关的有益的人类活动”。

1.3 辐射防护的任务

辐射防护的基本任务是保护人类和环境免受或少受电离辐射的危害，既要保护放射性职业工作人员、广大公众及其后代的健康与安全，又要允许正当照射的必要活动。针对核动力舰船而言，就是要确保舰船装备和工作人员的辐射安全，实现正常运行工况的防护与监督、预计运行事件的防护与监督、事故预防或缓减事故工况后果的防护与监督，以保护现场人员、公众和环境的辐射安全。它必须对核动力装置产生的放射性物质的污染、电离辐射的照射和其他核事故危害，能采取综合有效防护措施，以保护人员和环境的安全。核动力舰船反应堆设计、建造、运行、维修、换料、退役等全过程，必须确保每一环节工作人员、公众和环境的辐射安全，符合防护标准规定。在核动力舰船运行、维修、事故、退役时，必须控制反应堆、放射性设备辐射源、放射性气体和液体等对工作人员的照射和放射性物质的污染，以及对舱室及环境的污染。辐射防护的主要任务：

（1）制定辐射防护法律法规标准；

（2）遵循辐射防护最优化原则，优化辐射防护设计；

（3）采用辐射屏蔽、控制操作时间、远距离控制、辐射监测、辐射防护管理、人员培训等各项措施，保障人员的辐射安全和工艺设备系统运行的辐射安全；

（4）核动力舰船、港口码头、修理厂或建造厂等场所的放射性废物管理；

（5）采取预防事故措施或缓减事故工况后果的防护措施；

（6）人员受照剂量监测和健康管理；

（7）工作人员培训与考核质量管理；

（8）设立审管机构及各种研究、管理、教学机构等。

1.4 辐射防护的主要内容

辐射防护是一门多学科综合性应用科学，其内容框架的一端是基本原则和基本标准；另一端是防护方法与手段，即减小照射的技术。辐射防护研究的主要内容包括：辐射剂量学、辐射防护标准、辐射防护最优化、辐射防护监测、防护方法与技术、防护评价及辐射安全管理等。从广义上讲，辐射防护还包括为达到防护目的在工艺流程和具体工程中必须考虑的特殊安全问题，如反应堆安全、临界安全、放射性废物处理与处置等。针对核动力舰船而言，辐射防护主要包括核动力舰船在设计、建造、运行、维修、事故、退役等过程或环节中涉及的辐射防护问题。

辐射剂量学是研究辐射在物质中产生辐射剂量的机理以及如何计算和测量剂量的学科。20 世纪 50 年代末发展的微剂量学把辐射剂量学的研究推向细胞、分子阶段，为探索辐射作用机理开创了新的途径。随着探测技术的发展，固体剂量学也得到很快发展。

辐射防护标准，是实施辐射防护的依据。各国的辐射防护标准大都是根据 ICRP 的建议，结合本国的具体情况而制订的。从 1928 年至今，ICRP 发表了一系列出版物，比较系统和全面提出辐射防护体系的主要有 26 号（1977 年）、60 号（1990 年）和 103 号（2007 年），我国当前执行的《辐射防护安全基本标准》（GB 18871）是依据 ICRP 第 60 号出版物制定的，于 2002 年颁布，2018 年实施的《中华人民共和国核安全法》也有定性说明。

辐射防护最优化，是辐射防护体系中最重要的组成部分，它应贯穿于辐射实践（设计、建造、运行、退役）的全过程。最优化是从所有可能方案中选择最合理的一种，以达到最优目标的学科。最优化的宗旨是追求最优目标，在相同条件下获得最优方案，得到最佳效益，包括经济效益和社会效益。最优化有三种不同的表达方式，即所谓“保持一切照射在可以合理达到的尽量低的水平”“防护的最优化”和“ALARA（as low as reasonably achievable）”原则，它们在 ICRP 体系中是相同的概念。

辐射防护监测，是指为估算和控制工作人员及公众所受辐射剂量而进行的测量和对结果的解释和评价。辐射剂量测量原理涉及物理、化学、生物学及核电子学、核探测器等许多方面的知识。电子技术的发展，极大地促进了剂量监测仪表及监测系统的发展。

防护方法与技术，包括屏蔽设计、防护器械和防护用品的研究与开发、放射性去污方法等内容。屏蔽是辐射防护的重要手段，目前，有关屏蔽材料和屏蔽计算的研究较为广泛和深入，许多研究机构已通过试验和计算的方法给出了可直接使用的数据和图表，能够满足一般情况下的需求。对大型装置或系统而言，屏蔽计算非常复杂，一般通过建立恰当的数学和物理模型，采用点核积分、离散纵标或蒙特卡罗等方法，开发专门的计算软件在计算机上才能实现。

辐射防护评价，包括涉核装置和设备的辐射安全评价、环境污染水平评价和职业人员及公众剂量评价等，还包括放射性物质在环境介质中的传输规律和在人体内代谢转移的理论模式等。各国相关主管部门都规定，在设计和建造核设施之前，必须对选址点周围的环境本底、水文地质、气象条件、动植物、人口分布及饮食等自然和社会情况进行调查，对核设施给出的源项及发生最大可信事故时的辐射安全与环境保护作出评价报告，经主管部门批准后，方可开展设计和施工。在核设施建成投入正常运行后，还须定期进行辐射防护监测，并向主管部门提交报告。

辐射安全管理主要包括制订本部门法规或标准的实施细则和安全措施，宣传和执行相关政策、法律法规、导则、技术规范、标准等，屏蔽设计与安全审查，剂量监测实施、现场剂量控制管理、人员剂量档案管理，废物治理及放射源管理，核设施维修和事故管理，从事放射性工作的职业工作人员辐射安全技术培训和考核，辐射工作人员健康管理等。

1.5 对待核辐射的科学态度

核能与核技术的应用，必然伴随辐射危险，社会公众和职业工作人员对待核辐射，常见的主要有以下两种比较典型而极端的态度。

1. 谈核色变

部分社会公众和初次接触核辐射的人，由于不了解核辐射，往往存在盲目恐惧心理，谈到核辐射就联想到脱发、不育、癌症、遗传病、动植物变异等，思想上形成了沉重负担。二战中美国向日本广岛和长崎投下的原子弹，强大的杀伤力和破坏力超乎人们的想象，十余万人死亡，许多幸存者后来也因遭受辐射而罹患癌症，或后代患遗传病，切尔诺贝利、福岛等几次重大核事故更使公众对核辐射产生恐惧，如发生“抢购食盐”等风波，不少国家发起“反核”游行示威活动，有的甚至可能引发社会恐慌。核电厂发生的一丁点异常，都有可能引发社会公众的强烈关注，如2010年5月23日大亚湾核电厂一回路冷却水放射性碘和放射性气体异常上升，但未释放到周围环境，后查明原因为一根燃料包壳出现微小裂纹，完全在国家相关标准规定的安全范围内，甚至比国际核事件评级中的最低一级都轻微，但被一些媒体报道为核泄漏事故，引起当地及周边公众的恐慌，经有关部门多次发布环境辐射监测数据和解释宣传后才逐渐平息。

除了核电厂，辐射保鲜加工或射线探伤等装置应用的放射源较强，管理不当或发生意外时处置不当也可能造成社会公众的恐慌心理。如2009年6月7日，河南省杞县一家食品辐照保鲜加工厂由于受辐照的货包倒塌，辐照放射源被卡住而不能安全复位，货包长时间受辐射照射后温度过高而发生燃烧，但未得到及时处理和控制，后来还投入机器人进入辐射室，试图修复故障，只是收效不大。由于未能及时发布事故及处理情况的权威消息，网络上谣言四起，说发生了核泄漏，机器人也被核辐射照坏了，许多民众开始携带生活用品等向外出逃，出城的道路上挤满了拖拉机、三轮车、摩托车、汽车，不少人被挤伤压伤。后来县长在辐射室门口接受电视台采访，通过新闻发布会、手机短信等形式辟谣，才将事态平息。这也从另一方面说明，核科普工作任重而道远。

2. 麻痹大意

部分职业工作人员工作一段时间并初步了解一些有关辐射方面的知识后，加之核辐射对人体的有害作用并不会立竿见影地显现，认为射线危害无足轻重，往往又会麻痹大意，不按安全规程进行操作，不按规定佩戴个人剂量计，污染工作服、手套等随意放置。

以上两种态度都是不恰当的，正确、科学对待核辐射的态度应该是既不对核辐射产生过度的恐惧，也不忽视核辐射可能产生的危险。应当像对待敌人那样，在战略上藐视它，在战术上重视它。“谈核色变”完全不必要，但在每一个具体问题上，必须重视它，认真对待，不可蛮干，要胆大心细，采取科学的防护措施。但又不应过分小心，否则又会发展成另一个极端，影响工作的正常开展。

应当指出，对工作人员而言，核动力舰船从设计到建造对辐射作了有效的防护，采取了许多防护措施，只要工作人员掌握辐射防护知识，遵守各项安全规定，科学管理，正确操作使用，工作人员的辐射安全是有充分保障的。但是，安全技术要靠人去掌握，各项规定要靠人去执行。所以，即使核动力舰船设计建造得再好，仍需要人去正确使用管理。世界各国的许多实践都证明，大多数核事故和辐射事故的发生是由于忽视安全防护、麻痹大意、违章操作和管理不善造成的。只要能够按照安全规程操作，就能够最大限度地避免事故的发生，将核辐射带来的风险和危险降至预期以下。

1.6 本书侧重点

本书围绕采用压水反应堆的核电厂和核动力舰船、核武器产生的α、β、γ、n 等电离辐射的防护问题展开，在介绍常见电离辐射与射线的相互作用，辐射源、辐射量与单位、电离辐射生物效应、电离辐射防护体系与安全基本标准等辐射防护基本理论的基础上，延伸讲述内外照射的防护、辐射监测，最后介绍核动力舰船的设计、建造、运行、维修及退役等环节，以及核武器的辐射防护安全管理。相关的辐射防护基本概念、理论和防护原则方法也同样适用于其他涉核场所，对于各类研究堆、放射诊断和治疗，以及工农业生产中的射线探伤、辐照保鲜等场合遇到的具体辐射防护问题，本书不作专门讨论，感兴趣的读者请参考相应的资料。

思考题

1. 电离辐射与非电离辐射有何区别？
2. 第 26 号、60 号和 103 号 ICRP 出版物分别是如何描述辐射防护的目的的？
3. 辐射防护的主要任务是什么？具体有哪些？至少举出五个方面。
4. 对待核辐射常见有哪两种错误态度？对待核辐射的科学态度是什么？

第2章 核辐射物理基础

辐射防护的对象是核辐射，要做好辐射防护工作，必须对核辐射有一定了解。本章从人类发现和探索放射性的重要历史事件着手，简要介绍原子核和放射性衰变等内容，重点介绍常见电离辐射与物质发生相互作用的种类、规律、截面等。

2.1 原子和原子核

2.1.1 原子的模型

1897年，汤姆逊发现了（负）电子，后来科学家们通过一系列实验确定了电子的一些基本特性，并发现从很多物质中都可以打出电子，由此确信电子是所有原子的共同组成部分。由于原子是电中性的，那么原子中就必然有带正电的物质。因此，首先要解决的问题就是原子中带正电的物质和带负电的电子在原子中是如何分布的。1903年，汤姆逊首先提出了一种“西瓜模型”：原子中的正电荷以均匀的体密度分布在一个大小等于整个原子的球体内，而带负电的电子则一粒粒地分布在球体内的不同位置上，这些电子能在它们的平衡位置上作简谐振动。但这个原子模型与后来1911年卢瑟福所做的α散射实验相矛盾，很快就被放弃了。

人们发现质子（当时还未命名）实际上比发现电子还早，但刚开始未被承认，直到1902年许多实验表明，这种辐射很容易穿过物质以及与物质的相互作用可以判断出，其体积应该比常见的离子或原子小得多，而且它在磁场中的偏转表明，它与氢离子具有相同的电荷和质量，卢瑟福将其命名为质子P。此时科学家们很自然地认为，原子多半是由电荷相互平衡的质子和电子组成的，由于电子易于打出，而质子则不能，所以质子看来应该在原子的内部，但电子和质子究竟形成了什么样的结构？

卢瑟福亲自着手寻找答案，从1906年到1908年三年中，他反复试验，用α粒子轰击金属薄箔（金或铂），以探索它们原子内部的结构。试验中发现，大多数入射粒子都顺利通过，没有发现偏转（就像子弹穿过树叶一样），但事情并不尽然，卢瑟福发现，在金属薄箔后面作为靶子的照像底板上围绕着中心点有些出乎意外的散开的射击点，而且还有些粒子撞击后折回，这好比是有些子弹不仅不能穿过树叶，而且还碰到一些更坚硬的东西，以致被弹回来。卢瑟福由此断定，这些粒子所击中的是仅占原子体积极小部分的某种致密的核心，原子体积的大部分必定被电子所占有。当α粒子轰击金属薄箔时，它们通常只能碰到电子，因而α粒子就像子弹穿过树叶一样，没有发生偏转。但一旦碰巧击中了某个原子的致密的核心，就会发生偏转。由于一个α粒子穿过金属薄箔时必定会碰到无数个原子，但发生偏转的次数极少，说明原子的核心必定很小。卢瑟福想象，原子中的质子挤在处于原子中心的一个极小的“原子核”内，这个核虽小，但却几乎包含着全部原子的质量，而周围的电子像泡沫一样几乎占据着原子的全部体积，但实际上却没有多少质量。

卢瑟福根据散射实验提出了原子的核式模型：原子中央是带正电的原子核，电子在核外围绕核运动，由于电子的质量很小，所以原子的质量基本上全部集中在原子核上，卢瑟福因此获得1908年的诺贝尔奖。1913年，盖革和马斯顿进一步指出，某元素的原子核所带的正电荷恰好等于门捷列夫元素周期表中该元素的原子序数。

2.1.2 原子核的组成

卢瑟福提出的原子的核式模型虽然肯定了核的存在，对原子物理学的发展起了重大的作用，但未对核的具体组成作进一步阐述。许多实验发现，氢原子核在各种原子核内是作为正电荷的单元粒子存在的。刚开始人们发现各种原子的质量都很接近质子质量的整数倍，因此人们就猜测原子核是由质子构成的。但除了氢原子核以外，所有原子核的质量都比核内所带正电荷数个的质子的质量要大，也就是说原子的质量数比其核电荷数要大，而且越是到元素周期表的后面，这种情况就越严重。对铀而言，其原子核的质量相当于238个质子，而其电荷数却只有92。最初就是假设氦核有4个质子，但为何只有两个单位的正电荷呢？最简单直观的假设就是有两个单位的正电荷被核内质量可忽略的带负电的电子所中和了，这样就能够解释原子核的质量数与其电荷数不相一致的原因了。例如，氦原子核内有4个质子和2个电子，所以总质量数为4，而净电荷数为2；铀原子核内有238个质子和146个电子，所以总质量数为238、净电荷数为92。这种想法还得到一个事实的支持：当时人们已经知道，放射性原子核确实会发射出电子，因此，这种看法盛行了十多年，后来才从其他研究中得出另一个更好的答案，即便是在它流行的时候，这种想法也显现出了一些严重的缺陷：如果原子核主要是由质子构成的，那为什么各种不同的原子核的相对质量不是整数呢？例如，氯原子核的质量数为35，但测量到的原子量却为氢核的35.5倍，难道是它包含35.5个质子吗？半个质子的想法恐怕没有人能够接受。

1930年，德国物理学家玻特和贝克尔用α粒子束轰击铍箔时，发现了有一种穿透力很强的不带电的射线从铍箔的另一侧飞出。第二年居里夫妇发现这些射线穿过石蜡或其他含氢物质时，能够打出高速的质子束，并且其速度可达光速的十分之一。但他们都认为是γ射线，而没有进行更进一步的思考。1932年，查德威克经过深入的研究和分析后认为，这种射线不是γ射线而是一种新型的中性粒子，他取名为中子，并因此获得诺贝尔奖。

在这些最新科学发现的基础上，1932年，苏联科学家伊凡宁科提出了原子核组成的新假设：原子序数为 Z、质量数为 A 的原子核，是由 Z 个质子和 $N=A-Z$ 个中子组成的，后来把质子和中子统称为核子。在此模型中，原子核的质量数等于核内的核子数，而原子序数 Z 等于核内的质子数即核电荷数，原子核所带正电荷就是核内质子所带的总电荷。后来几十年的大量实验事实证明原子核的中子-质子结构假设是正确的，并且成为当代原子核物理的重要基础。

2.1.3 核素

通常将含有一定数目的质子和中子、并处于特定能量状态的一类原子或原子核称为核素，质子数、中子数及能量状态是一种核素区别于另一种核素的三个特征，任何一个特征不同的原子或原子核都不是同一类核素。

通常用符号$^{A}_{Z}X^{m}$表示一种核素，X 为元素符号，Z 为质子数，A 为质子与中子数之和，m 表示能量状态，有时将 m 与 A 写在一起，即$^{Am}_{Z}X$，若为基态则省略 m。如$^{60m}_{27}Co$或$^{60m}_{27}Co$表示含有 27 个质子和 33 个（60−27）中子且处于激发态的钴原子或钴原子核。由于质子数确定后，元素符号也就唯一确定了，因此，有时将 Z 省略，如^{60m}Co。为书写方便，有时也写作 X-A，或核素中文名-A，如^{60}Co或钴-60。

具有相同质子数 Z 但中子数不同（因而质量数 A 也不同）的一类原子或原子核称作同位素，如氢元素的三种同位素^{1}H、^{2}H和^{3}H（有时记作 H、D 和 T，或氕、氘、氚），都含有一个质子，分别含有 0 个中子、1 个中子、2 个中子。再如，天然铀矿中含有^{234}U、^{235}U和^{238}U三种铀的同位素，分别含有 142 个中子、143 个中子和 146 个中子。

一种元素在地球上天然存在的某种同位素的原子数占该元素所有同位素原子数的百分比，称作该同位素的丰度。例如，自然界中，^{238}U约占铀元素所有原子总数的 99.3%，即其丰度约为 99.3%，^{235}U约占铀元素所有原子总数的 0.7%，即其丰度约为 0.7%，而^{234}U占比小于 0.006%，即其丰度小于 0.006%。

具有相同质量数 A 但质子数 Z 不同的一类原子或原子核称作同量异位素，如^{60}Co、^{60}Ni和^{60}Cu，质量数均为 60，但分别含有 27 个、28 个和 29 个质子。

具有相同质子数和中子数（因而质量数也相同）但能量状态不同的原子或原子核称作同质异能素，如^{60m}Co和^{60}Co，^{124}Sb、$^{124m1}Sb$和$^{124m2}Sb$等，较高能态的同质异能素一般通过发射一定能量的 γ 射线退回到较低能态，但核内的质子数日和中子数目不发生变化。

2.1.4 原子核的质量和结合能

质子的质量为 $1.672\,5\times10^{-27}$ kg，中子的质量为 $1.674\,7\times10^{-27}$ kg，比质子质量稍大，一个电子的质量仅约为一个质子质量的 1/1 836，因此原子的质量绝大部分集中在体积占原子体积极小部分的原子核上。为方便起见，国际上一般将含有 6 个质子和 6 个中子的碳原子质量的 1/12 作为原子质量单位，用 u 表示，即 $1\ \mathrm{u}=1.6\,605\,665\times10^{-27}$ kg。以原子质量单位为标准而测定的原子质量的值称为该原子的原子量，原子核内的质子数 Z 和中子数之和称作原子的质量数 A。

由于利用一般的实验方法测量的都是原子的质量，而原了的质量绝大部分集中于原子核上，因此，在要求不高的情况下，原子核的质量通常可用原子的质量代替。

如果忽略原子核与核外电子结合能相联系的质量，那么原子核的质量可用原子的质量与核外电子的质量之差代替，即 $m_N = m_A - m_e$，其中 m_N、m_A 和 m_e 分别为原子核、相应的原子和电子的静止质量。

按照原子核的中子-质子模型，原子核的质量应该等于构成原子核的质子和中子的质量之和，但实验发现原子核的质量并不等于构成原子核的所有质子和中子的质量之和，而是比后者小一些，其间的差额就是原子核的质量亏损，也称作原子核的结合能。

如果忽略原子核与核外电子结合成原子时的质量亏损，则原子核的质量亏损为

$$B = Zm_p + Nm_n - (m(^A_Z\text{X}) - Zm_e) = Z(m_p + m_e) + Nm_n - m(^A_Z\text{X})$$

$$B \approx Zm(^1_1\text{H}) + Nm_n - m(^A_Z\text{X}) > 0$$

其中，m_n、m_p、$m(^1_1\text{H})$ 和 $m(^A_Z\text{X})$ 分别表示中子、质子、氢原子和^A_ZX 原子的质量。

根据爱因斯坦著名的质能关系式 $\Delta E = \Delta m \cdot c^2$，可计算出与原子核质量亏损 B 相联系的能量 E_B：

$$E_B = \Delta m \cdot c^2 = [Zm(^1_1\text{H}) + Nm_n - m(^A_Z\text{X})]c^2$$

E_B 表示 Z 个自由状态的质子和 N 个自由状态的中子结合成原子核时所释放出的能量，称为原子核的结合能。也可以这样理解：如果将构成原子核的所有核子分离成自由状态的核子，外界必须至少作数量等于 E_B 能量的功才能实现，原子核的结合能是因为原子核内各核子之间存在强大的相互作用。

原子的直径约 10^{-10} m 量级（常用 Å 表示，1 Å = 10^{-10} m），而原子核比原子要小得多，其直径约 10^{-15} m~10^{-14} m 量级。当组成原子核的各核子之间的距离接近 10^{-15} m 时，n-n、p-n、p-p 之间会产一种强大的吸引力或排斥力，称作核力。核力远大于质子间存在的库仑斥力，因而能够克服质子间的库仑斥力，将质子、中子紧密地结合在一起而成为原子核。反之，如果要将原子核中的各核子一个一个地取出来，必须克服核子间的核力作功，即提供能量克服核子间的吸引力，此能量在数值上应至少不小于核子间的结合能。

原子核的结合能与核子数 A 之比称作每个核子的平均结合能或比结合能，即 $\varepsilon = E_B/A$，表示从核内取出一个核子平均所需从外界获得的能量。以 2 个质子和 2 个中子组成氦原子核为例，分别计算质量亏损、结合能和每个核子的平均结合能。

$$\Delta m = Zm(^1_1\text{H}) + Nm_n - m(^A_Z\text{X}) = 2 \times (1.007\ 825 + 1.008\ 665) - 4.002\ 603 = 0.030\ 377\ \text{u}$$

$$E_B = \Delta m \cdot c^2 \approx 28.296\ \text{MeV}$$

$$\varepsilon = E_B/A = 7.07\ \text{MeV}$$

如果以各核素的每个核子的平均结合能 ε 为纵坐标，以核的质量数 A 为横坐标作图，可得核子平均结合能曲线，如图 2-1 所示。

从图 2-1 可以看出：

（1）对于 $A<20$ 的轻核区，核子平均结合能随 A 的增加而出现周期性的迅速增加。对于中等质量的核，当 $A=40$ 至 $A=120$ 时，核子的平均结合能最大，几乎是一常数，ε = 8.6 MeV。对于重核区，当 $A>120$ 时，核子平均结合能又开始减少，如^{238}U 每个核子的平均结合能 ε 约为 7.5 MeV。核子的平均结合能曲线中间高两头低，即中等核的核子平均结合能比轻核和重核都大。这说明自由核子结合成中等核时平均每个核子放出的能量最多，因此中等核最稳定。平均结合能最大的是^{56}Fe，达到 8.79 MeV。凡是核子平均结合能小的原子核转变成核子平均结合能大的原子核都能释放出能量，从图中也可以找到两种不同的获得能量的方式，即轻核聚变和重核裂变。如当一个^{235}U 核裂变为两个中等质量的核时，由于生成的新核结合得更紧密，核子的平均结合能比原来的大，因此可以释放出能量；

当${}_1^2H$和${}_1^3H$聚合成一个${}_2^4He$并放出一个中子时，也可以放出能量。

（2）对轻核而言，比结合能曲线不仅随 A 的增加而上升得很快，而且出现周期性的峰。质量数 A 是 4 的整数倍、且 Z 和 N 相等且为偶数的偶偶核如${}_2^4He$、${}_4^8Be$、${}_8^{16}O$ 等，平均结合能呈最大值；而 Z、N 均为奇数的奇奇核如${}_3^6Li$、${}_5^{10}B$、${}_7^{14}N$、${}_9^{18}F$ 等，平均结合能呈最小值，这说明偶偶核的稳定性较高，而奇奇核的稳定性较差。

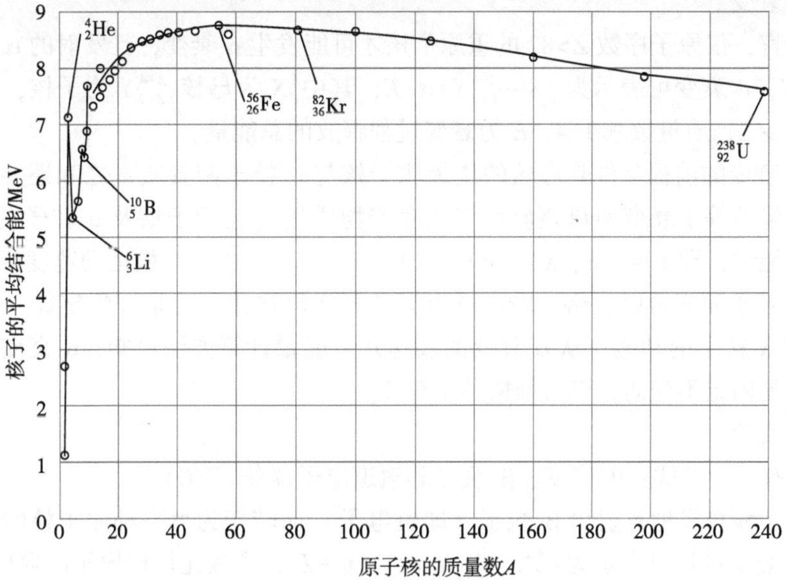

图 2-1　平均结合能与原子核的质量数 A 的关系

2.2　放射性衰变的特点和规律

1896 年贝可勒尔发现了铀的放射性，1898 年居里夫人又发现了钋-210 和放射性比铀还强几百万倍的镭-226。后来许多实验都发现，这些肉眼看不见的射线来自铀钋镭原子核本身，能够透过玻璃、黑纸、金属箔等使照相胶片感光，能够使气体电离，也能使荧光物质发光。迄今为止，人类已发现 2 000 多种核素，但仅有约 300 种核素是稳定的，大部分核素是不稳定的，会自发地通过发射射线或粒子等方式，从一种能量状态或结构状态自发地转变为另外一种状态。某些核素能自发地放出 α、β、γ 等射线，或发生轨道俘获后放出 X 射线，或自发裂变的性质称作放射性，放出射线的过程称作放射性衰变或跃迁，可以发生放射性衰变的核素称为放射性核素。

2.2.1　放射性衰变的特点

放射性衰变具有一些共同特点：

① 自发进行而非外界触发；

② 有固定的半衰期，且基本不受外界条件（温度、压力、电磁场）影响；

③ 放射性原子核数目的衰减服从指数衰减规律。

④ 放出一定能量的射线或粒子，能使物质发生电离或激发；

⑤ 可对生物产生特殊的生理效应。

根据放射性核素发生衰变时发射的射线或粒子种类的不同，可将放射性衰变进行分类，主要有α衰变、β衰变、γ衰变等，也有极少数核素衰变时会发射中子、^{12}C 等，许多放射性核素有两种或两种以上的衰变方式，会发射不同类型的射线或粒子。

（1）α衰变。

一般而言，仅原子序数 $Z>82$ 的重原子核才可能发生α衰变，且发射的α粒子能量多在4~8 MeV。α衰变可表示为 ${}_{Z}^{A}X \to {}_{Z-2}^{A-4}Y+\alpha+E$，其中${}_{Z}^{A}X$ 为母核，${}_{Z-2}^{A-4}Y$ 为子核，子核比母核原子序数减少2，质量数减少4，E 为衰变过程释放的总能量。

发生α衰变的前提条件是母核的质量比子核与α粒子两者质量之和还要大，α衰变释放的总能量即等于衰变前母核质量与衰变产物质量（包括子核及α粒子的质量之和）之差对应的能量，即 $E=[m({}_{Z}^{A}X)-m({}_{Z-2}^{A-4}Y)-m_{\alpha}]\cdot c^2$。由于母核运动速度相对于衰变后的子核和α粒子而言可以忽略，因而可根据动量守恒定律和能量守恒定律，可计算出子核的动能和α粒子的动能。从α衰变的表达式及能量计算方法可知，α衰变所产生的α粒子的动能是固定不变的，仅与母核种类有关。

（2）β衰变。

β衰变有三种方式：β^-衰变、β^+衰变和轨道电子俘获（EC）。

一种原子核自发地发射出β^-粒子（即负电子）而转变为另一种原子核的过程，称作β^-衰变，其衰变过程可表示为：${}_{Z}^{A}X \to {}_{Z+1}^{A}Y+e^-+\bar{\nu}+E$，子核比母核原子序数增加1，质量数不变。与α衰变不同的是，β^-衰变有三个产物：子核 ${}_{Z+1}^{A}Y$、负电子 e^-、反中微子 $\bar{\nu}$，虽然衰变释放的总能量是一定的，但在三个产物之间进行分配，因而负电子获得的能量可以是从0至衰变总能量之间的任何值，形成一个连续的谱分布。实验发现，负电子的能量大约在衰变总能量的1/3处的概率最大。

一种原子核自发地发射出β^+粒子（即正电子）而转变为另一种原子核的过程，称作β^+衰变，其衰变过程可表示为：${}_{Z}^{A}X \to {}_{Z-1}^{A}Y+e^++\nu+E$，子核比母核原子序数减少1，质量数不变。与$\beta^-$衰变类似，正电子的能量也是连续的谱分布。

原子核从核外俘获一个轨道电子转变为另一种原子核的过程，称作轨道电子俘获（EC），其衰变过程可表示为${}_{Z}^{A}X+e^- \to {}_{Z-1}^{A}Y+\nu+E$，子核比母核电荷数减少1，但质量数不变。$K$层电子离核最近，被俘获的概率最大，这种俘获称作$K$俘获。当母核发生$K$俘获后，$K$层少了一个电子，较高能态的电子将会跃迁到$K$层，多余的能量则以特征X射线的形式释放出来。除此之外，多余的能量也可能交给某一电子，使其脱离核的束缚而成为自由电子，此电子称为俄歇电子，此过程称为俄歇效应。

（3）γ衰变。

许多放射性核素在发生α衰变或β衰变后，其子核仍然是激发态，可能通过释放γ射线的形式回到较低能态或基态，或将能量交给核外电子使其脱离核的束缚而成为自由电子，前一种情况常称作γ衰变，后一种情况称作内转换。

γ衰变过程释放的γ射线是单能的，大小等于前后能级之差，此值只与发生衰变的母核种类有关，因此可以通过测量γ射线能量来确定发生γ衰变的母核种类。

发生内转换时所发射的电子是内转换电子，与β衰变过程中产生的电子能量连续分布的特点不同，内转换电子的能量是单一的。内转换电子发射后，核外某一壳层会空出一个位置，外层壳层的电子会跃迁进行填补，多余的能量以发射特征X射线的方式释放。

2.2.2 放射性衰变的规律

许多实验都发现，各种放射性核素的衰变速率是不一样的，但对某一种特定的放射性核素而言，其衰变速率是一定的，而且放出的射线的种类和能量也是一定的。

对单个放射性核素原子核而言，其衰变是随机的，可能很快发生衰变，也可能经过很长时间才会发生衰变，但对大量的放射性核素原子核而言，则服从一定的统计规律。

假设某种放射性核素初始时刻有 N_0 个原子核，经过 t 时间后单位时间 dt 内发生衰变的原子核的数目 dN 与时间间隔 dt 及此时尚未发生衰变的原子核数目 N 成正比，即 $-\mathrm{d}N\propto N\cdot \mathrm{d}t$，设比例系数为 λ，则有 $-\mathrm{d}N=\lambda N\mathrm{d}t$，代入初始条件可得

$$N=N_0\mathrm{e}^{-\lambda t} \tag{2-1}$$

式（2-1）表明放射性核素原子核数目的变化服从指数衰减规律。比例系数 λ 称作衰变常数（decay constant，常用希腊字母 λ 表示），量纲为 s^{-1}，表示放射性核素衰变的快慢。实际工作中经常用另一个物理量——半衰期（half life，常用 $T_{1/2}$ 表示），表示一定量放射性核素衰变到一半所需的时间，其量纲为时间的量纲 s。衰变常数与半衰期的关系为：$\lambda\cdot T_{1/2}=\ln 2\approx 0.693$。与放射性衰变速率相关的量还有放射性核素的平均寿命 τ，$\tau=1/\lambda$，表示一个放射性原子核的平均存在时间。

如果将式（2-1）两边取对数，变换后得

$$\ln(N(t)/N_0)=-\lambda t \tag{2-2}$$

即放射性原子核数目的对数与衰变时间成线性关系，在半对数坐标中表示很直观和方便。

2.3 电离辐射与物质的相互作用

2.3.1 概述

从本质上讲，辐射其实就是携带能量的电磁波或粒子，可根据其能量大小将其分为非电离辐射和电离辐射。非电离辐射是指不能够使物质发生电离或激发的辐射，如红外线、微波、手机辐射、无线电等，而电离辐射是指那些能够使物质发生电离或激发的辐射，如中微子，μ介子，加速器产生的粒子，核反应产生的粒子，放射性核素衰变产生的α、β、γ、n，X射线等。电离辐射包含的对象范围很广，其覆盖的能量范围也极宽，本书仅关注压水反应堆核电厂和核动力舰船产生的、对防护安全有重要影响的α、β、γ、n等射线或粒子。

对这些射线或粒子，在辐射防护所关心的能量范围内（以下如未作特别说明，均指此含义），α、β和γ主要是通过与核外电子发生作用而损失能量，但由于α和β带有电荷而γ不带电荷，它们与物质原子发生作用的机制不同，能量损失和被物质吸收的过程

和规律也不同；即使同为带电粒子，β和α、重离子的质量相差很大，它们与靶物质原子作用的行为也有很大差别。而中子与物质的相互作用，主要通过中子与靶物质原子核发生散射、核反应或使其裂变而产生次级射线或粒子。以下将分为带电粒子、γ射线和中子三种，分别讨论其与物质的相互作用。

2.3.2 带电粒子与物质的相互作用

带电粒子穿过靶物质时，将与靶物质的原子核或核外电子发生库仑相互作用，发生动量和能量转移传递，入射粒子将自身的一部分动能转移给靶物质的原子核或核外电子。带电粒子与原子核或核外电子的这种库仑相互作用过程中，两者并没有直接接触，但规律与宏观世界中两个物体之间的碰撞类似，因此以下将之也称为碰撞。根据碰撞过程中动量和能量转移传递特点的不同，将带电粒子与原子核或核外电子的碰撞分为四类：（1）带电粒子与核外电子的非弹性碰撞，（2）带电粒子与原子核的非弹性碰撞，（3）带电粒子与原子核的弹性碰撞，（4）带电粒子与核外电子的弹性碰撞。

（1）带电粒子与核外电子的非弹性碰撞。

当带电粒子从原子附近经过时，与核外电子发生非弹性碰撞，电子获得部分动能，可能从较低能态跃迁到较高能态（激发），也可能挣脱原子核的束缚成为自由电子（电离）。这种通过与核外电子发生非弹性碰撞使靶物质原子发生电离或激发的方式产生的能量损失称作电离损失（ionization loss，有些英文文献用 collision loss，碰撞损失，为与国内文献统一，后文均用电离损失）。由于最外层电子受原子核的束缚最弱，因而最容易发生电离。如果是内层电子发生电离，由于该层产生空位，外层电子将向内层跃迁，同时放出特征 X 射线或发射俄歇电子，特征 X 射线的能量为两层的能级之差。

（2）带电粒子与原子核的非弹性碰撞。

当带电粒子比较靠近靶物质的原子核时，将受到原子核较强的或吸引或排斥的库仑力作用，其运动速度和方向发生改变，同时伴随着发射具有连续能量谱的电磁辐射，称作韧致辐射，这种通过发射韧致辐射方式产生的能量损失称用辐射损失。α 粒子的质量很大，惯性很大，与原子核发生弹性碰撞后运动状态变化不大，因而辐射损失较小，相对于电离损失而言几乎可以忽略。而 β 粒子的质量较小，与原子核发生非弹性碰撞后运行状态变化非常显著，因而辐射损失很大，是一种重要的能量损失方式。

（3）带电粒子与原子核的弹性碰撞。

当带电粒子能量很低时，当其靠近靶物质原子核时，两者之间也存在库仑力作用，入射粒子运动速度和方向发生改变，但是不向外辐射光子，也不会使靶物质原子核激发。靶物质原子核获得入射粒子损失的动能，发生反冲，可能使靶物质晶格原子位移，产生缺陷，从而导致辐射损伤。只有在带电粒子能量特别低时，与原子核发生的弹性碰撞才是重要的。

（4）带电粒子与靶原子核外电子的弹性碰撞。

当带电粒子能量特别低时，也可能与靶物质原子的核外电子发生弹性碰撞，带电粒子的运动速度和方法发生改变，但能量损失很小，核外电子获得的能量比其最低激发能还小，电子的能量状态基本没有变化，可以视作是带电粒子与靶物质原子整体的相互作用。

但这种作用方式仅在极低能量的 β 粒子时才有考虑的价值，一般情况下都可以忽略。

虽然同为带电粒子，与物质作用的方式大体相似，但由于质量差别非常大，重带电粒子和轻带电粒子与物质作用时的能量损失规律、危害、防护方法等存在较大差别，以下分为重带电粒子和轻带电粒子两种情况详细讨论。

2.3.2.1 重带电粒子与物质的相互作用

重带电粒子与物质作用主要以电离损失方式为主，将带电粒子穿行单位厚度靶物质、以电离或激发方式损失的能量称作电离损失率，记作$\left(-\frac{dE}{dx}\right)_{ion}$，单位为 J/m，或 MeV/cm、keV/mm 等，其大小可用 Bethe-Bloch 公式表示

$$\left(-\frac{dE}{dx}\right)_{ion}=\frac{4\pi k_0^2 z^2 e^4 NZ}{m_e v^2}\left[\ln\left(\frac{2m_e v^2}{I(1-(v/c)^2)}\right)-(v/c)^2\right] \tag{2-3}$$

式中：k_0 为静电力常量（$8.98\,755\times10^9\ \mathrm{N\cdot m^2\cdot C^{-2}}$），$z$ 和 Z 分别为入射带电粒子和靶物质的电荷数，N 为单位体积内靶物质的原子数，m_e 为电子的静止质量，v 为入射带电粒子的速度，I 为靶物质的平均激发能，c 为光速。

从式（2-3）可以得到以下近似结论。

（1）电离损失率与入射粒子速度有关，而与其质量无关，原因在于重带电粒子的质量比电子大得多。只要两种入射粒子的速度相等，其在同一种靶物质中的电离损失率也相等。

（2）电离损失率与入射粒子的电荷数平方成正比。例如，速度相同的 α 粒子和质子在同一靶物质中的电离损失率之比为 4∶1，经过相同距离时 α 粒子损失的能量更大，因而其穿透能力较弱。

（3）电离损失率与靶物质的 N 与 Z 的乘积成正比，可以理解为电离损失率与单位体积内的电子数多少成正比，原子序数越高，密度越大，电离损失率越大。

如果在直角坐标系中作出能量损失率随入射粒子能量大小的变化曲线，如图 2-2 所示，曲线可大致分为三段。

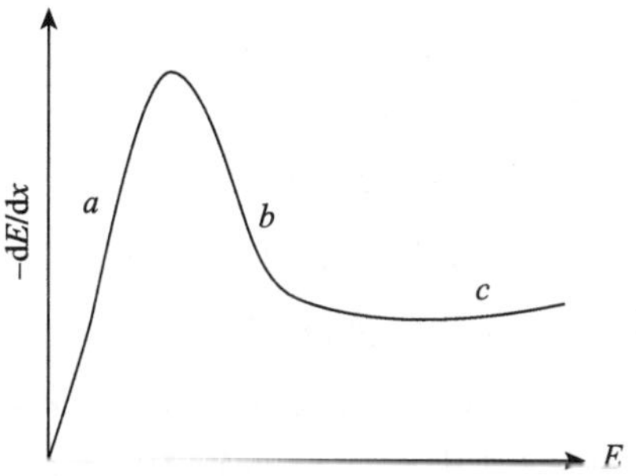

图 2-2 重带电粒子能量损失率随能量的变化关系

式（2-3）适用于描述 b 段的变化规律，在 b 段对应的能量范围内，式（2-3）中括号内第一项占优势，其他几项的值较小，可忽略，因而近似认为电离损失率与能量成反比。这种规律可以直观解释为：入射粒子的速度越低，入射粒子与电子的相互作用有效时间越

长，电子获得的能量也越多，因而入射粒子的能量损失率越大。在此段能量范围内，入射粒子速度降低时，入射粒子俘获电子的概率增加，但靶物质内层电子对（$-dE/dx$）没有贡献，因而靶物质的有效电荷减少，导致随着入射粒子能量的减小，曲线上升变缓，甚至于当入射粒子能量低到一定程度时，（$-dE/dx$）反而随能量减小而减小（过渡到 a 段），（$-dE/dx$）在某一能量处达到最大值。在 c 段对应的能量范围，随入射粒子能量的增加，式（2-3）中括号内后几项的作用逐渐显现，阻止本领缓慢上升。

由于重带电粒子的质量远大于核外电子的质量，因此，每次碰撞传递给核外电子的能量占入射带电粒子能量的很小一部分，甚至可以近似地认为重带电粒子是连续损失能量的。

能量特别低的重带电粒子主要与靶物质的原子核发生作用，其机理、特性等差别很大，但在日常的电离防护工作中基本不需考虑，因此不详细描述。

比电离 S 也可描述电离辐射电离能力，表示电离辐射在靶物质中穿行单位路径时产生的电子-离子对的数目。在靶物质中产生一对电子-离子对所需的能量称为平均电离能，假设为 ω 表示，则比电离、平均电离能和电离损失率三者之间的关系为

$$\left(-\frac{dE}{dx}\right)_{ion}/\omega = S \tag{2-4}$$

由入射电离辐射直接产生的电离作用，称作原电离或直接电离，原电离或直接电离产生的电子的能量可能很高，能够再次引起靶物质的电离，这种电离称为次电离或间接电离。

带电粒子在靶物质中穿行时，与靶物质原子发生相互作用而不断损失能量，直至能量耗尽而最终停留在靶物质中。带电粒子在靶物质中穿行径迹的长度，称为带电粒子在该靶物质中的路程。带电粒子沿最初入射方向在靶物质中所穿过的最大直线距离，称为带电粒子在该靶物质中的射程。射程并非带电粒子进入靶物质时的入射点与终点之间的距离，可以将射程理解为路程在初始入射方向上的投影。

动能在 2. 5~20 MeV 的 α 粒子在空气（15 ℃，标准大气压）中的射程可用经验公式表示为

$$R_{air} = 0.31E^{3/2} \tag{2-5}$$

式中：R_{air}单位为 cm，能量 E 的单位为 MeV。

α 粒子在其他介质 m 中的射程可粗略地用经验公式表示为

$$R_m = 3.2 \times 10^{-4}(\sqrt{A}/\rho)R_{air} \tag{2-6}$$

式中：A 为介质 m 的原子质量数，ρ 为介质 m 的密度，单位为 g/cm^3。

由于重带电粒子的电离能力极强，因而其射程很短，例如，放射性核素衰变产生的 α 粒子的能量一般 4~8 MeV，在空气中的射程不到 10 cm，在生物体组织中的射程不到 100 μm，用一张普通的纸就可以完全挡住，因而不必担心位于人体外部的 α 粒子的伤害。但由于其电离能力极强，可对人体组织器官造成较大伤害，所以应谨防通过呼吸道、食道等途径进入人体内部。

需要注意的是，射程一般只用于描述带电粒子，不用于描述不带电粒子。

由式（2-3）可知，电离损失率并非常数，因此比电离 S 也不是常数，而是随着入射

带电粒子在靶物质中速度变化而不断变化的。图 2-3 为 α 粒子在空气中比电离 S 随其到射程末端距离的变化规律，在接近射程末端时比电离 S 增加较快，到达峰值后迅速降低。

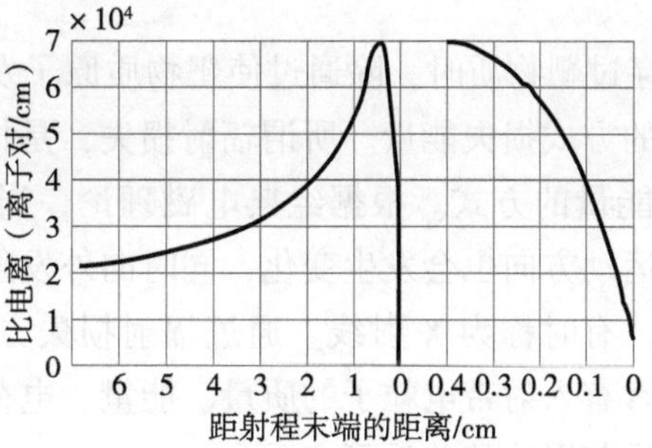

图 2-3　α 粒子在空气中比电离与距末端距离的关系

由于重带电粒子质量远大于电子，在能量不是很低时，主要与靶物质原子核外电子发生碰撞，其运动方向几乎不发生变化，因此，除径迹末端有少许畸变外，径迹的绝大部分近乎于一条直线，射程与路程的大小相差无几。

α 粒子是工作和生活中最常见的重带电粒子之一，实质上就是高速运动的氦原子核，一般是由原子序数大于 82 的放射性核素衰变时发射出来的，能量通常在 4~7 MeV。α 衰变产生的 α 粒子的能量是单能的，仅与衰变母核有关，因此可以通过测量其能量反推出母核的种类。

α 粒子与物质发生作用的主要方式是直接与原子核外的电子发生弹性碰撞或者非弹性碰撞，由于 α 粒子质量远大于电子，其运动方向几乎不发生改变，运动轨迹近似为直线。1 个 5 MeV 的 α 粒子在物质中一般要经过十几万次的电离碰撞才将其能量全部耗尽，最终捕获 2 个电子转变为氦原子。

2.3.2.2　轻带电粒子与物质的作用

轻带电粒子种类较多，在压水堆辐射防护工作中有重要意义的主要是 β 射线，包括 β^+和 β^-射线，以下主要介绍 β 射线与物质的作用。虽然同为带电粒子，但由于 β 粒子质量较小，与靶物质作用的规律与重带电粒了有很大的区别，其危害和防护方法也不同。

能量较高的 β 粒子与靶物质原子核外的电子发生非弹性碰撞而损失能量，与重带电粒子类似，也是其损失能量的重要方式。但由于 β 粒子与核外电子的质量相等，与重带电粒子近似连续损失能量的特点完全不同的是，一次碰撞传递给核外电子的能量可能占入射 β 粒子的很大比例，而且碰撞后运动方向也会发生较大改变。

在 β 粒子能量不太高时，非弹性引起的电离损失率表达式为

$$\left(-\frac{\mathrm{d}E}{\mathrm{d}x}\right)_{\mathrm{ion}}=\frac{4\pi e^4NZ}{m_e v^2}\left[\ln\left(\frac{2m_e v^2}{I}\right)+1.2\,329\right] \tag{2-7}$$

在 β 粒子能量较高时，应考虑相对论效应，式（2-7）括号的修正系数应作一定调整。

比较重带电粒子的电离损失率公式（2-3）和 β 粒子的电离损失率公式（2-7）可以发现，除括号中的修正项外，两者非常相似，均与入射粒子速度的平方成反比。当重带电

粒子的能量与β粒子的能量相同时，由于β粒子质量要小得多，其速度要比重带电粒子大得多，因而β粒子的电离损失率比重带电粒子的要小得多，反过来讲，其穿透能力要大得多。

β粒子等轻带电粒子穿过靶物质时，除通过使靶物质原子发生电离或激发的方式损失能量外，还会以辐射损失的方式损失能量。所谓辐射损失，是指轻带电粒子与靶物质原子核发生非弹性碰撞而损失能量的方式。根据经典电磁理论，当带电粒子非常接近原子核时，其运动速率下降，其运动方向也会发生变化，同时向外发射能量连续的电磁辐射，这种电磁辐射称作韧致辐射，有时称为 X 射线。通过辐射损失方式产生的能量损失率称为辐射损失率，主要影响因素有入射带电粒子的质量、能量、电荷以及靶物质的原子序数和原子密度等，辐射损失率受其影响的关系可表示为

$$\left(-\frac{\mathrm{d}E}{\mathrm{d}x}\right)_{\mathrm{rad}} \propto \frac{z^2Z^2NE}{m^2} \tag{2-8}$$

其中，rad 为辐射损失，m 为入射轻带电粒子的质量，其余符号与前相同。

从式（2-8）可知：

（1）辐射损失率与入射带电粒子的 m^2 成反比，与其 z^2 成正比。因此，轻带电粒子的辐射损失率比重带电粒子的大得多。例如，速度相同的α粒子和电子，前者的辐射损失率不足后者的百万分之一。因此，重带电粒子的辐射损失率完全可以忽略不计。

（2）辐射损失率与靶物质的 Z^2 成正比。这说明带电粒子与原子序数高的物质作用时更容易产生韧致辐射。例如，2 MeV 的β粒子，其辐射损失占总能量损失的比例在有机玻璃和铅中分别为 0.7%和 8%。

（3）辐射损失率与入射带电粒子的能量成正比。对β粒子而言，当能量较低时，辐射损失率较小，电离损失占主导地位；当能量较高时，辐射损失率占比增加。

在相对论适用的能区范围内，β粒子在重元素和轻元素原子靶物质中的辐射损失率与电离辐射率的比值为

$$\frac{\left(-\frac{\mathrm{d}E}{\mathrm{d}x}\right)_{\mathrm{rad}}}{\left(-\frac{\mathrm{d}E}{\mathrm{d}x}\right)_{\mathrm{ion}}} \approx \frac{ZE}{800} \tag{2-9}$$

$$\frac{\left(-\frac{\mathrm{d}E}{\mathrm{d}x}\right)_{\mathrm{rad}}}{\left(-\frac{\mathrm{d}E}{\mathrm{d}x}\right)_{\mathrm{ion}}} \approx \frac{ZE}{700} \tag{2-10}$$

式中：E 的单位为 MeV。例如在水中，当 E 约为 90 MeV 时，辐射损失率和电离损失率大致相当，而在铅中，此能量约为 10 MeV。由于放射性核素衰变产生的β射线能量一般不超过数 MeV，因此，仍然是电离损失占主导地位。

除韧致辐射外，当β粒子等轻带电粒子在某物质中的运动速度超过光速时，会使靶物质的原子产生暂时极化，退极化时会发出光子，称作契伦科夫辐射。

与重带电粒子近乎连续地损失能量的方式不同，β粒子与靶原子发生作用时损失能量

占其总能量的比例较大，一些能量较低的 β 粒子很快就被靶物质吸收了；另一方面，由于 β 粒子质量很小，与靶物质原子作用后运动方向可能会发生较大改变（散射或反射），能量越低，散射或反射现象越严重，因而其沿入射方向的穿行距离比经过的路程小很多。由于 β 粒子还会产生一定量的轫致辐射，因此严格意义上讲，β 粒子没有像重带电粒子那样明确的射程。实际观测发现，β 射线在物质中的吸收近似遵循指数衰减规律，但在指数衰减到一定程度后出现一个衰减很慢的拖尾，直至达到本底水平，如图 2-4 所示。如果在半对数坐标中作出 β 射线强度随吸收体厚度的曲线，沿直线衰减部分延长与横轴的交点所代表的吸收体的厚度，可视为 β 射线在该材料中的外推射程。

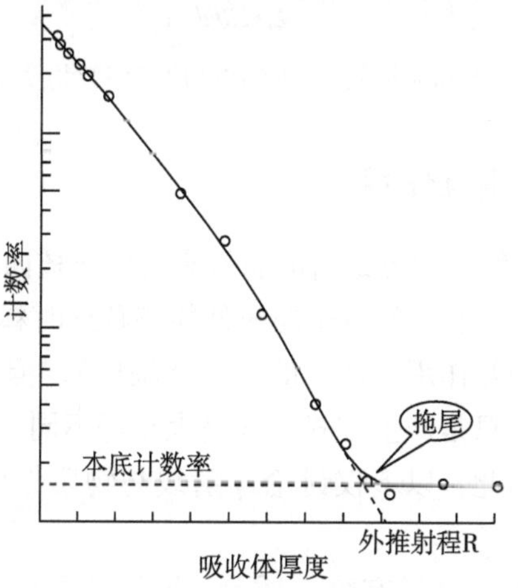

图 2-4　β 射线在物质中的减弱规律

相同能量的 β 粒子在原子序数较低的物质中的线性外推射程相差很大，但如果以质量厚度（可以理解为单位面积上的质量）表示的话，则相差很小。单能电子在原子序数较低的物质中的外推射程可用以下公式近似计算：

$$R=\begin{cases}0.412E^{1.265-0.0954\ln E} & 0.01\ \text{MeV}<E<2.5\ \text{MeV}\\ 0.53E-0.106 & 2.5\ \text{MeV}<E<20\ \text{MeV}\end{cases}\tag{2-11}$$

其中，E 的单位为 MeV，R 的单位为质量厚度 g/cm^2。

对于 β 射线，由于其能量是连续的，从零至最大能量都有分布，其射程一般是针对最大能量的 β 粒子而言的。式（2-11）的计算可能稍显复杂，在半对数坐标中作出不同能量电子的射程变化曲线，如图 2-5 所示，则可十分方便地查阅。

具有一定速度的正电子穿行物质时的规律与负电子基本相同，但在能量消耗殆尽时，由于带有正电荷，将与一个负电子结合发生湮没反应，放出两个能量相同的 γ 光子，称作湮没光子。如果忽略发生湮没前电子的动能，根据能量守恒定律，两个湮没光子的总能量应为正负电子的静止质量对应的能量 $2m_ec^2$，每个湮没光子的能量为 m_ec^2（约为 0.511 MeV），且两者方向相差约 180°，即近似方向相反。由于 0.511 MeV 的光子在相同物质中的穿透深度远大于正电子的射程，导致影响范围远远超过入射正电子射程范围。

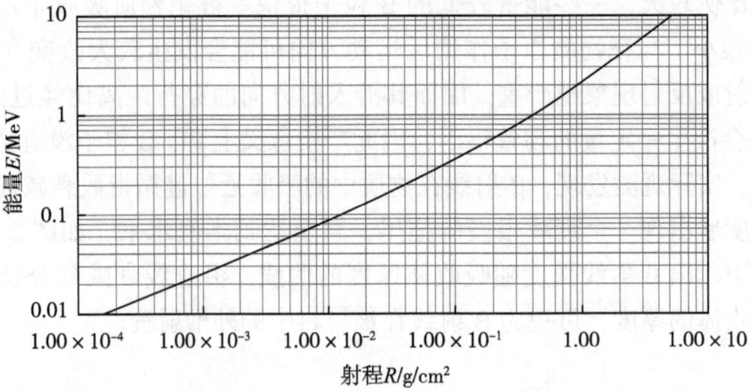

图 2-5　不同能量的 β 粒子在低原子序数物质中的射程

2.3.3　γ 射线与物质的相互作用

从产生方式上来看，γ 射线主要是由能态较高的原子核向较低能态跃迁时释放的，而 X 射线主要是由原子核外较高能态的电子向较低能态跃迁时释放的（特征 X 射线），或高能电子与原子核发生库仑相互作用时产生的（轫致辐射）。但从本质上讲，X 射线和 γ 射线都是波长极短的电磁波，只是产生方式、能量大小等不同。而电磁辐射与物质的相互作用机制与这些因素无关，因此，以下仅讨论 γ 射线与物质作用的规律特点，对 X 射线同样适用。

由于 γ 光子是电中性的，且没有静止质量，同靶物质的相互作用机制、特点与带电粒子有很大的不同，不像带电粒子那样可以直接与靶物质的核外电子或原子核发生库仑相互作用而使靶物质发生电离激发或产生轫致辐射，不宜采用电离损失率或辐射损失率来描述 γ 光子在靶物质中的能量损失特点。带电粒子主要以近乎连续的方式与靶物质原子核外的电子或原子核发生相互作用，每次损失的能量占比较小，而 γ 光子与靶物质作用时，每次相互作用会损失全部能量或很大一部分能量，光子会完全消失或发生较大角度的散射。

γ 射线与物质的相互作用有许多方式，但当 γ 射线能量不超过 20 MeV 时（核反应堆产生的 γ 射线能量亦在此范围内），最主要有光电效应（Photoelectric Effect）、康普顿效应（也称康普顿散射，Compton Effect or Compton Scattering）、电子对效应（Pair Production）等三种，另外，还有相干散射（瑞利散射）、光致核反应等，由于后几种的作用概率很小，在平时的辐射防护工作层面基本不予考虑。

γ 光子与靶物质发生某种相互作用的概率大小通常用截面描述，其示意如图 2-6 所示。

假设单位面积上入射的 γ 光子数为 I_0，靶物质的原子密度为 n，厚度为 t，则与靶物质发生作用的 γ 光子数 N 与入射光子强度、受照射靶物质的面积及靶物质的原子密度及厚度成正比，设比例系数为 σ，则有

$$N = (I_0 - I)A = \sigma I_0 Ant$$
$$\sigma = (I_0 - I)/(I_0 nt) \tag{2-12}$$

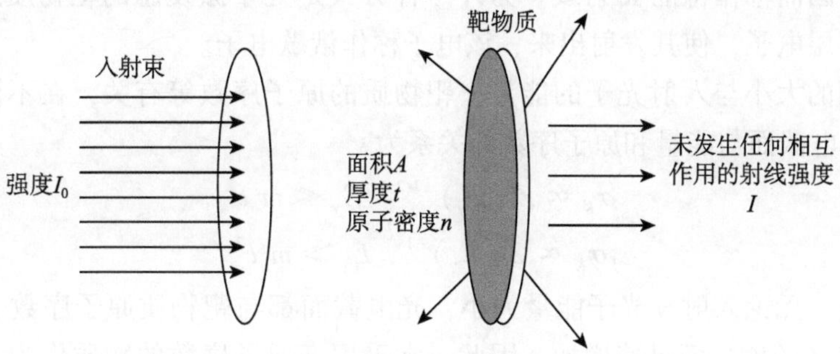

图 2-6 反应截面示意图

比例系数 σ 具有面积的量纲，称为微观截面，专用单位为 b，1 b = 10^{-24} cm^2 = 10^{-28} m^2。微观截面与靶物质的原子密度的乘积称作宏观截面，常用 μ 表示，即 $\mu = n\sigma$，单位为 m^{-1}，宏观截面又称线减弱系数。

发生光电效应的概率用光电截面 σ_{PE} 表示，发生康普顿效应的概率用康普顿截面 σ_C 表示，发生电子对效应的概率用电子对截面 σ_{PP} 表示。

2.3.3.1 光电效应

γ 光子与靶物质原子核外的某一电子作用时，将自身全部能量传递给电子，γ 光子自身消失，该电子挣脱原子的束缚成为自由电子，这一过程称作光电效应，如图 2-7 所示。光电效应产生的自由电子通常称为光电子。

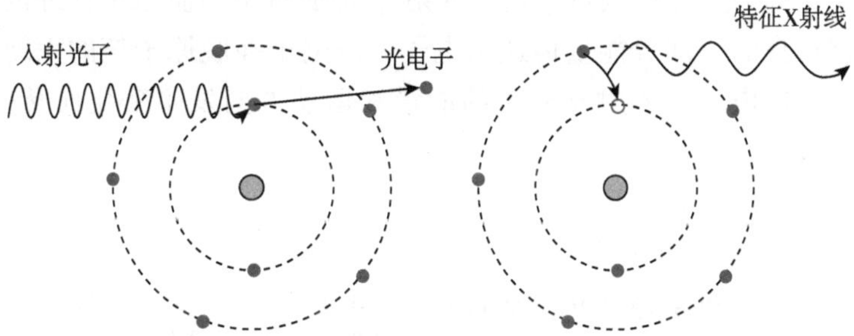

图 2-7 光电效应示意图

根据能量守恒定律，光电子的动量 E_e 为入射 γ 光子的能量 E_γ 与光电子发射前所在的靶物质原子的电子壳层的结合能 B 之差，即 $E_e = E_\gamma - B$。电子的结合能不仅与靶物质的种类有关，也与其所在壳层有关。内层的结合能较大，而外层的结合能较小，但一般数值都在数十 keV 以内。因此，当入射 γ 光子能量较高时，可认为光电子的动能近似等于入射 γ 光子的能量。

靶物质原子核外的电子束缚得越紧，发生光电效应的概率越大，因而光电效应发生在靶物质原子的最内层电子上的概率最大，内层电子挣脱原子核的束缚成为自由电子后，该层电子轨道就出现空位，导致该原子处于激发态，这种不稳定状态一般可通过两种方式回到较低能态。一种方式是外层电子填补空位，但外层电子的能量比内层电子的能量高，两者之差通过发射 X 射线的形式释放出来，X 射线的能量是单一的，其大小取决于靶物质原子的种类，因而称作特征 X 射线。另外一种方式是处于激发态的靶物质原子也可能将激发能交给外层电子，使其发射出来，该电子称作俄歇电子。

光电截面的大小与入射光子的能量、靶物质的原子序数等有关，在不同的能量范围内，K 层的光电截面与能量和原子序数的关系为

$$\begin{aligned}\sigma_K &\propto Z^5(E_\gamma)^{-7/2} \quad E_\gamma \ll m_e c^2 \\ \sigma_K &\propto Z^5(E_\gamma)^{-1} \quad E_\gamma \gg m_e c^2\end{aligned} \tag{2-13}$$

可以看出，无论入射 γ 光子能量大小，光电截面都与靶物质原子序数 Z 的 5 次方成正比，即随着 Z 的增加而迅速增加。因此，常采用高原子序数的物质作为 γ 射线的探测器材料，以获取较高的探测效率；出于同样的理由，常选用高原子序数的物质作为 γ 射线的屏蔽材料，以获取较好的屏蔽效能。另一方面，光电截面随入射光子能量增加而变小，这一点在入射光子能量较低时更为明显。

光电效应产生的光电子的发射方向并非固定不变的，而是具有一定分布，与入射 γ 光子的能量大小具有十分密切的关系。入射 γ 光子的能量较低时，光电子的发射方向与入射 γ 光子的运动方向夹角较大的概率高一些，而随着入射 γ 光子的能量逐渐升高，光电子的发射方向逐渐趋向前，即与入射 γ 光子的运动方向的夹角较小的概率逐渐升高。但由于光电效应是入射 γ 光子、靶物质原子核、核外电子三者都参与的情况下才能发生，从动量守恒的角度分析，光电子不可能从 0° 方向或 180° 方向发射出来。

2.3.3.2 康普顿效应

康普顿效应又称为康普顿散射，是指入射 γ 光子与靶物质原子核外的某一电子发生非弹性碰撞，将自身的一部分能量传递给电子，该电子挣脱原子核的束缚而成为自由电子，此电子称为反冲电子，入射 γ 光子的能量和运动方向发生变化而转变为散射光子，如图 2-8 所示。

光电效应发生在内层电子上的概率较大，但康普顿效应则更多地发生在外层电子上。从严格意义上讲，由于外层电子仍受到原子核的束缚作用，入射 γ 光子与外层电子发生的碰撞应该是非弹性碰撞。但由于外层电子的结合能一般很小，多在 eV 量级，与入射 γ 光子的能量相比可以忽略，因而康普顿效应可以近似看作是入射 γ 光子与一个自由电子发生的弹性碰撞，遵循动量守恒定律和能量守恒定律。

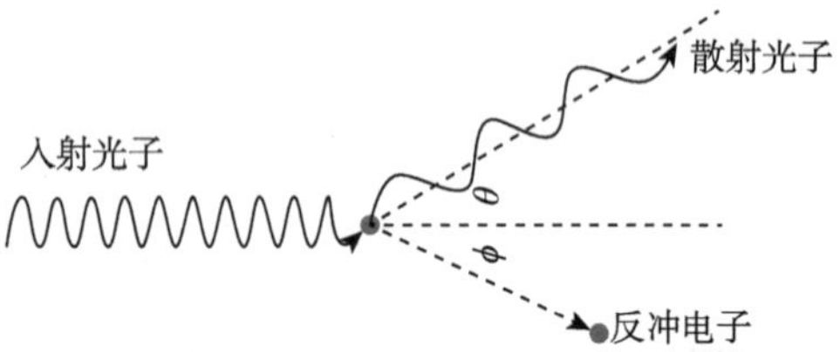

图 2-8　康普顿效应示意图

设入射 γ 光子的能量为 E_γ，发生康普顿效应后成为散射光子，其能量为 $E_{\gamma'}$，反冲电子的总能量为 E，动能为 E_e，动量为 $P_e = mv$，散射光子和反冲电子与入射光子运动方向的夹角分别为 θ 和 φ，则根据能量守恒和动量守恒定律可得

$$E_e = mv^2 - m_e c^2 = m_e c^2\left(\frac{1}{\sqrt{1-\beta^2}} - 1\right) = E_\gamma - E_{\gamma'} \tag{2-14}$$

$$\frac{E_\gamma}{c}=\frac{E_{\gamma'}}{c}\cos\theta+m_e c\left(\frac{1}{\sqrt{1-\beta^2}}-1\right)\cos\varphi \tag{2-15}$$

$$\frac{E_{\gamma'}}{c}\sin\theta=P_e\sin\varphi \tag{2-16}$$

反冲电子的动能与动量的关系为

$$E^2=m_e^2c^4+P_e^2c^2 \tag{2-17}$$

联立可得，散射光子的能量为

$$E_{\gamma'}=\frac{E_\gamma}{1+\dfrac{E_\gamma}{m_e c^2}(1-\cos\theta)} \tag{2-18}$$

反冲电子的动能为

$$E_e=\frac{E_\gamma}{1+\dfrac{m_e c^2}{E_\gamma(1-\cos\theta)}} \tag{2-19}$$

反冲电子的反冲角为

$$\cot\varphi=\left(1+\frac{E_\gamma}{m_e c^2}\right)\tan\frac{\theta}{2} \tag{2-20}$$

当散射角 $\theta=0°$ 时，散射光子能量最大，$E_{\gamma'}=E_\gamma$，反冲电子的能量为 0，相当于入射光子从电子旁边掠过而未发生康普顿效应。

当散射角 $\theta=180°$ 时，即入射光子与电子对心碰撞，入射光子被反弹回来，反冲电子则沿光子的入射方向飞出。这时散射光子的能量最小，反冲电子的能量最大，称为反散射。

$$E_{\gamma'\min}=\frac{E_\gamma}{1+\dfrac{2E_\gamma}{m_e c^2}}\quad E_{e\max}=\frac{E_\gamma}{1+\dfrac{m_e c^2}{2E_\gamma}} \tag{2-21}$$

另一方面，当入射光子能量一定时，反冲电子的反冲角 φ 和散射光子的散射角 θ 之间是一一对应关系。由于 $0°\leqslant\theta\leqslant180°$，所以 $0°\leqslant\varphi\leqslant90°$，因此，反冲电子的能量在 0~$E_{e\max}$之间连续分布的。

虽然入射光子的能量会影响散射光子的能量大小，但即使入射光子能量在很大能量范围内变化时，反散射光子的能量变化也相对较小，如表 2-1 所示。当入射光子能量从 0.5 MeV 变化到 4 MeV 时，反散射光子的能量只从 0.169 MeV 增加到 0.240 MeV，这将在 γ 能谱中增加一个明显的反散射峰，中心能量在 0.2 MeV 左右。

表 2-1　入射光子与对应的反散射光子能量值

入射 γ 光子能量 E_γ/MeV	0.50	0.662	1.0	1.5	2.0	3.0	4.0
反散射 γ 光子能量 $E_{\gamma'}$/MeV	0.169	0.184	0.203	0.218	0.226	0.235	0.240

康普顿效应可认为是入射 γ 光子与静止的“自由电子”之间的弹性散射，因此截面

是对单个电子而言的，整个原子的康普顿散射截面是原子中各个电子的康普顿截面之和。

康普顿效应的截面 σ_c 与靶物质原子序数成正比，但随入射 γ 光子能量 E_γ 的变化规律比较复杂。当 E_γ 很低时，康普顿效应的截面 σ_c 变化很小；当 E_γ 逐渐增加时，康普顿效应的截面随之减小；当 E_γ 较高时，可近似认为 $\sigma_c \propto \ln E_\gamma / E_\gamma$，康普顿效应截面随 E_γ 变化的曲线如图 2-9 所示。

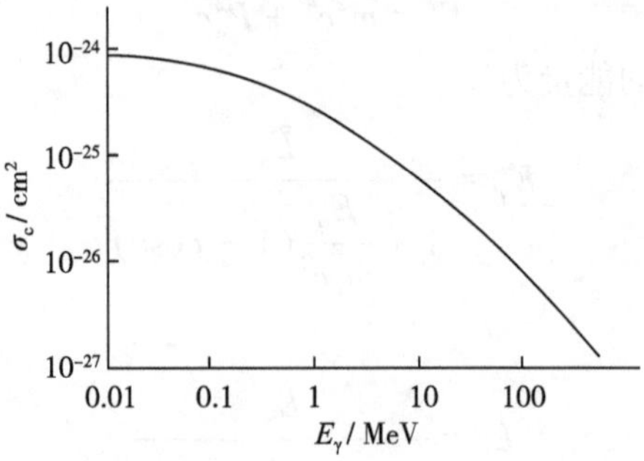

图 2-9　康普顿效应截面与 E_γ 的关系

2.3.3.3　电子对效应

当 γ 光子经过靶物质原子核时，与原子核的库仑场发生作用，结果是 γ 光子消失，同时产生一个负电子和一个正电子，这一过程称作电子对效应。由于负电子和正电子是 γ 光子的能量转换而来的，因此，入射 γ 光子的能量必须至少大于两个电子的静止质量对应的能量，即 $E_\gamma > 2m_ec^2 = 1.022$ MeV 时才可能发生电子对效应。

与光电效应和康普顿效应类似，必须要有第三者参加才能满足动量守恒定律和能量守恒定律。但相对于 γ 光子和正、负电子而言，靶原子核的质量很大，带走的反冲能量很小，因此，可近似认为入射 γ 光子的能量全部转换为负电子、正电子及其所携带的动能，即

$$E_\gamma = 2m_ec^2 + E_{e+} + E_{e-} \tag{2-22}$$

式（2-22）表明，负电子和正电子的动能之和为 $E_\gamma - 2m_ec^2$，但由于有靶原子核的参与，正电子和负电子各自的动能可能从零至 $E_\gamma - 2m_ec^2$，即正电子和负电子之间的动能分配是任意的。负电子在靶物质中不断损失能量，最终被靶物质原子或正离子俘获，而正电子在能量损失殆尽后会与负电子发生湮没，放出两个运动方向相反、能量均为 m_ec^2 的 γ 光子。

无论入射 γ 光子能量 E_γ 如何，电子对效应截面 σ_p 均与靶物质原子序数 Z 的平方成正比；当 E_γ 稍大于 $2m_ec^2$ 但不太高时，σ_p 与 E_γ 成正比，当 E_γ 很高时，σ_p 与 $\ln E_\gamma$ 成正比，图 2-10 给出了 σ_p 随 E_γ 变化的大致趋势。

不难看出，三种效应的截面与入射 γ 光子的能量、靶物质的原子序数都有密切关系。但无论哪一种效应以及入射光子能量大小，原子序数越大，反应截面越大，因此在选择 γ 射线探测器灵敏材料或 γ 射线屏蔽材料时，都尽可能选择原子序数高的物质。入射光子能量对各种效应截面的影响则比较复杂，总体来看，当原子序数较高而入射 γ 射线能量较低时，光电效应占优势；当原子序数中等且入射 γ 射线能量中等时，康普顿效应占优

势；当原子序数较高且能量较高，电子对效应占优势。

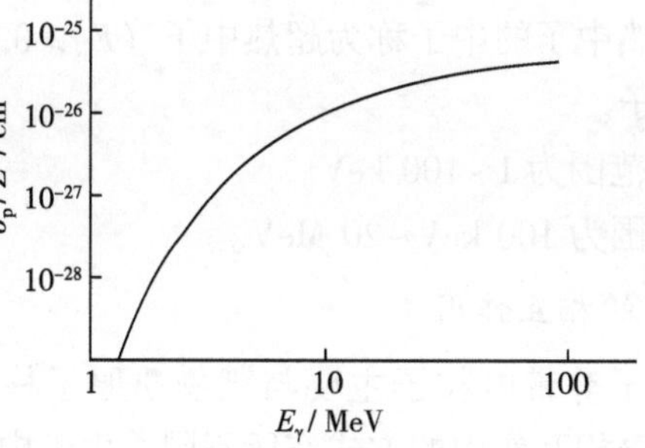

图 2-10　电子对效应截面与 E_γ 的关系

图 2-11 给出了 γ 射线与铅、钨、铁和水四种材料作用的微观总截面随 γ 射线能量变化的曲线，从中可以清楚地看出，原子序数较高的铅和钨的总截面远高于原子序数较低的铁和水。但无论在哪种材料中，总截面总体上随 γ 射线能量增加而减小，而且在低能部分减小速度要明显快于中高能部分，但在某些能量处会出现突然的跃升，然后又减小，这一特点在原子序数较高的铅和钨材料中尤为突出。

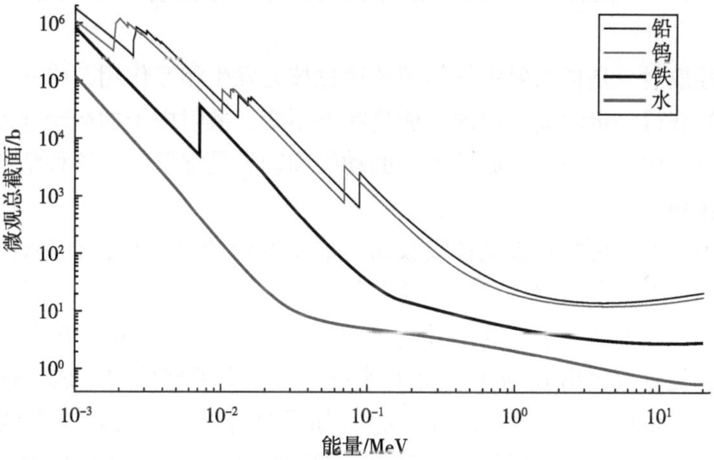

图 2-11　γ 射线与四种材料作用的微观总截面随能量变化的曲线

2.3.4　中子与物质的相互作用

2.3.4.1　中子的基本特性

中子是一种不带电粒子，质量比质子稍大。原子核中受到核力约束的中子是稳定的，但自由中子是不稳定的，半衰期约为十几分钟，会自发地衰变为质子，同时产生一个电子和一个反中微子，用表达式表示为：$n \rightarrow p + e^- + \bar{\nu}$。

中子的能量分布极宽，为方便起见，一般将其分为若干能区，不同文献的划分范围略有区别，以下为常见的一种划分：

（1）慢中子：能量小于 1 keV。慢中子能区中包括热中子、冷中子、超热中子和共振中子。其中热中子是指与所在介质（一般指温度 300 K 左右的介质）的原子处于热平衡状态的中子，最可几能量为 0.025 3 eV，其速度约为 2 200 m/s；能量低于热中子的中子称为冷中子；能量略高于热中子的中子称为超热中子（$E_n \geqslant 0.5$ eV）；能量在 1 eV~1 keV 范围内的中子称为共振中子。

（2）中能中子：能量范围为 1~100 keV。

（3）快中子：能量范围为 100 keV~20 MeV。

2.3.4.2　中子与物质的相互作用

与 α 粒子、质子和电子等带电粒子主要与靶物质原子核外电子发生库仑相互作用、或与靶物质原子核发生电磁相互作用的方式有所不同，由于中子不带电，中子与核外电子不存在库仑作用，与电子的电磁相互作用也极其微弱，中子基本只与靶物质的原子核发生散射或核反应等形式的相互作用，结果可能是中子消失并产生一个或多个次级辐射，也可能是中子的能量或方向可能发生显著的改变。所以，从结果来看，同 γ 射线与靶物质的作用比较类似，都是产生次级辐射，但两者又有较大不同，中子与靶物质相互作用产生的次级产物差不多总是重带电粒子，而 γ 射线得到的总是次级电子。这些重带电粒子可能是核反应的结果，也可能是由于与中子碰撞而获得能量的靶物质原子核本身。

中子与原子核的相互作用大致可分为三类：势弹性散射、形成复合核和直接相互作用。

所谓势弹性散射，是指入射中子与靶核通过核力发生相互作用，将一部分或全部动能传给靶核，靶核获得一定动能，但内部能量状态不变，散射中子的运动速度和方向发生改变，但散射前后，中子与靶核组成的系统的动能和动量是守恒的，这种情况可视为中子与靶核整体发生作用。

由于中子不带电，更容易被靶核吸收而形成不稳定的复合核，有多种方式回到基态。如果复合核放出一个中子后回到基态，这种相互作用过程称作共振弹性散射；如果复合核放出中子后仍处于激发态，之后再放出 γ 射线后返回基态，这种相互作用过程称作共振非弹性散射；若复合核放出 α 粒子、质子等粒子，改变了靶核的组成，这种相互作用过程称作核反应，常记作（n，α）或（n，p）；如果复合核通过发射 γ 射线的方式回到基态，这种相互作用过程称作辐射俘获或吸收，常记作（n，γ）；当靶核为重核时，若激发能足够高，则可能发生裂变，常记作（n，f）。

当入射中子能量较高时，可能与靶核内的某个核子发生直接作用，使该核子从核内发射出来而入射中子留在核内。

需要特别说明的是，中子与物质发生辐射俘获作用后，原来不带放射性的物质就变成放射性的了，这种过程称为中子活化，由此产生的放射性称为感生放射性。

由于复合核放出中子不需要克服库仑势垒，所以任何能量的入射中子与任何靶核都可能发生弹性散射。基于同样的原因，任何能量的中子与任何靶核作用时都可能发生辐射俘获，对于慢中子，这是一个重要的作用过程，但只有入射中子能量高于靶核的最低激发能态时才可能发生非弹性散射过程。发射带电粒子的核反应过程，必须是放能反应，而且释放的能量必须足够大，唯有如此带电粒子才能获得足够的能量从而克服库仑势垒从原子核内部发射出来。由于轻核的库仑势垒较低，因此，中子引起的核反应多发生在轻核中，反应截面较大的主要是^{3}He、^{6}Li、^{10}B 等，只有镉、钆、铪等极少数较重元素的中子吸收截面较大，除此之外，其他元素的中子吸收截面通常都很小。

除靶物质原子核的种类外，中子与靶物质发生相互作用的类型及截面大小与中子能量大小存在着强烈的依赖关系，在某些能量区域，作用截面很小，而有些能量区域，作用截面则大出许多，在某些较窄的能量范围，截面有可能出现突然的急剧增加，一般称作共振吸收峰，图 2-12 为中子与^{114}Cd 的反应截面随中子能量变化的曲线，就充分体现了这一特点。

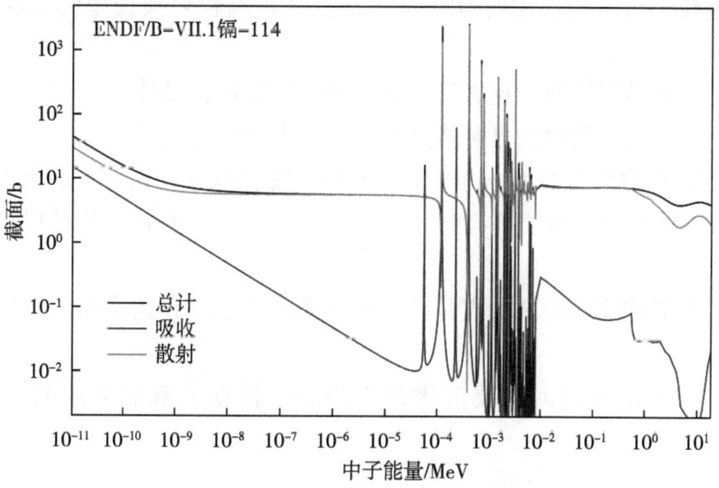

图 2-12　中子与^{114}Cd 的反应截面与中子能量的关系曲线

从屏蔽防护的角度看，最终目的是要使中子尽可能多地被屏蔽材料吸收，而且产生的次级辐射要尽可能少。为达到这一目的，经常采用减速→慢化→吸收的基本思路，一般先采用铅、铁等重元素，快中子与其发生非弹性碰撞后能量很快降低，然后采用含氢较多的材料与其发生弹性碰撞，使中子能量降低至慢中子能量范围，最后采用含有核反应截面较大的核素的材料吸收慢中子，从而达到使用合理重量和厚度的材料屏蔽中子的目的。当然，将中子与屏蔽材料的作用过程分为三步介绍并不是说一定要使用三层屏蔽材料，而仅仅是为了阐明原理和作用过程，实践中完全可以只使用含氢量较高的水、石蜡、聚乙烯等其中的某一种材料来屏蔽中子。近年来，用于屏蔽中子的新型复合材料不断出现，如硼聚乙烯、碳化硼/铅复合材料、环氧树脂基复合材料、铝基合金材料、含稀土金属复合材料等，比传统单一组分材料的屏蔽性能有明显改进。

思考题

1. 什么是核素？什么是同位素？什么是同质异能素？试分别举两个例子。

2. 何谓原子核的结合能？重核裂变和轻核聚变的能量来源有什么不同？

3. 放射性衰变有什么特点？改变温度、压力、电场、磁场等外界条件能否改变放射性核素的半衰期和发射的射线种类或能量？

4. 已知^{222}Rn 的半衰期为 3. 83 天，经过多长时间后其放射性变为初始时的 1/32？

5. 已知^{40}K的丰度为0.012%，其半衰期为1.3×10^9年，而钾占人体体重的0.35%，试计算体重为75 kg的成年人体内的^{40}K的总活度？

6. 4 MeV的α粒子和1 MeV的质子，它们在同一物质中的能量损失率是否一样？

7. 10 MeV的氘核与10 MeV的电子穿过铅时，它们辐射损失率之比是多少？

8. 带电粒子与物质作用时主要有哪几种机制？损失能量的方式主要有哪些？

9. 重带电粒子与物质作用时有何规律特点？影响电离损失率的主要因素和规律是什么？

10. 轻带电粒子与物质作用时有何规律特点？影响辐射损失率的主要因素和规律是什么？

11. α粒子与物质作用时的显著特点有哪些？主要危害是什么？

12. β粒子与物质作用时的显著特点有哪些？主要危害是什么？

13. 屏蔽高能β射线需要考虑哪些因素？采取哪种屏蔽方式的屏蔽效果比较好？

14. γ射线与物质作用时主要有哪三种效应？试分别简要叙述其过程及反应截面的特点规律。

15. 中子与物质作用的主要特点是什么？有哪几种主要作用类型？反应截面主要与哪些因素有关？

16. 选择中子屏蔽材料时主要考虑什么因素？核动力舰船常用的中子屏蔽材料有哪些？

第3章 辐射源

辐射源包括电离辐射源和非电离辐射源，本书仅关注电离辐射源，以下简称辐射源，指能够产生电离辐射的物质或装置，包括自然界本身已存在的辐射源和人类活动产生的辐射源两部分，前者称为天然辐射源，后者称为人工辐射源。以下简要介绍地球上与人类密切相关的天然辐射源和人工辐射源，重点介绍核动力舰船辐射源，宇宙中还存在许多其他类型的辐射源，其特征请参考有关文献。

3.1 天然辐射源

天然辐射源根据其来源的不同，可分为宇宙射线、地球辐射源及人体辐射源三类，这些辐射源通过各种方式无时无刻地作用于人体，形成了天然本底辐射。

3.1.1 宇宙射线

宇宙射线可分为初级宇宙射线和次级宇宙射线，从地球外层空间进入地球大气层的射线称为初级宇宙射线，主要成分是质子和 α 粒子，以及少量重粒子。初级宇宙射线与大气层作用产生的次级粒子或辐射称作次级宇宙射线，包括 μ 介子、电子、光子和中子等。

初级宇宙射线绝大部分被大气层吸收，到达地球表面的几乎全是次级宇宙射线。

地球大气层就像一件厚厚的电离辐射防护服一样，大部分宇宙射线都被吸收了，人类才免遭宇宙射线的过度伤害。因此，宇宙射线的强度随海拔高度增加而增加，如位于赤道附近海平面的城市，宇宙射线的剂量贡献每年约有 0.35 mSv，而墨西哥城海拔 2 300 m，每年约 1.0 mSv。带有电荷的宇宙射线穿过大气层时由于受地球磁场作用的影响，会从赤道偏离向两极聚集，所以赤道地区的宇宙射线强度比两极地区小一些。

3.1.2 地球辐射源

地球辐射源是指地球大气、岩石、土壤等物质中含有的天然放射性核素，分为宇生放射性核素和原生放射性核素两类。

宇生核素是由宇宙射线和大气中的靶原子核相互作用产生的放射性核素，主要包括^{3}H、^{7}Be、^{14}C、^{22}Na、^{24}Na 等，但它们对地面的剂量贡献甚微。

原生核素是地球形成之初业已存在的天然放射性核素，由于地球寿命已达 40 多亿年，现在仍存在的只剩下极长半衰期的放射性核素及其衰变子体，主要是以^{238}U（半衰期约45亿年）、^{232}Th（半衰期约120亿年）、^{235}U（半衰期约7亿年）为首的三个放射系和^{40}K（半衰期约12.8亿年）、^{87}Rb（半衰期约475亿年）等，广泛分布于整个地壳。自然存在的所有材料均混入一定量的放射性杂质，土壤中主要含有铀、钍和钾等天然放射性核素，由于其半衰期极长，其在各种物质中的放射性一般非常微弱，对人类生存和健康的影响几乎观察不到。但在一些要求较高的实验中，必须设法减弱其对测量的影响，如在探测器外围增加一定厚度的屏蔽、采用反符合方法等。

3.1.3 人体内的辐射源

由于生存的需要，人通过饮食和呼吸从自然界摄入食物和空气，同时通过呼吸和排泄等方式排出，体内不可避免地含有一些宇生和原生放射性核素，但含量非常少，剂量贡献极低，通常不超过每年10 μSv。人体含量较高的元素有碳、氢、钾等，占比最大的放射性核素主要有^{40}K、^{14}C、^{3}H等，铀、钍及其衰变子体也有一定含量，衰变子体镭的化学性质与钙相似，通常聚集在骨骼中。

3.1.4 天然本底辐射

以上几类辐射源的共同作用，构成了地球上所有人都无法回避的天然本底辐射，它在自然界中一直存在，且相对稳定，其强度基本不随时间变化。但不同地区的天然本底辐射有所差异，海拔较高地区的天然本底水平稍高一些，平原地区的天然本底辐射水平较低，海洋表面更低，含有各种岩石的山区的辐射水平较高。

一般地区天然本底辐射对成年人产生的平均年有效剂量约为2.4 mSv，内照射和外照射贡献分别约占2/3和1/3。总有效剂量中，^{238}U系的贡献占到近60%，宇宙射线的贡献仅占15%左右。总有效剂量中的约一半贡献来自室内空气中吸入的^{222}Rn和^{220}Rn短寿命衰变产物，^{222}Rn短寿命子体约占内照射总量的60%，其次是^{40}K（13%），^{220}Rn短寿命子体（13%）和^{210}Pb-^{210}Po（8%）。表3-1给出了正常本底地区各种天然本底辐射源对人体年有效剂量贡献的详细组成，表中括号外的数值引自UNSCEAR 1988年报告，括号内的数值引自UNSCEAR 1982年报告。

居民受到天然辐射的剂量与其居住地点、住房种类、海拔高度等有关。世界上多数地区居民受照剂量变化范围较窄，只有少数地区的天然本底较高，主要原因有：土壤岩石的放射性含量较高，或建筑物内氡气浓度较高，或海拔较高，或食入的食物所含放射性较高。一般将天然本底辐射水平高于世界平均值3~10倍的地区称为“本底增高地区”，高于平均值10倍的地区，称为“高本底地区”。最著名的有印度的克拉拉邦和巴西的大西洋沿岸等，在克拉拉邦200公里长数百米宽的高放射地区，年均有效剂量约13 mSv。广东省阳江县部分地区因地表土壤中富含钍系较高的独居石，居民的年均有效剂量约5.4 mSv。

表 3-1 正常本底地区天然辐射源对成年人产生的年有效剂量

<table>
<tr><th colspan="3" rowspan="2">辐射源</th><th colspan="3">年有效剂量/μSv</th><th rowspan="2">占比/%</th></tr>
<tr><th>外照射</th><th>内照射</th><th>合计</th></tr>
<tr><td rowspan="2">宇宙射线</td><td colspan="2">电离成分</td><td>300 (280)</td><td></td><td>300 (280)</td><td>12.5 (14.0)</td></tr>
<tr><td colspan="2">中子成分</td><td>55 (21)</td><td></td><td>55 (21)</td><td>2.3 (1.0)</td></tr>
<tr><td colspan="3">宇生放射性核素</td><td></td><td>15 (15)</td><td>15 (15)</td><td>0.6 (0.8)</td></tr>
<tr><td rowspan="10">原生放射性核素</td><td colspan="2">^{40}K</td><td>150 (120)</td><td>180 (180)</td><td>330 (330)</td><td>13.8 (15.1)</td></tr>
<tr><td colspan="2">^{87}Rb</td><td></td><td>6 (6)</td><td>6 (6)</td><td>0.3 (0.3)</td></tr>
<tr><td rowspan="5">^{238}U 系</td><td>$^{238}U \rightarrow ^{234}U$</td><td rowspan="5">100 (90)</td><td>5 (10)</td><td rowspan="5">1 339 (1 040)</td><td rowspan="5">55.8 (52.4)</td></tr>
<tr><td>^{230}Th</td><td>7 (7)</td></tr>
<tr><td>^{226}Ra</td><td>7 (7)</td></tr>
<tr><td>$^{222}Rn \rightarrow ^{214}Po$</td><td>1 100 (800)</td></tr>
<tr><td>$^{210}Pb \rightarrow ^{210}Po$</td><td>120 (130)</td></tr>
<tr><td rowspan="3">^{232}Th 系</td><td>^{232}Th</td><td rowspan="3">160 (140)</td><td>3 (3)</td><td rowspan="3">340 (330)</td><td rowspan="3">14.2 (16.4)</td></tr>
<tr><td>$^{228}Ra \rightarrow ^{224}Ra$</td><td>13 (13)</td></tr>
<tr><td>$^{220}Rn \rightarrow ^{208}Tl$</td><td>160 (170)</td></tr>
<tr><td colspan="3">总计</td><td>800 (650)</td><td>1 600 (1 340)</td><td>2 400 (2 000)</td><td>~100.0 (100.0)</td></tr>
</table>

3.2 人工辐射源

与核或辐射有关的人类活动如核武器的试验和生产、核能和核技术应用、核事故以及核医学、放射医学等伴有各种人工辐射源，也会使人类受到辐射照射。对全人类而言，人工辐射源的照射虽远小于天然本底辐射，但却是公众长期以来一直非常关注的问题。

人工辐射源包括人工加工制造的放射性物质和能够产生电离辐射的装置，以及被人工改变的天然辐射源，例如核武器，反应堆，加速器，X 光机，医用辐射，X、γ 探伤核素辐射源，辐照器，放射性示踪核素，用于工业产品分析、测量和控制的 α、β、γ、X 及中子源，以及消费品辐射和放射性废物等。

放射医学、核医学等产生的医疗照射是最大的人工辐射源照射，核武器、核电厂等仅占很小比例。按照 UNSCEAR 的研究和估计，所有人工辐射源对全球公众产生的年均有效剂量约为 0.65 mSv，而医疗照射的贡献占人工辐射源照射的 98%以上。

3.2.1 核试验

从 1945 年 7 月 16 日世界上第一颗原子弹爆炸至 1996 年《全面禁止核试验条约》生效，世界范围内共进行了 2 000 多次核试验，其中大气层核试验 500 余次，大量裂变产物在大气层弥散、沉降，对全球公众形成照射。虽然地下核试验的次数远超大气层核试验，但一般当量较小，且仅有裂变气体释放到大气环境，局部公众可能受到照射，相比于大气层核试验，对全球公众的照射可忽略。

大气层核试验产生的放射性裂变产物，小部分在试验场附近区域沉降，大部分进入到大气对流层和平流层，在大气中迁移、弥散，造成全球性落下灰沉降，通过外照射、食入和吸入内照射等方式对公众产生照射。20 世纪 80 年代后，各国停止了大气层核试验，由于放射性核素衰变及迁移、沉降等作用，大气层核试验沉降灰的影响不断减弱，主要是一些长半衰期的裂变产物（如^{90}Sr、^{137}Cs 等）和^{3}H、^{14}C 等，其中外照射的主要贡献核素是^{137}Cs，食入内照射的主要贡献核素是^{14}C，其次是^{90}Sr 和^{137}Cs。大气层核试验对全球公众产生的平均年有效剂量在 1963 年达到峰值 0.11 mSv，以后逐渐降低，现在约为几 μSv，主要贡献来自^{14}C。

3.2.2 核能和平利用

核能和平利用的许多环节会对公众产生照射，包括铀矿的开采、水冶，铀的富集，核燃料组件制造，反应堆运行，乏燃料贮存及后处理，乏燃料循环利用与回收，放射性废物处理和处置等。

核能和平利用的各环节中，除对职业工作人员产生的局部和区域集体剂量外，对公众产生照射的最主要贡献是反应堆运行过程中释放的^{14}C、^{3}H、^{85}Kr 和^{129}I 等长半衰期且存在气态物质的核素。

3.2.3 医疗照射

电离辐射在医学领域的应用越来越广泛，有些技术手段是现有其他技术手段所无法比拟或替代的，但与此同时，患者在放射性诊断和治疗等过程中接受的照射正成为人工辐射照射的最主要来源，包括射线检查（如 X 射线检查、CT、PET 等）、放射性药物诊断检查、外照射治疗、放射性药物治疗及介入治疗等。

根据检查部位的不同，一次 X 射线检查的剂量在数十至数百 μSv，一次 CT 检查则达数 mSv，放射性药物诊断和治疗产生的剂量则取决于所使用放射性核素的活度大小和种类，放疗的剂量非常大，通常达数十 Gy。

根据 UNSCEAR 报告统计，放射性诊断（不包括治疗）每年产生的全世界总集体剂量约 250 万人 · Sv，人均剂量约 0.4 mSv。2000 年以前，我国 X 射线检查产生的人均年剂量约 0.07 mSv，核医学检查及治疗产生的人均年剂量约 0.02 mSv，全国平均医疗照射的人均年剂量约 0.09 mSv。

3.2.4 核技术应用

除上述应用外，核技术在工农业生产、国防、科学研究、日常生活等领域也得到非常广泛的应用，如 γ 射线或中子照相、工业生产流程与质量控制、探矿、核测井、料位测量、火灾烟雾报警等，有些场合使用的辐射源非常强，如无损探伤、辐照消毒保鲜、辐射育种、辐照改性等，必须设计安装专门防护装置和联锁保护，以保证人员安全。

3.3 核动力舰船辐射源

核动力舰船辐射源也是人工辐射源的一种，是本书重点关注对象，因而单独列为一小节。

核动力舰船的原动力来自核反应堆，是一个巨大的辐射源，产生的电离辐射种类多，放射性核素数量庞大。以下从核燃料诱发裂变产生的辐射源及其特性、核动力舰船反应堆舱辐射源、不同工况下的辐射源等方面介绍核动力舰船辐射源。

3.3.1 核燃料裂变直接产生的辐射源

压水反应堆一般使用^{235}U作为核燃料，^{235}U吸收中子后以一定的概率在极短的时间内发生裂变，一般会产生两个（也有极少情况下是三个甚至四个）中等质量的子核、2~3个中子以及γ射线、中微子等，每次裂变释放约200 MeV的能量。按此粗略估算，反应堆每产生1 W功率输出，相当于每秒发生3.1×10^{10}次裂变。不但热中子会引起诱发裂变，其他能量的中子也会引起诱发裂变，核燃料中还含有一定量的^{238}U等其他裂变核素，也会以一定概率发生诱发裂变反应，其总体特征与^{235}U的诱发裂变类似，但在具体数量上存在一定差别，以下仅介绍^{235}U的诱发裂变的相关特征。

3.3.1.1 裂变碎片

^{235}U发生诱发裂变直接产生的中等质量的子核，称为裂变碎片，几乎所有的裂变碎片都是不稳定的，还会发生进一步衰变，通常将裂变碎片及其衰变产物统称为裂变产物。

研究发现，^{235}U诱发裂变产生的裂变产物的质量数呈现一定规律，如果在直角坐标系中作出裂变产物产生概率与其质量数的关系曲线，会发现其类似双驼峰的形状，如图3-1所示。

^{235}U也可能发生所谓的“三裂变”甚至“四裂变”，即除了产生两个中等质量的子核及γ、中子等之外，还可能产生诸如^{12}C、^{3}H等，但发生概率比普通的诱发裂变小得多，通常情况下可以忽略。

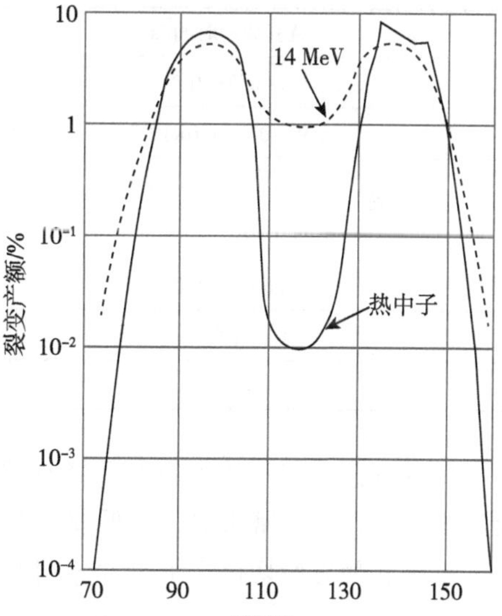

图3-1 ^{235}U裂变碎片的产额与质量的关系

3.3.1.2 瞬发中子

^{235}U发生诱发裂变后在极短时间内（一般在10^{-17} s内）放出的中子称为瞬发中子，还有一些裂变产物衰变时（半衰期在s至min量级）会放出中子，称为缓发中子。^{235}U发生一次诱发裂变平均放出2.5个中子，瞬发中子数量占比超过总中子数的99.3%，而缓发中子数量则不到0.7%，但缓发中子寿命较长，对反应堆的控制起着决定性作用。

瞬发中子的能量分布范围非常宽，从热中子能量（0.025 eV）直至18 MeV，大多数瞬发中子的能量在0.5~0.8 MeV，多数中子能量不超过4 MeV，超过10 MeV的中子所携带的能量不到总能量的1%，中子的平均能量为1.5~2 MeV。

重核中子诱发裂变产生的瞬发中子的能谱分布通常用瓦特分布或麦克斯韦分布函数描

述，其一般形式分别用式（3-1）和式（3-2）表示：

$$N(E)=K\cdot \mathrm{Sh}(\sqrt{CE})\cdot \mathrm{e}^{-bE} \tag{3-1}$$

$$N(E)=K\cdot \sqrt{E}\cdot \mathrm{e}^{-E/T} \tag{3-2}$$

式中：E 为中子能量，K 为常数（两个分布的常数不相等），b、C、T 为谱参数。

^{235}U 热中子诱发裂变瞬发中子能谱分布的瓦特分布函数和麦克斯韦分布函数分别为

$$N(E)=0.453\mathrm{Sh}(\sqrt{2.29E})\cdot \mathrm{e}^{-E/0.965} \quad 0.18\ \mathrm{MeV}\leqslant E\leqslant 20\ \mathrm{MeV} \tag{3-3}$$

$$N(E)=0.770\sqrt{E}\cdot \mathrm{e}^{-E/1.290} \tag{3-4}$$

瞬发中子谱随裂变核素及诱发裂变中子能量的不同而略有不同，但对很多实际应用而言，一般不必考虑瞬发中子能谱的差别，可统一采用^{235}U 热中子诱发裂变瞬发中子能谱数据。但应当注意的是，反应堆活性区及从活性区泄漏出的中子能谱与瞬发中子能谱的差别很大。

3.3.1.3　瞬发 γ 射线

瞬发 γ 射线是诱发裂变后在较短时间内（一般在 10^{-8} s 量级以内）发射出来的 γ 射线，在此之后发射的 γ 射线称为缓发 γ 射线（或称裂变产物衰变 γ 射线）。^{235}U 每次裂变平均放出 8.1±0.3 个瞬发 γ 光子，其能量一般在 10 keV~10 MeV，这些光子带走的总能量约为 7.25±0.26 MeV。表 3-2 列出了^{235}U 热中子诱发裂变后在不同时间段内释放的 γ 射线能量，其中 6.98×10^{-8} s 内释放出来的为瞬发 γ 射线。

表 3-2　^{235}U 热中子诱发裂变后不同时间段内释放的 γ 射线能量

裂变后的时间/s	释放的 γ 射线能量/（MeV/裂变）
$0\sim6.9\times10^{-8}$	7.25±0.26
$6.9\times10^{-8}\sim1.0\times10^{-6}$	0.353±0.706
$1.0\times10^{-6}\sim1.0\times10^{-3}$	0.037±0.021
$1.0\times10^{-3}\sim1.0$	0.52±0.26
$1.0\sim1.0\times10^{8}$	6.65±1.3
$1.0\times10^{8}\sim\infty$	0.032
$0\sim\infty$	14.85±1.5

瞬发 γ 射线能量约为裂变后释放的全部 γ 能量的一半，瞬发 γ 射线谱的高能部分对反应堆屏蔽设计非常重要，其低能部分对估计反应堆堆芯某些部件的辐射生热也有意义。

皮勒和曼恩斯切提出了瞬发 γ 射线能谱的近似表达式：

$$N(E)=\begin{cases}6.6 & 0.1\ \mathrm{MeV}<E<0.6\ \mathrm{MeV}\\ 20.2\mathrm{e}^{-1.78E} & 0.6\ \mathrm{MeV}<E<1.5\ \mathrm{MeV}\\ 7.2\mathrm{e}^{-1.09E} & 1.5\ \mathrm{MeV}<E<10.5\ \mathrm{MeV}\end{cases}$$

式中：E 为 γ 光子能量，单位为 MeV。

3.3.2　裂变产物

许多裂变产物会发生不同形式的衰变，发射 α、β、γ 和中子等射线，由于 α 和 β 射线很容易被设备管道屏蔽，正常情况下不予考虑其外照射危害，只有在发生事故时才需考虑。由于裂变产物发生衰变较核裂变延迟较多，其发射的中子和 γ 射线分别称为缓发中子和缓发 γ 射线。

3.3.2.1 缓发中子

缓发中子的数量比瞬发中子少得多，占所有裂变中子数量的比例不到 0.7%，但其半衰期比瞬发中子长得多，一般多在 10^{-1} ~ 10^{1} s 数量级，增大了反应堆时间常数，对反应堆控制起着决定性作用。^{235}U 热中子诱发裂变的裂变产物中，可发射缓发中子的核素（称作缓发中子先驱核）主要有：^{87}Br、^{88}Br、^{89}Br、^{90}Br、^{137}I、^{138}I 和 ^{139}I。缓发中子的能量一般较低，四分之三的缓发中子的能量低于 0.9 MeV。

3.3.2.2 缓发 γ 射线

各种裂变产物的半衰期变化范围极宽，短的不到一秒，长的达数百年甚至数百万年，但半衰期极长的裂变产物的产额一般很低。往往是裂变产物寿命越短，其发射的缓发 γ 射线的能量越高，缓发 γ 射线的能量有四分之三以上是在 10^{3} s 之内释放的，不同时间范围内发射的缓发 γ 射线数目如表 3-2 所示，其中 6.98×10^{-8} s 之后释放出来的为缓发 γ 射线。

3.3.2.3 裂变产物总比活度和衰变热

堆芯中裂变产物种类达数百种，详细计算非常复杂，在许多实际应用场合也是没有必要的，出于辐射屏蔽和安全角度的考虑，更多情况下关心的是堆芯内各种裂变产物的总活度（活度的概念在后面章节介绍），常用反应堆恒定功率连续运行 T 天、停堆 t 天某种裂变产物的比活度或所有裂变产物的总比活度来表示，许多研究机构对不同运行工况下的裂变产物总比活度进行了计算，实际使用时可根据需要查找。

裂变产物总比活度与停堆时间的长短关系非常密切，刚停堆几分钟内，由于许多裂变产物的半衰期很短衰变较快，裂变产物总比活度减少速度非常快；停堆几秒后，缓发 γ 射线的能量一般都不超过 3 MeV，停堆时间超过 30 天后，许多短寿命裂变产物已所剩无几，发射较低能量缓发 γ 射线的裂变产物占比逐渐增加，缓发 γ 射线能谱低能端的比重逐渐增加。

停堆后，虽然链式裂变反应停止了，但裂变产物将一直发射缓发 γ 射线，其能量会被压力容器内的各种材料吸收转化为热能，称之为裂变产物的衰变热。为保证安全，需要不时将堆内的热量导出堆外，因此，应对裂变产物的衰变热大小及其随时间变化的规律进行估算。昂特迈耶（S. Untermeyer）和韦尔斯（J. T. Waills）给出了裂变产物衰变热的经验估算公式：

$$P/P_0 = 0.1\left[(t+10)^{-0.2} - 0.87(t+2\times10^{7})^{-0.2}\right] - 0.1\left[(t+T+10)^{-0.2} - 0.87(t+T+2\times10^{7})^{-0.2}\right] \tag{3-5}$$

式中：P_0 为反应堆运行功率；P 为裂变产物衰变热功率；T 和 t 分别为反应堆运行时间和停堆时间，单位为秒（s）。这个估算公式应用时非常简便，只需输入反应堆运行时间和停堆时间即可，其误差在工程应用上也是可以接受的。但应该注意的是，停堆时间很短（不超过 1 s），估算误差较大，表 3-3 给出了应用式（3-5）估算衰变热的误差。

表 3–3 应用式（3-5）估算衰变热的误差

停堆时间/s	<1	$1\sim10^2$	$10^2\sim10^4$	$10^4\sim10^6$	$10^6\sim10^8$
相对误差	很大	±50%	±30%	±10%	±50%

在较为精细的理论计算方面，美国核学会根据半衰期长短将裂变产物分为若干组，对各组单独进行计算后再求和，因而计算精度高得多，其给出的裂变产物衰变热计算公式如下：

对有限长运行时间 $$Q(t,\ T)=\sum_{i=1}^{23}\frac{A_i}{\lambda_i}(1-\mathrm{e}^{-\lambda_i T})\mathrm{e}^{-\lambda_i t}\tag{3-6}$$

对无限长运行时间 $$Q(t,\ \infty)=\sum_{i=1}^{23}\frac{A_i}{\lambda_i}\mathrm{e}^{-\lambda_i t}\tag{3-7}$$

以上三式中衰变热 Q 的量纲为 MeV/裂变，T 和 t 分别为反应堆运行时间和停堆时间，单位为秒（s），A_i 和 λ_i 为分组计算参数，三式中的计算参数各不相同，具体值可查阅有关文献。据此计算的无限长辐照时间、停堆 $1\sim10^9$ s 时间内的 ^{235}U 热中子诱发裂变衰变热计算误差均在 5%以下。

3.3.3 反应堆舱辐射源

基于核动力舰船空间受限原因以及将带放射性的设备集中布置的考虑，核动力舰船一般将反应堆、蒸发器、稳压器、净化离子交换器、一回路冷却剂管道系统、废水收集箱等产生放射性或容纳放射性物质的系统和设备均布置在同一舱室，一般称作反应堆舱，简称堆舱。与核电厂的安全壳类似，核动力舰船的反应堆舱也是防止放射性物质向其他舱室或外部环境逃逸或扩散的最后一道屏障。

除反应堆是辐射源的“发源地”外，由于冷却剂带有放射性且流经一回路系统设备和管路，因此离子交换器、蒸汽发生器、主泵、稳压器、废水箱和管路等均带有放射性，由于各系统或设备的功能和特性不同，其中积累的放射性水平有较大差别。

3.3.3.1 反应堆辐射源

反应堆辐射源包括瞬发中子和瞬发 γ 射线，以及裂变产物释放的缓发中子和缓发 γ 射线等，其积累数量与反应堆设计额定功率和反应堆运行历史等有着密切联系。此类辐射源的数量极大，释放射线的能量很高，是反应堆最重要的辐射源，也是辐射屏蔽防护需要重点考虑。

当然反应堆辐射源也包括裂变过程以及裂变产物产生的 α、β 以及中微子等，但 α、β 的穿透力较弱，正常情况下基本被设备或管道包容，而中微子穿透力极强，其与物质发生相互作用的截面极低，因此此类辐射源基本忽略。

3.3.3.2 冷却剂中的辐射源

冷却剂中的辐射源分类两大类：一是活化产物，包括冷却剂固有成分的活化以及堆芯结构材料、冷却回路管道和设备表面腐蚀产物的活化等。二是裂变产物，来自燃料包壳破损以及包壳和其他结构材料表面杂质中的铀的裂变，以及三裂变产生的氚等。

对于压水反应堆，冷却剂固有成分的活化是指氢、氧元素的同位素被中子活化，主要的活化反应有：^{16}O (n，p) ^{16}N、^{17}O (n，p) ^{17}N、^{18}O (n，γ) ^{19}O 和 ^{2}H (n，γ) ^{3}H 等。

中子活化产生的 ^{16}N 是压水反应堆运行时最主要的放射性来源，衰变时放出 6.13 MeV (67%) 和 7.1 MeV (4.9%) 的高能 γ 射线，其影响甚至超过了穿透反应堆一次屏蔽而发射出来的射线，但由于其半衰期很短，仅 7.13 s，因此停堆后很快就衰变完了。中子活化产生的 ^{17}N 的半衰期仅 4.17 s，发生 β 衰变后很快又放出一个中子，能量约为 1 MeV。中子活化产生的 ^{19}O 的半衰期为 26.9 s，衰变时发射出较强能量的 γ 射线，都会对堆舱内的辐射水平有一定影响。

^{3}H 为纯 β 放射性核素，半衰期达 12 a，放出 β 射线的最大能量为 18.6 keV。^{3}H 与 ^{1}H 为同位素，易形成氚水（HTO），由于氚水的渗透性极强，且对人体粘膜的伤害较大，必须予以特别关注。由于压水堆核电厂使用硼酸调节反应性，会发生 ^{10}B (n，α) ^{7}Li (n，nα) ^{3}H，且 ^{3}H 的产生量较大，但目前尚没有经济有效的处理方法，只能向环境排放，因此，出于环境保护的需要，国家标准对氚的排放单独提出了要求。但核动力舰船采用控制棒调节反应性，不会产生 ^{3}H，仅在控制棒发生故障时才可能用到硼酸，因此产生 ^{3}H 的量很少。除了活化会产生 ^{3}H 外，^{235}U 热中子诱发裂变时也有一定的概率发生三裂变而产生 ^{3}H，但概率极低。

冷却剂中的腐蚀活化产物可细分为两类：一是反应堆以外的一回路设备、管道内表面材料先发生腐蚀进入冷却剂后流经堆芯时被活化，二是反应堆结构材料先被中子活化后被腐蚀而进入冷却剂，比较重要的是那些产生量较大、且半衰期不太短的核素，主要有 ^{51}Cr、^{54}Mn、^{56}Mn、^{58}Co、^{60}Co、^{59}Fe、^{63}Ni、^{24}Na 等。其中停堆时间不太长时，冷却剂中 ^{51}Cr、^{54}Mn、^{56}Mn、^{24}Na 等的含量较高，当停堆时间较长时，^{58}Co 和 ^{60}Co 对维修人员的剂量贡献是最主要的。

3.3.3.3 一回路系统各相关设备中的辐射源

离子交换器用于去除流经冷却剂中的放射性，且不断积累，其中的放射性随运行时间的延长而逐渐增加，当离子交换树脂达到临近失效时，其放射性水平很强，仅次于反应堆。

蒸汽发生器是一/二回路的热量交换设备，但不存在物质交换，因此理想状况下其放射性水平取决于一回路冷却剂。但由于蒸汽发生器结构的特殊性，部分区域的流体流动性不佳，加之温度等条件的变化，一回路冷却剂中的腐蚀活化产物可能发生沉积并逐渐积累，导致其放射性水平较高。运行和维修实践表明，蒸发器下部空间的放射性水平可能比其他部位高出数倍甚至百倍以上。

正常工况下，稳压器内的冷却剂基本不流动，功率运行工况下冷却剂中最主要的辐射源 ^{16}N 由于半衰期仅数秒，几分钟后就所剩无几，因此，稳压器内的主要放射性来自半衰期较长的腐蚀活化产物。在功率运行时，稳压器内的放射性几乎可以忽略，但在停堆后应予以考虑。

主泵是驱动冷却剂强制流动的动力源，不存在物质交换，但冷却剂中的腐蚀活化产物也可能会沉积并积累于流动性相对较差的部位，其放射性水平有时也不低。

废水箱主要用于收集贮存一回路设备、管道等由于跑冒滴漏等原因流失的废水，具有一定放射性，主要是腐蚀活化产物。

3.3.4 不同工况下的主要辐射源

需要注意的是，以上系统或设备中的辐射源在不同工况下的贡献大小可能存在很大的差别，对核动力舰船不同部位辐射水平的贡献也各不相同。此处的工况主要指反应堆的运行或停堆状态，与核电厂长时间满功率运行的工况不同，核动力舰船经常根据航行需要改变工况，反应堆功率变化十分频繁，而且经常在启堆、运行、停堆之间变换，每次转换在各种状态的持续时间也不相同，各种核素的产生和衰变规律以及沉积、净化去除等因素相互影响，因而辐射源的变化十分复杂，一般需要采用专门的软件并结合一些运行参数、实验参数等实际数据才能进行定量计算，以下仅对不同工况下各辐射源进行定性分析。

3.3.4.1 运行工况

反应堆正常运行时，堆舱辐射源主要来自裂变过程中产生的瞬发中子、瞬发 γ 射线以及冷却剂本体活化核素 ^{16}N 和 ^{17}N，其数量庞大，发射射线的能量高，此时堆舱内的辐射水平非常高。相比而言，冷却剂内其他各种腐蚀活化产物的数量要少得多，因而净化离子交换器、蒸发器、稳压器、冷却剂管道等内部的放射性核素对堆舱辐射水平的贡献要小得多，甚至可以忽略。

由于材料和制造工艺等原因，很难保证燃料元件包壳不产生缺陷或发生破损，对陆地核电厂而言，允许燃料元件包壳破损率低于某一标准时照常运行。但此时会有很大比例的气态或挥发性较强的裂变产物通过包壳破损处进入冷却剂，使冷却剂内的放射性核素骤然升高，很快达到峰值而后一段时间内达到平衡。燃料元件包壳发生破损时，冷却剂中裂变产物的放射性活度浓度很高，对堆舱辐射水平贡献不小。对核动力舰船而言，考虑到舱室空间和航行状态等对工作人员的影响，如果燃料元件包壳发生破损，一般不允许“带病运行”。

3.3.4.2 停堆工况

反应堆停堆后因 ^{235}U 链式裂变停止，反应堆运行时占据主导地位的瞬发中子和瞬发 γ 射线无从产生，冷却剂本体活化核素 ^{16}N 和 ^{17}N 因缺乏产生活化的条件，由于两者的半衰期仅有数秒，停堆后几分钟后就基本消失殆尽了。此时主要贡献来自裂变产物和腐蚀活化产物，裂变产物虽然数量庞大，但有反应堆一次屏蔽的充分防护，大大减弱裂变产物对堆舱辐射水平的贡献；而腐蚀活化产物虽然数量不如裂变产物，但仅有设备或管道本身的防护，对某些局部区域辐射水平的贡献可能大于反应堆内的裂变产物；另一方面，裂变产物和腐蚀活化产物的数量与反应堆运行历史的关系非常密切。

3.3.4.3 事故工况

此处的事故工况不是泛指核动力舰船发生的任何安全事故，而是特指核动力装置一回路压力边界被破坏、进而导致反应堆或一回路系统或设备内的放射性物质外逸的安全事故。在此条件下，首先是一回路系统或设备内的放射性物质释放到堆舱空间，形成一定浓度的放射性气溶胶，放射性活度浓度的高低取决于一回路压力边界的破坏程度。

如果发生事故后采取的紧急停堆措施及时、得当，燃料包壳未发生破损，释放到堆舱的放射性核素主要为一回路冷却剂内的各种腐蚀活化产物核素。

如果事故未能得到及时有效处置，发生冷却剂丧失甚至断流事故，反应堆内的燃料元件温度急剧升高，可能导致部分燃料元件包壳发生破损甚至燃料元件发生损坏，大量裂变产物将进入冷却剂或直接进入堆舱空间。此时，释放到堆舱的放射性物质中，裂变产物数量将占到98%以上，冷却剂腐蚀活化产物占比很小。

为方便估算裂变产物的释放数量，除了要考虑燃耗深度外，还需根据裂变产物的物理化学特性导致释放份额上的差异，将裂变产物大致分为以下几类：

① 惰性气体：主要是 Kr、Xe。当燃料元件熔化时，会全部释放出来。大多数放射性裂变气体半衰期很短，只要能够在堆舱密封性被破损阻留几小时，放射性活度就可大大降低。

② 卤素：气态或挥发性很强的裂变产物。易从燃料元件逸出，因它们化学性质很活泼，易被阻留在冷却剂或安全壳内。其中^{131}I 影响最大，可造成环境污染。

③ 碲：具有挥发性，主要核素是^{132}Te，衰变后变成^{132}I。

④ 碱金属（Rb，Cs）：具有一定挥发性，其中 Cs 的危害较大，主要是^{134}Cs、^{137}Cs。

⑤ 碱土金属（Sr，Ba）：不易挥发。

⑥ 惰性金属（Ru、Rh、Pd、Mo、Tc）：不易挥发，但其氧化物有一定挥发性。

⑦ 稀土族及锕系元素：不易挥发。

各类裂变产物的释放份额较大，且在堆舱内的扩散、吸附、沉积规律以及喷淋、应急排风等措施时的去除率也相差较大，也需进行分别考虑。

3.4 核武器及其贮存场所的辐射源

3.4.1 核武器的辐射源

原子弹含有的核材料主要包括铀、钚等裂变材料和中子源，氢弹含有的核材料除铀、钚等裂变材料外，还包括用于聚变的氘氚材料，部分屏蔽体或壳体含有铀材料，以下从辐射源对人体的照射方式角度进行简要分类描述。

3.4.1.1 产生外照射的辐射源

主要指核武器中的铀材料，包括^{238}U 和^{235}U，虽然核武器中也含有大量^{239}Pu，但^{239}Pu 衰变发射 γ 射线的分支比很小，而且能量很低，几乎不构成外照射危害。由于核武器中的铀材料含量不少，虽然没有发生过链式裂变反应而产生裂变产物，但铀材料自身所产生的外照射辐射水平也比较可观。另一方面，核武器中还含有中子源或中子发生器，中子源多为（α，n）型放射性同位素中子源，发射 α 射线的母体核素材料与靶核材料可能是分开布置的，贮存状态下不会产生中子；中子发生器也只有在工作时才可能产生中子，贮存状态下也不会产生中子。

3.4.1.2 产生内照射的辐射源

主要包括三方面，一是核武器中的铀钚材料表面氧化后十分松散，容易脱落形成颗粒或粉尘状物质进入空气形成悬浮物或气溶胶，被吸入造成内照射；二是核武器中的氚泄漏进入工作场所大气环境，被吸入造成内照射；三是铀钚材料衰变过程中产生的氡气，缓慢逸出后进入工作场所大气环境，氡及其衰变子体被吸入后造成内照射。

3.4.1.3 产生体表沾染的辐射源

核武器中的铀钚材料表面氧化后松散物直接沾到手、面部等皮肤表面，或者经手套间接沾到皮肤表面。

由于钚有剧毒，必须尤其防止其进入人体或沾染在体表。

3.4.2 核武器贮存场所的辐射源

核武器平时一般贮存于洞库或地下设施等场所，这些场所的下面一般是各类岩石，岩石中一般含有铀、钍等核素，这些核素在衰变过程中会产生氡。常温常压条件下氡是气体，会缓慢从岩石缝隙中逸出并进入洞库或地下设施的空气环境中，氡及其衰变子体成为吸入内照射的辐射源。^{235}U、^{238}U 和^{232}Th 衰变产生的氡分别为^{219}Rn、^{222}Rn 和^{220}Rn，对应的半衰期分别为 3.96 s、3.82 d 和 55.6 s，铀在地壳中的平均含量约在 0.0 002%~0.0 003%，其中^{238}U 占 99%以上，钍在地壳中的平均含量约在 0.001%~0.002%，全部为^{232}Th。因此，逸出岩石进入大气环境的氡绝大部分是^{222}Rn，小部分是^{220}Rn，但因铀和钍在地壳中的分布与具体位置有关，因而两者比例可能会有较大差别。由于洞库或地下设施的通风条件比地面建筑要差许多，氡及其衰变子体的浓度也比地面建筑室内要高许多，大部分工作人员的受照剂量可能主要来源于此。

思考题

1. 天然辐射来源有哪些？各有何规律特点？
2. 地球上宇宙射线的强度随海拔和纬度变化有何规律？
3. 压水反应堆裂变时会产生哪些电离辐射？简要说明其特性。
4. 核动力舰船核反应堆舱放射性气体有哪些产生途径？
5. 核动力舰船核反应堆舱毗邻舱室空气的辐射源有哪些？其产生途径有哪些？
6. 核动力舰船压水堆正常停堆后堆舱辐射水平的主要贡献来源有哪些？
7. 核动力舰船压水堆冷却剂主要辐射源有哪些？
8. 发生燃料元件破损事故时，核动力舰船压水堆冷却剂中的辐射源主要有哪些？

第4章 辐射量与单位

与辐射、剂量有关的物理量，通常简称为辐射量，根据其功用的不同分为四类或四个层次：描述辐射源和辐射场的量、描述电离辐射与物质相互作用的量、剂量学的量以及实际运行管理中使用的量。

辐射防护的对象是射线或粒子，它们均由辐射源发出，如何描述辐射源的特性，就需要用到描述辐射源和辐射场的物理量。射线或粒子从辐射源发射后，一般需要穿过屏蔽体、空气等介质才能到达受照射的生物体或者直接与生物体发生作用，描述射线或粒子与屏蔽体、空气及生物体等相互作用的量就需要用到描述电离辐射与物质相互作用的物理量。射线或粒子对被照射的对象所造成的伤害，需要用剂量学的量加以描述。但许多量在实际应用过程中不便直接应用，需要进行一定的转换才能使用，称之为运行实用量。

4.1 描述辐射源和辐射场的量

这类量主要描述辐射源或辐射场的强弱，射线或粒子的空间分布、能量分布等特性。

4.1.1 放射性活度

放射性活度（radioactivity，简称活度，常用A表示）是指一定量的放射性物质在单位时间内发生某种放射性衰变或核跃迁的次数的期望值，可表示为$A=\mathrm{d}N/\mathrm{d}t$，$\mathrm{d}N$是在时间间隔$\mathrm{d}t$内，放射性物质发生放射性衰变或核跃迁次数的平均值。

放射性活度的国际制单位为1/s，专用单位为贝可勒尔，简称贝可，英文符号Bq，1 Bq=1/s，1 Bq表示放射性物质在1 s内发生了1次放射性衰变或核跃迁。放射性活度还有一个曾用单位——居里（Ci），1 Ci=3.7×10^{10} Bq。

放射性强度（strength）也可描述辐射源的强弱，但含义有所不同，它是指单位时间内放射性物质发射的某种粒子或射线的多少，单位是粒子数/s。少数放射性核素一次衰变只发射一个粒子，此时放射性活度和放射性强度的数值大小相等，但大部分放射性核素发生一次放射性衰变，可能会发射多个粒子，甚至多种不同种类的粒子，此时放射性强度的数值都大于放射性活度的值。

放射源的活度A与放射性核素的原子或原子核的数量N之间的关系为$A=\lambda N$，可以将活度A简单直观地理解为单位时间内处于活跃状态的放射性原子核的数目。

放射性物质的活度服从指数衰减规律，即t时刻的活度$A(t)=A_0e^{-\lambda t}$，其中λ为放射性物质发生这种衰变的衰变常数（decay constant），可以近似地理解为某个原子核单位时间发生衰变的概率，国际制单位为 1/s。与之密切关联的一个量为半衰期（half-life），常用符号 $T_{1/2}$表示，指一定量的某种放射性物质衰变原来一半所需要的时间，国际制单位为 s。衰变常数和半衰期都表示放射性核素衰变的快慢，根据半衰期的定义容易得到两者的关系为：

$$\lambda = \ln 2/T_{1/2} \approx 0.693/T_{1/2}$$

在实际工作中，通常需要知道或区分单位面积、单位体积或单位质量的放射性活度，分别称为表面放射性活度和放射性活度浓度。

单位面积上的放射性活度称为表面放射性活度，用 A_S 表示，国际制单位为 Bq/m^2，常用单位有 Bq/cm^2 等，被放射性物质沾染的设备表面、地面等常用表面放射性活度表征其放射性强弱。

单位体积或单位质量物质的放射性活度，称为放射性活度浓度，单位体积物质的放射性活度有时简称为体积比活度，单位质量物质的放射性活度有时简称为质量比活度。体积比活度常用 A_V 表示，国际制单位为 Bq/m^3，常用单位为 Bq/L，如核设施运行、维修、退役或事故过程中产生的放射性废水以及放射性气体或气溶胶的放射性强弱常用体积比活度表征。质量比活度常用 A_m 表示，国际制单位为 Bq/kg，常用单位为 Bq/g，如被中子活化的反应堆结构或屏蔽材料、固态标准放射性物质等的放射性通常使用质量比活度表征。

4.1.2 粒子数、注量和注量率

常用粒子数 N 表示辐射源发出的粒子数目。当放射性核素发生 α、β 衰变时，常伴有 γ 射线发射。因此，一次核衰变，常常不止放出一种粒子。粒子数 N 的国际制单位符号是“1”，它是无量纲的辐射量。

注量是描述辐射场强弱的空间分布的辐射量。

注量 Φ 定义为在空间一给定点处，射入以该点为球心的小球体的粒子数 $\mathrm{d}N$ 除以过球心的一个截面的面积 $\mathrm{d}a$ 所得的商，即

$$\Phi = \frac{\mathrm{d}N}{\mathrm{d}a} \tag{4-1}$$

图 4-1 比较直观地展现了注量的概念，可以理解为进入小球的粒子数，经过该球心的截面的面积为 1。粒子数的统计不考虑其射入小球体的方向，也不考虑粒子是否射出小球体。定义球体的目的主要是适应粒子的不同运动方向，无论从哪个方向射入球体，都可以找到过球心且与粒子运动方向垂直的截面，也就是无论从哪个方向射入球体，都可以认为是与粒子射入方向垂直的单位面积上的粒子数。在定向辐射场（即所有粒子的运动方向相同，距离点状放射源较远处的辐射场可近似为定向辐射场）的特殊情况下，注量直接等于穿过垂直于粒子运动方向的单位面积上的粒子数。

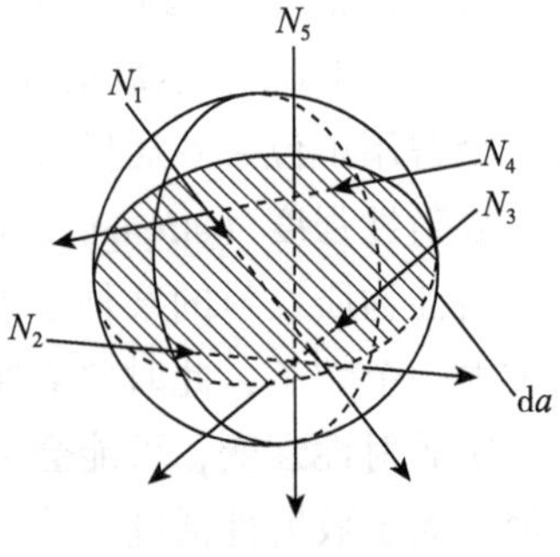

图 4-1　注量示意图

注量 Φ 的国际制单位为 $1/m^2$，常用单位有 $1/cm^2$ 等。

在某些模拟计算软件中，注量还常用穿过某个体积元 dV 的粒子的径迹长度 dl 表示，即

$$\Phi = \frac{dl}{dV} \tag{4-2}$$

dl 是通过 dV 的所有粒子的轨迹长度的总和。

注量率描述辐射场强弱的空间分布和时间分布，指单位时间内注量的变化，即

$$\varphi = \frac{d\Phi}{dt} \tag{4-3}$$

注量的国际制单位为 $1/(m^2 \cdot s)$，常用单位有 $1/(cm^2 \cdot s)$ 等。

4.1.3 能注量和能注量率

能注量是描述辐射场中能量空间分布的辐射量，定义为空间某一给定点处，射入以该点为球心的小球体的粒子能量 dE（仅包括动能）除以过球心的一个截面的面积 da 所得的商，即

$$\Psi = \frac{dE}{da} \tag{4-4}$$

能注量的国际制单位为 J/m^2，常用单位有 MeV/cm^2 等。

对于定向辐射场，能注量等于通过与辐射运动方向垂直的单位面积上的辐射能量。

当粒子为单能时，能注量与注量的关系为 $\Psi = \Phi E$。如果粒子注量具有谱分布 $\Phi_E = \frac{d\Phi(E)}{dE}$，则能注量率为 $\psi = \int_0^{\infty} \frac{d\Phi(E)}{dE} E dE$。

能注量率是单位时间内某点的能注量的变化，即

$$\psi = \frac{d\Psi}{dt} \tag{4-5}$$

能注量率的国际制单位为 $J/(m^2 \cdot s)$，常用单位有 $MeV/(cm^2 \cdot s)$ 等。

同理，定向辐射场的能注量率等于单位时间内通过与辐射运动方向垂直的单位面积上的辐射能量的变化。当粒子为单能时，能注量率与注量率的关系为 $\psi = \varphi \cdot E$。

4.2 描述电离辐射与物质相互作用的量

由于不带电粒子和带电粒子与物质作用的规律特点有很大的不同，描述方法也不同，因而采用不同的物理量描述两者与物质相互作用。

4.2.1 线减弱系数和质量减弱系数

线减弱系数（linear attenuation coefficient，有的文献称作线衰减系数，常用 μ 表示）是描述 X、γ 等不带电粒子穿透物质能力的一个物理量，指不带电粒子穿过单位厚度的物质时，入射粒子注量减少的份额，即

$$\mu = -\frac{1}{\mathrm{d}l} \cdot \frac{\mathrm{d}\Phi}{\Phi} \tag{4-6}$$

线减弱系数的国际制量纲为 1/m，常用量纲有 1/cm 等。

线减弱系数实际上是不带电粒子与物质发生各种相互作用的微观截面的总和与该物质单位体积内的原子数之乘积，即

$$\mu = \frac{\rho}{A} N_A \sum \sigma_i \tag{4-7}$$

式中：ρ 为物质的密度，A 为物质原子的质量数，N_A 为阿伏加德罗常数，$\sum \sigma_i$ 为不带电粒子与物质的各种相互作用的微观截面的总和。

应该注意的是，粒子注量的减少并不仅仅指该粒子真正地消失了，也包括发生作用后该粒子的能量、运动方向等发生变化，意即只要发生了任何一种相互作用，就将该粒子从入射粒子的注量中扣除。

线减弱系数与物质的密度有关，而一种物质在不同条件下的密度可能不同，为避免密度不同带来的误差，实用中更多地使用质量减弱系数（mass attenuation coefficient，常用 μ_m 表示）。质量减弱系数是线减弱系数除以物质密度所得的商，即

$$\mu_m = \frac{\mu}{\rho} = \frac{N_A}{A} \sum \sigma_i \tag{4-8}$$

质量减弱系数的国际制量纲为 m^2/kg，常用量纲有 cm^2/g 等。

4.2.2 质量能量转移系数

γ 射线等不带电粒子与物质作用一般分为两个阶段，首先是产生电子等次级带电粒子，然后次级带电粒子再使物质发生电离。第一阶段仅涉及能量的传递转移，常用质量能量转移系数（简称质量转移系数，mass transition coefficient，常用 μ_{tr}/ρ 表征），指不带电粒子在物质中穿行单位质量厚度时，由于相互作用转移为带电粒子的动能占其总能量的份额，即不带电粒子的总能量中平均有多少转移为次级带电粒子的动能，即

$$\frac{\mu_{tr}}{\rho} = -\frac{1}{\rho \cdot \mathrm{d}l} \cdot \frac{\mathrm{d}E_{tr}}{\Psi} \tag{4-9}$$

式中：$\mathrm{d}E_{tr}$ 为不带电粒子与物质相互作用时所释放的所有带电粒子初始动能的总和，Ψ 为入射粒子的能注量。

质量转移系数的国际制量纲为 m^2/kg，常用量纲有 cm^2/g 等。

4.2.3 质量能量吸收系数

γ 射线等不带电粒子与物质作用的第二阶段涉及能量的吸收，常用质量能量吸收系数（简称质量吸收系数 mass absorption，常用 μ_a/ρ，有的文献用 μ_{en}/ρ）表征，指不带电粒子在物质中穿行一段距离后，转移给次级带电粒子的动能中除去轫致辐射部分，真正被物质吸收的那部分带电粒子的动能，也就是通过电离、激发过程平均有多少能量被物质吸收，即

$$\frac{\mu_a}{\rho}=\frac{\mu_{tr}}{\rho}(1-g) \tag{4-10}$$

式中：g 为轫致辐射能量所占次级带电粒子动能的份额。

质量吸收系数的国际制量纲也是 m^2/kg，常用量纲有 cm^2/g 等。

当次级带电粒子动能较小，作用物质的原子序数 Z 不高时，产生的轫致辐射所占比例很小，g 近似等于零，此时 $\mu_{tr}/\rho\approx\mu_a/\rho$，即转移量与吸收量近似相等；如果次级带电粒子的动能很大，且作用物质的原子序数 Z 很高时，则产生的轫致辐射所占份额不可忽略，则 μ_{tr}/ρ 比 μ_a/ρ 大许多，即转移量比吸收量大许多。

4.2.4　阻止本领

阻止本领（stopping power）是描述带电粒子与物质相互作用时能量损失情况的物理量，分为线阻止本领和质量阻止本领两种。线阻止本领（linear stopping power，常用 S 表示）指带电粒子穿过单位厚度物质时的所有能量损失，而质量阻止本领（mass stopping power，常用 S/ρ 表示）指带电粒子穿过单位质量厚度物质时的所有能量损失，这里的能量损失指所有形式的能量损失，既包括电离损失、辐射损失，还包括弹性碰撞、核反应等其他形式的能量损失。

线阻止本领的国际制单位为 J/m，常用单位有 keV/μm、MeV/cm 等质量阻止。

质量阻止本领的国际单位制为 $J\cdot m^2/kg$，常用单位有 $eV\cdot m^2/kg$、$keV\cdot m^2/kg$ 等。

4.2.5　传能线密度

传能线密度（L_Δ）是描述带电粒子局部授予介质能量、对介质造成损伤程度的物理量，指线阻止本领中，限制在选定能量截止限 Δ 以下的那部分能量转移，也就是带电粒子穿过单位厚度物质时，能量损失小于 Δ 的那些相互作用造成的能量损失。有时又将传能线密度称为定限线碰撞阻止本领或有限线碰撞阻止本领，即

$$L_\Delta=\left(-\frac{dE}{dl}\right)_\Delta \tag{4-11}$$

式中：dl 为带电粒子在物质中穿过的距离，而 dE 为能量转移小于某一能量截止限值 Δ 的碰撞所造成的能量损失。

传能线密度的单位与阻止本领的单位相同。

L_{100} 表示带电粒子在介质中穿过单位长度路程时，由能量转移小于 100 eV 的历次碰撞所造成的能量损失，也就是说所有能量转移小于 100 eV 的碰撞中损失的能量都认为是局部授予了介质。L_∞ 表示带电粒子在介质中穿过单位长度路程时，由所有碰撞所造成的能量损失，而不考虑每次能量转移的大小，此时 L_∞ 就是阻止本领 S。如某带电粒子在水中的 $L_\infty=3.5$ keV/μm，表示此射线在水中穿过 1 μm 的距离时，对每次碰撞造成的能量损失不加限制，损失的总能量为 3.5 keV。

传能线密度常用于表征射线对生物体组织的微观损伤，对生物体组织而言，当 Δ 取 100 eV 时，产生的次级电子可穿越 2 nm，相当于 DNA 分子双螺旋结构直径；当 Δ 取 6 keV 时，产生的次级电子可穿越 1 μm，与一个小细胞的直径相当。

4.3 剂量学的量

剂量学的量是描述射线与物质作用后，物质吸收射线授予的能量对物质产生的现实效应或潜在效应，这同时依赖于辐射源或辐射场及辐射与物质的相互作用，也就是前两节提到的两大类物理量。剂量学的量很多，常用的主要有吸收剂量、比释动能、照射量、剂量当量、当量剂量、有效剂量、待积剂量、集体剂量等。

4.3.1 吸收剂量

吸收剂量（absorbed dose，常用 D 表示）是剂量学的一个基本量，指单位质量物质受到电离辐射照射后吸收电离辐射能量的多少，即

$$D = \frac{\mathrm{d}E}{\mathrm{d}m} \tag{4-12}$$

$\mathrm{d}E$ 是电离辐射授予质量为 $\mathrm{d}m$ 的物质的平均能量，吸收剂量的国际制单位为焦耳/千克，即 J/kg，吸收剂量的专用单位为戈瑞（Gray），用 Gy 表示，1 Gy = 1 J/kg。吸收剂量曾用专用单位为拉德，用 rad 表示，表示每克吸收 1 尔格（erg，1 erg = 10^{-7} J）的能量，1 rad = 100 erg/g，1 Gy = 100 rad。Gy 太大，常用 mGy、μGy。

吸收剂量适用于任何物质、任何类型的射线或粒子、任何照射方式。物质被电离辐射照射后可能发生的效应与单位质量的该物质所吸收的辐射能量大小，即吸收剂量，存在非常重要的联系，如某些生物体组织接受的吸收剂量达到一定值后可能会发生损伤或死亡，有些金属材料接受的吸收剂量超过一定值后，其脆性、韧性等性质会发生明显变化。

吸收剂量率是指单位时间内吸收剂量的变化，即

$$\dot{D} = \frac{\mathrm{d}D}{\mathrm{d}t} \tag{4-13}$$

吸收剂量率的国际制单位为 Gy/s，即 J/（kg · s），这个单位使用起来很不方便，实际工作中常使用 mGy/h、μGy/h 等。

4.3.2 比释动能

如前所述，不带电粒子与物质发生作用时分为两个阶段，第一阶段是不带电粒子损失自身能量在物质中产生次级带电粒子，第二阶段是这些次级带电粒子再使物质发生电离。比释动能用于表征第一阶段单位物质中不带电粒子能量向次级带电粒子的转移，即

$$K = \frac{\mathrm{d}E_{\mathrm{tr}}}{\mathrm{d}m} \tag{4-14}$$

$\mathrm{d}E_{\mathrm{tr}}$表示不带电粒子在质量为 $\mathrm{d}m$ 的物质内产生的全部带电粒子的初始动能的总和，既包括不带电粒子直接产生的带电粒子的动能，也包括这些带电粒子与物质发生相互作用产生的次级带电粒子（多数情况下为电子）的动能。与质量能量转移系数和质量能量吸收系数的关系相对应，入射不带电粒子产生的比释动能中，除一部分被作用物质吸收（即吸收剂量），还有一部分能量转换为韧致辐射，其份额为 g，则有

$$D = K(1 - g) \tag{4-15}$$

当满足带电粒子平衡条件时，韧致辐射所占份额 g 很小，可以忽略，吸收剂量约等于比释动能，即 $D \approx K$。

比释动能的国际制单位与吸收剂量相同，也是 J/kg，专用单位同为 Gy。

4.3.3　照射量

照射量（exposure，常用 X 表示）是辐射防护领域产生较早且沿用最久的一个物理量之一，用于描述 X 或 γ 辐射在空气中产生电离能力大小。照射量的涵义为一束 X 或 γ 辐射在质量为 dm 对应的空气微元中释放出来的全部电子（负电子和正电子）完全被空气阻止时（可能已不在 dm 范围内），在空气中产生的一种符号的离子的总电荷的绝对值 dQ 除以 dm，即 $X=\mathrm{d}Q/\mathrm{d}m$。需要说明的是，d$Q$ 并不包括 dm 对应的空气微元内次级电子产生的韧致辐射被吸收后所生成的电荷。

照射量只适用于 X 或 γ 辐射，不能用于其他类型的辐射（如 α、β、中子等），也不能用于空气以外的其他物质。在其他物质内某一点上的照射量，都是假定在所研究的那一点上存在少量空气而且又满足电子平衡条件时得到的。

在满足电子平衡条件时，若忽略次级电子产生的韧致辐射被吸收产生的电离时，照射量就是空气中的吸收剂量和比释动能的电离当量，即

$$X = D_{\mathrm{a}} \frac{e}{\omega} = K \frac{e}{\omega} = \Psi \frac{\mu_{\mathrm{a}}}{\rho} \frac{e}{\omega} \tag{4-16}$$

其中，ω 为空气的平均电离能，$\omega = 33.85$ eV，K 和 D_{a} 分别表示同一点处空气的比释动能和吸收剂量。

照射量的国际制单位是库仑每千克（C/kg），曾用专用单位为伦琴（R），两者的换算关系为

$$1\ \mathrm{R} = 2.58 \times 10^{-4}\ \mathrm{C/kg} \tag{4-17}$$

由于照射量仅适用于 X 或 γ 辐射在空气中电离的场合，国际相关组织不建议使用，但在一定条件下，照射量是可以直接测量的辐射量，如空腔电离室测量的就是照射量，而吸收剂量和比释动能一般是无法进行直接测量的，因此实际工作中还经常使用照射量，例如在标准辐射场和辐射剂量仪器校准等场合。

在带电粒子平衡的条件下，1 R 相当于在 1 kg 空气中产生了 2.58×10^{-4} C 的电荷，可近似认为是 2.58×10^{-4} C/1.6×10^{-19} C 对离子对，空气的平均电离能 33.85 eV，即需要消耗 33.85 eV×1.6×10^{-19} J/eV×2.58×10^{-4} C/1.6×10^{-19} C$=8.73\times10^{-3}$ J 的能量。因此，1 R 的照射量相当于 1 kg 的空气吸收了 8.73×10^{-3} J 的射线能量，即空气中 1 R 的照射量相当于 1 kg 空气吸收了 8.73×10^{-3} J 的能量，但这并非说 1 R$=8.73\times10^{-3}$ Gy，因为两者表示的物理意义不同，量纲也不同。为了方便理解和使用，可以认为系数 8.73×10^{-3} 带有量纲 Gy/R。

若空气中某受照点的吸收剂量为 D_{a}，当受照对象换作其他介质 m 时，由式（4-16）可得介质 m 在该点处所受吸收剂量 D_{m} 为

$$D_{\mathrm{m}} = D_{\mathrm{a}} \left(\frac{\mu_{\mathrm{a}}}{\rho}\right)_{\mathrm{m}} \Big/ \left(\frac{\mu_{\mathrm{a}}}{\rho}\right)_{\mathrm{a}} = f_{\mathrm{m}} D_{\mathrm{a}} \tag{4-18}$$

其中，f_m 称为介质 m 与空气的质量能量吸收系数之比，其大小不仅与介质种类有关，与 X 或 γ 的能量大小也密切有关。

照射量率是单位时间内照射量的变化，即 $\dot{X}=\mathrm{d}X/\mathrm{d}t$，其国际制单位为 C/（kg・s）。

4.3.4 剂量当量

研究表明，电离辐射导致的生物效应，不仅取决于吸收剂量的大小，而且与电离辐射的种类、能量以及照射方式等因素有关，因此可以考虑依据不同电离辐射的性质特点，采用适当的修正因子对吸收剂量加权，将人体某一组织器官所受吸收剂量与其产生的危害联系起来，以便统一衡量人体某一组织器官所受各种辐射照射的吸收剂量所产生的危害，这就是“剂量当量（dose equivalent）”的概念。

剂量当量 H 定义为受到照射的生物体组织中某点的 D 与 Q、N 的乘积，即

$$H=DQN \tag{4-19}$$

式中：D 为该点所受吸收剂量，Q 为照射生物体组织的电离辐射的加权系数，称作辐射品质因数，N 是由 ICRP 规定的所有其他修正因数的乘积，这些因数可以包括诸如吸收剂量率引起的效应和剂量分次给予的效应等，还可以包括今后考虑到的那些其他修正因数，目前 ICRP 指定 $N=1$。

为了统一表示各种辐射对人体的危害程度，引入辐射品质因数 Q 来表示不同种类、不同能量的辐射对人体的相对危害。辐射品质因数 Q 用于表征辐射授予生物体能量的微观分布对危害的影响，其大小取决于考虑点所在位置处水的传能线密度 L_∞，也可根据相对生物效能确定辐射品质因数的大小。所谓相对生物效能，是指产生同样程度的某一规定的生物学终点所需的这两种辐射的吸收剂量的反比。1990 年 ICRP 60 号出版物给出的常见射线的辐射品质因数如表 4-1 所示，这也是目前我国的国家标准 GB 18871—2002 规定的数值。

表 4-1 ICRP 推荐的常见电离辐射对应的辐射品质因数

辐射类型及能量范围		辐射品质因数
光子（所有能量）		1
电子及 μ 子（所有能量，但不包括由原子核向 DNA 发射的俄歇电子）		1
中子	能量低于 10 keV	5
	能量介于 10~100 keV	10
	能量介于 100 keV~2 MeV	20
	能量介于 2~20 MeV	10
	能量高于 20 MeV	5
质子，反冲质子除外，能量高于 2 MeV		5
α 粒子、裂变碎片、重核		20

对于未包括在此表中的辐射类型和能量，其辐射品质因数可取 ICRU 球 10 mm 深处的 $\overline{Q}$ 值，ICRP 建议的 $\overline{Q}$ 与传能线密度 L_∞ 的对应关系见表 4-2。

表 4-2 ICRP 推荐的辐射品质因数与传能线密度的对应关系

水中的传能线密度 L_∞（keV/μm）	辐射品质因数
≤10	1
10~100	$0.32L-2.2$
≥100	$300/\sqrt{L}$

2007 年出版的 ICRP 103 号建议书保持了辐射权重因数的概念不变，仅将质子的辐射权重因数由 5 调整为 2，对中子的辐射权重因数不再采用简单的阶梯分段法，而是推荐使用式（4-20）的分段函数进行计算，其中 E 是以 MeV 为单位的中子的能量。

$$\begin{aligned} Q &= 2.5 + 18.2e^{-(\ln(E))^2/6} & E < 1\ \text{MeV} \\ Q &= 5.0 + 17.0e^{-(\ln(2E))^2/6} & 1\ \text{MeV} \leqslant E \leqslant 50\ \text{MeV} \\ Q &= 2.5 + 3.25e^{-(\ln(0.04E))^2/6} & E > 50\ \text{MeV} \end{aligned} \tag{4-20}$$

应当注意是，无论是式（4-20）还是表 4-1，并不意味可以获取更精确地反应辐射生物效应的数据，而主要是出于实用和计算方便的考虑。

虽然剂量当量一般不直接使用，但可用于定义周围剂量当量、定向剂量当量和个人剂量当量等实用量。

由于 Q 和 N 均无量纲，剂量当量与吸收剂量的国际制单位相同，也是 J/kg，但由于两者内涵有根本区别，ICRP 为其规定了专用单位 Sivert（希沃特或西弗特，符号简写为 Sv），1 Sv=1 J/kg，实际工作中常使用 μSv、mSv 等单位。

剂量当量率是剂量当量随时间的变化率，即 $\dot{H}=\mathrm{d}H/\mathrm{d}t$，其国际制单位为 Sv/s，常用单位为 μSv/h、mSv/h 等。

4.3.5 当量剂量

剂量当量关注的对象是生物组织器官中的某点，不能反映组织器官整体受照射后所产生的危害。1990 年 ICRP 第 60 号出版物中定义了一个新的辐射量——当量剂量（equivalent dose）。

当量剂量是吸收剂量的加权之和，但此处的吸收剂量是指各种辐射照射后，某个组织器官整体吸收剂量的平均值，而不是某一点的值。假设某种辐射 R 对组织器官 T 产生的平均吸收剂量为 $D_{\mathrm{T,R}}$，则 T 所受当量剂量 H_{T} 为各类辐射对 T 产生的平均吸收剂量的加权和，即

$$H_{\mathrm{T}} = \sum_{\mathrm{R}} \omega_{\mathrm{R}} D_{\mathrm{T,\ R}} \tag{4-21}$$

ω_{R} 为辐射 R 的辐射权重因数，与定义剂量当量时的加权系数辐射品质因数涵义相同，其值如表 4-1 所示。

辐射权重因数无量纲，当量剂量与剂量当量的量纲相同，国际单位制为 J/kg，专用单位为 Sv。

由于当量剂量是对某个组织器官整体所受平均吸收剂量的加权，因而更能比较全面、

客观地反映组织器官受照射后可能产生的危害，也正由于当量剂量是针对组织器官整体的，所以当量剂量一般用于表征组织器官受辐射照射后发生的确定性效应（或称组织效应）的概率和严重程度。

4.3.6 有效剂量

辐射照射对生物体组织器官产生的危险，不仅与辐射种类、能量有关，还随受照射的组织器官的不同而变化。为统一衡量生物体受照射后可能产生的危险，对生物体各组织器官所受的当量剂量根据组织器官的不同进行加权求和，即为有效剂量。

有效剂量定义为人体各组织器官的当量剂量乘以相应的组织权重因数后的和，即

$$E = \sum_{T} \omega_T H_T = \sum_{T} \omega_T \sum_{R} \omega_R D_{T,R} \tag{4-22}$$

其中，ω_T 是组织器官 T 的组织权重因数，$\sum\omega_T = 1$，ICRP 推荐的各组织器官的组织权重因数见表 4-3。求和是对所有受照射人体的所有组织器官而言的，当全身剂量是均匀分布时，有效剂量的数值大小等于人体各组织器官的当量剂量。由于权重因数均为无量纲参数，有效剂量的国际制单位也是 J/kg，专用单位为 Sv。

表 4-3 ICRP 推荐的组织权重因数

组织或器官	组织权重因数	组织或器官	组织权重因数
性腺	0.20（0.08）	食道	0.05（0.04）
（红）骨髓	0.12（0.12）	甲状腺	0.05（0.04）
结肠	0.12（0.12）	皮肤	0.01（0.01）
肺	0.12（0.12）	骨表面	0.01（0.01）
胃	0.12（0.12）	脑	（0.01）
膀胱	0.05（0.04）	唾液腺	（0.01）
乳腺	0.05（0.12）	其余组织或器官	0.05（0.12）
肝	0.05（0.04）	总计	1.00（1.00）

注：（ ）外和（ ）内的数值分别为 ICRP 第 60 号和 ICRP 第 103 号出版物的推荐值

4.3.7 待积剂量

待积剂量（committed dose）用于评价放射性核素进入人体产生的内照射危害，包括待积当量剂量（committed equivalent dose）和待积有效剂量（committed effective dose）。

待积当量剂量是指摄入的放射性核素在一段时间 τ 内对组织器官 T 产生的当量剂量，记作 $H_T(\tau)$，可用式（4-23）表示，即

$$H_T(\tau) = \int_{t_0}^{t_0+\tau} \dot{H}_T(t)\,dt \tag{4-23}$$

对成年人，积分时间段 τ 一般取 50 年，对儿童，积分时间段 τ 取从摄入时刻至 70 岁。

待积有效剂量是所有组织器官的待积当量剂量与对应的组织权重因子的乘积之和，可用式（4-24）表示，即

$$E(\tau) = \sum_{T} \omega_T H_T(\tau) \tag{4-24}$$

4.3.8 集体剂量

集体剂量（collective dose）是某个群体受到的总剂量，指受某辐射源照射的群体人数与所受平均剂量的乘积，单位为人·希（man·Sv）。通常使用的是集体有效剂量（collective effective dose），一般用 S 表示，可以按群体分组后的平均有效剂量的加权和计算，也可视作该群体中每个成员有效剂量之和，即

$$S = \sum_{k} \bar{E}_k N_k \tag{4-25}$$

$$S = \sum_{i} E_i \tag{4-26}$$

式中，$\bar{E}_k$ 表示群体分组后第 k 组的平均有效剂量，N_k 为第 k 组的人数，E_i 为单个个体成员所受有效剂量。

集体剂量用于评价群体受照射后总的后果或健康危害，但应注意的是，将集体剂量用于评价群体的辐射风险的前提是随机性效应的线性无阈假设，而且仅限于辐射防护管理。另一方面，计算集体剂量时应当明确接受辐射照射的人群，并规定相应的时间范围和空间区域，避免将受照剂量很小但数量庞大的个体作为集体剂量计算的对象，也不宜将其作为流行病学研究的危险预测的依据。

4.4 运行实用量

当量剂量、有效剂量等剂量学的量在实际工作中是无法直接测量的，因而不能被直接用作辐射监测中的量，通常采用另一类量——运行实用量，来评价组织器官的当量剂量或人体的有效剂量，定义运行实用量的目的是为剂量学的量提供一个偏安全的保守估计值或上限值，即运行实用量≥剂量学的量。常用的运行实用量主要有周围剂量当量、定向剂量当量、个人剂量当量等。为了建立运行实用量和剂量学的量之间的联系，首先需要了解ICRU 球、扩展场等一些相关的概念术语。

4.4.1 几个相关概念和术语

4.4.1.1 ICRU 球和 ICRU 平板

由于人体组织器官的成分十分复杂，含有多种微量元素，为简化计算，ICRU 定义了一个被辐射照射的效应与人体组织器官组成大致等效的球体：直径 30 cm、密度为 1 g/cm^3 的球体，质量组成成分为氧元素占 76.2%，碳元素占 11.1%，氢元素占 10.1%，氮元素占 2.6%，忽略占比很小的磷、铁、钙等元素。在一般情况下，辐射监测所应考虑的散射和衰减方面的影响，ICRU 球可视为人体的合理近似。

显然，各种辐射作用于ICRU 球后，对其不同深度的影响是不同的，受 α、β、γ 或中子等辐射的外照射后，产生的吸收剂量最大值通常不是在 ICRU 球中心，而是在表面附近。因此，为与实际更为贴近，将 ICRU 球细分为两层壳体和一个内核球三部分：最外层

的球壳厚 0.07 mm，主要用于评价 α、β 等弱贯穿辐射，第二层球壳厚 10 mm，主要用于评价 γ 等强贯穿辐射，内核球半径 14 cm，用于评价深部组织器官。

ICRU 平板的材料组成与 ICRU 球相同，其尺寸为 30 cm×30 cm×15 cm。

4.4.1.2 扩展场与齐向扩展场

在工作场所或环境监测中，剂量当量值均指空间中的某一参考点而言的，没有受照体（人体）时，该点处辐射注量的大小、能谱分布和角分布均有确定的数值，但当引入受照体之后，该点处的辐射注量均会发生变化。考虑到测量的实际需要，定义以该点为球心、直径 30 cm 的特定区域，假设该区域的辐射场是均匀的，各点的注量大小、能谱分布、角分布均与未引入受照体时该参考点的数值相同，则这个区域的辐射场称作相应于该参考点的扩展场（expanded field)。可以看出，扩展场是一个假想的辐射场，实际并不存在，仅用于定义周围剂量当量等运行实用量。

齐向扩展场（directioal expanded field）在扩展场的基础上进行定义的，区别是齐向扩展场中辐射方向是同向的，在与辐射源距离较远处的辐射场，工程应用时一般可近似认为是齐向扩展场。

扩展场和齐向扩展场的示意如图 4-2 和图 4-3 所示。

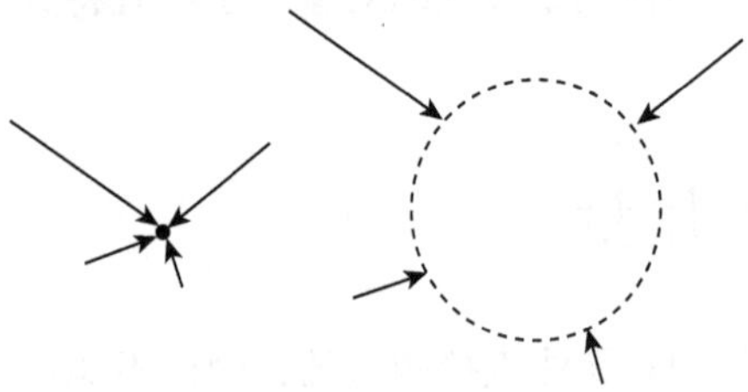

图 4-2　扩展场示意图

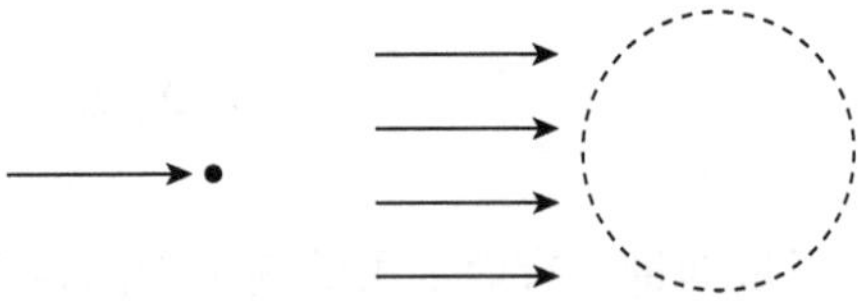

图 4-3　齐向扩展场示意图

4.4.2 周围剂量当量

周围剂量当量 H^*（d）定义为齐向扩展场在 ICRU 球体内逆着辐射入射方向的半径上、在深度为 d（与 ICRU 球表面的距离，单位为 mm）处所产生的剂量当量。

周围剂量当量用于区域监测（或称工作场所监测），多用于强贯穿辐射。深度 d 的数值取决于监测对象和条件，d 一般取 10 mm。

4.4.3 定向剂量当量

定向剂量当量 H'（d，Ω）定义为扩展场在 ICRU 球体内指定方向 Ω 的半径上、在深度为 d（单位为 mm）处所产生的剂量当量。

周围剂量当量和定向剂量当量的示意分别如图 4-4 和图 4-5 所示。

定向剂量当量也用于区域监测，对弱贯穿辐射（β 射线和能量不超过 15 keV 的光子可归为此类），d 一般取 0.07 mm，H'（d，Ω）记为 H'（0.07，Ω）。如果通过定向剂量当量评价眼晶体的当量剂量时，ICRU 推荐 d 取 3 mm。

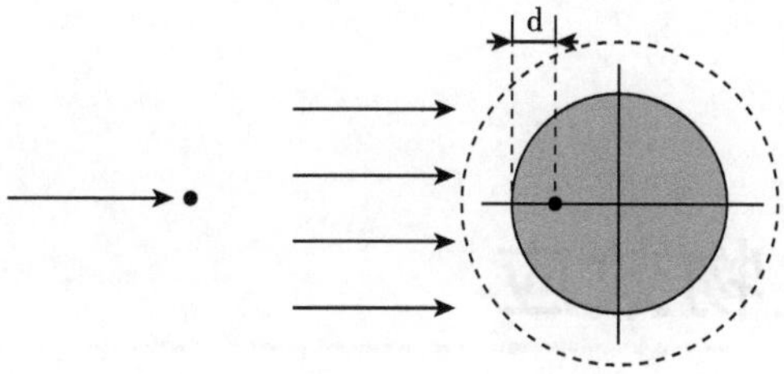

图 4-4 周围剂量当量示意图

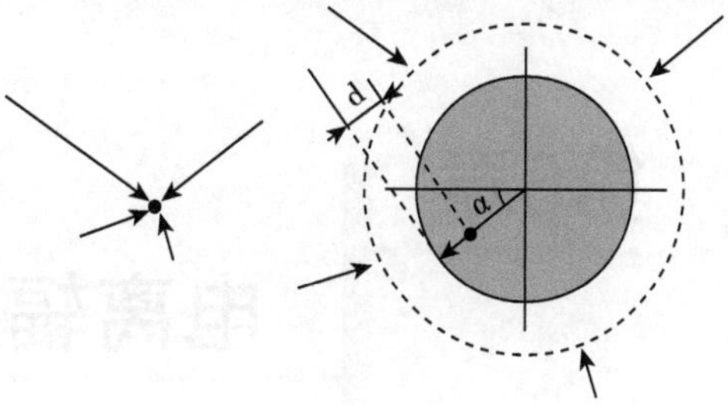

图 4-5 定向剂量当量示意图

在放射防护实践中，由于辐射场的复杂性和人体朝向经常变化，因此一般不指定方位角 Ω，通常只对 H'（0.07，Ω）的最大值感兴趣，这可以通过调整辐射测量仪表的方向实现。

4.4.4 个人剂量当量

个人剂量当量 H_p（d）定义为人体体表指定点下方、ICRU 软组织中深度为 d 处的剂量当量，指定点一般是个人剂量计佩戴位置。当用于评价有效剂量时，ICRU 推荐 d 取 10 mm，即 H_p（10）；用于评价皮肤、手和脚的当量剂量时，ICRU 推荐 d 取 0.07 mm，即 H_p（0.07）；用于评价眼晶体的当量剂量时，ICRU 推荐 d 取 3 mm，即 H_p（3）。

思考题

1. 何谓放射性活度？曾用单位和专用单位如何换算？

2. 如何表示放射性液体或气体的放射性水平？其单位是什么？

3. 被放射性物质污染的设备或地面表面的放射性如何表示？其单位是什么？

4. ^{40}Ar 受热中子照射后可能会变成 ^{41}Ar，其反应截面为 0.53b，假设空气中所含惰性气体均为 ^{40}Ar，反应堆满功率运行时反应堆厂房的热中子注量率为 2×10^9 中子/$cm^2\cdot s$。求达到平衡时厂房空气中 ^{41}Ar 的活度浓度，所需数据资料请自行查阅。

5. 吸收剂量与照射量之间有何联系与区别？

6. 吸收剂量与比释动能之间有何联系与区别？

7. 外照射辐射水平的高低一般用什么物理量表示？是何含义？其国际制单位与常用的专用单位分别是什么？两者之间如何换算？

8. 比释动能、吸收剂量、照射量的国际单位和专用单位分别是什么？如何换算？

9. 有效剂量是何含义？主要用于什么场合？

10. 当量剂量是何含义？主要用于什么场合？

11. 剂量当量是何含义？主要用于什么场合？

12. 周围剂量当量是何含义？主要用于什么场合？

13. 个人剂量当量是何含义？用于不同场合时的要求有何不同？

第5章

电离辐射生物效应

电离辐射能够使物质的分子或原子发生电离，从而引起其发生变化，导致生物体器官或组织受损等现实危害，也可能产生致癌等潜在危害。在人类发现电离辐射之初，由于缺乏对其危害的认识而未能采取充分的防护措施，不少研究人员、医疗工作者及接受治疗人员、放射性物质采矿及加工人员等因为受到过量的电离辐射照射而产生了各种有害的效应。世界上许多研究人员和组织机构展开了相关研究，获取了大量人体和生物的实测实验数据和资料，极大地促进了人类对电离辐射生物效应的认识。但电离辐射作用于人体的过程和机理十分复杂，加之人体本身具有强大的自我修复功能，使得人们对辐射生物效应的认识尚未达到足够充分的程度，许多还只是假设，有些还存在一定争议，本章主要介绍电离辐射生物效应的基本过程和影响因素等方面的内容。

5.1 人类认识辐射损伤的历史过程

在伦琴发现X射线的同时，人类就开始认识到辐射对于人体的辐射损伤。回顾这一百多年的历史，总结辐射对人类危害的认识过程，可粗略地概括为三个历史时期和一种特殊的经验：早期辐射损伤时期（职业性辐射损伤），中期辐射损伤时期（放射线诊断、治疗损伤时期/医源性辐射损伤时期）、近期辐射损伤时期（流行病调查所见的辐射损伤时期）及一些特殊的事件。介绍以下内容是为了引起人们对辐射防护的重视和正视，正如人们在宣传交通规则时要举出若干重大的惨不忍睹的交通事故来警示人们一样，而并非要让人们更加害怕。

5.1.1 早期辐射损伤时期

早期辐射损伤时期又称为职业性辐射损伤。从发现X射线至20世纪30年代，受损伤的主要对象是：X射线球管的制造工人及使用X射线的医生和技术人员，从事放射性研究的科学家，铀矿工人及含镭夜光涂料描绘女工等。

此时期辐射损伤的主要特点：（1）外照射引起的急性体表损伤，例如皮肤红斑、皮肤肿胀、皮肤溃疡、皮炎和眼痛、结膜炎等；（2）过多地发生的恶性疾病，例如由氡及其子体内照射引起的过多的肺癌，由镭的内照射引起的过多的骨肿瘤和肺癌。在开采铀矿初期，由于对辐射损伤认识得不够，铀矿工人一般都未采取防护措施，1875年至1930年期间，铀矿工人死亡者中，有一半以上死于肺癌，而且越是早期，因肺癌导致死亡的比例越高。在美国从事用镭发光材料描绘表盘的青年女工遭受了严重的内照射，镭致骨肉瘤在当时已超过了 50 例。

5.1.2　中期辐射损伤时期

从 20 世纪 30 年代至 60 年代。这个时期医学界把辐射看作是时髦的诊断和治疗手段，而缺乏对辐射远期效应的认识。辐射损伤的对象主要是接受超剂量辐射照射的病人，其中较突出的有以下三个群体：一是 1935 年至 1954 年，在英国应用 X 射线局部照射治疗强直性脊椎炎的病人；二是 1944 年至 1951 年，在德国应用镭-224 注射治疗强直性脊椎炎、关节炎及结核病的病人；三是 1928 年至 1954 年，在一些国家中应用钍造影剂作为肝、脾、血管等软组织的 X 射线造影剂的病人。此期间辐射损伤的特点是病人接受高的累积剂量而诱发过多的白血病、骨肿瘤、肝癌等恶性肿瘤。

5.1.3　近期辐射损伤时期

近期辐射损伤时期又称流行病学调查所见的辐射损伤时期。在此期间，大约从 20 世纪 60 年代至八九十年代。由于人类对辐射危害的认识逐渐深化，防护知识的增长和防护措施的进步，在早期曾见到的职业性的急性辐射损伤或严重的晚发辐射效应，除事故外，已极为罕见。中期所见到的因辐射剂量高度积累而造成的高发生率的恶性肿瘤，也随着医学诊断、治疗技术的进步而避免了。在近期，除了辐射事故外，只能用大群体的流行病学的调查方法，才能发现辐射损伤或危害有所增加。流行病学的调查对象主要是以下三类：一是职业性受照射群体；二是出生前受 X 射线诊断照射的群体；三是高辐射本底地区居住者。迄今为止的流行病学的调查资料证明，在低剂量下，唯一潜在的辐射危害是致癌，非特异性寿命缩短未见发生，遗传危害也未见增加。低于职业性剂量限值的辐射水平的长期慢性照射，是否会增加恶性肿瘤尚不明确，出生前诊断性 X 射线的照射量，是否会增加出生后小儿癌症的发病率，尚有争议，高本底地区居民流行病学的调查，均未证实遗传危害的增加或恶性肿瘤较对照群体有过多的发生。

5.1.4　一些特殊的事件

二战时，美国在日本广岛和长崎各投下一枚原子弹（分别是铀弹和钚弹），杀死了约 12 万日本人，即使幸存者都有不同程度的辐射损伤，它们是中高剂量受照的最大群体。在 1954 年美国比基尼岛氢弹试验事故中，使 239 名马绍尔群岛的居民和 28 名美国人，以及日本福龙号渔船上的 23 名渔民（其中 1 名死亡）受到不同程度的辐射损伤。

1986 年苏联切尔诺贝利核电站事故和 2011 年日本福岛核电站事故是目前人类历史上最严重的两次核事故，向外释放了大量放射性物质，引发严重的环境污染问题，尤其是切尔诺贝利核电站事故，造成许多人员受到过量照射而致伤致死，甚至波及下一代。

纵观人类发现放射性、研究利用核能和核技术以来，造成人类损伤和死亡的辐射实践几乎都是由于错误的应用或操作而造成的，核能和核技术的和平利用为造福人类的实践则留下了安全的记录，这是因为人们从一开始认识核能的时候就意识到了它的损伤作用，并投入了大量的人力物力财力，建立了完善的辐射防护体系和医学监督制度。

5.2 电离辐射生物效应的基本过程

5.2.1 电离辐射对细胞的作用

5.2.1.1 细胞

细胞是生物体的形态结构与生命活动的基本单元，主要由细胞核、细胞质、细胞膜等部分组成。细胞核内含有染色体，染色体由蛋白质和脱氧核糖核酸（DNA）等组成，DNA一般以双螺旋结构的形式存在。DNA是遗传信息的主要载体，包含着细胞为执行一定功能和自身繁殖所需的全部信息，其基本单位为基因。DNA含有四种碱基，即两种嘧啶（胸腺嘧啶和胞嘧啶）和两种嘌呤（腺嘌呤和鸟嘌呤）。

根据功能的不同，可将生物细胞分为体细胞和生殖细胞，这两类细胞的结构、代谢及遗传活动差别很大。许多在来源、构造、功能方面相同的细胞和细胞间质结合在一起并发挥着相同作用，就成为组织。多种具有同一功能的组织结合起来构成器官。几个不同的器官组合在一起完成某种特定的功能就构成系统。

电离辐射对生物体造成的宏观损伤取决于对细胞的微观损伤，电离辐射对细胞的效应是指电离辐射在细胞层次引起的效应，主要包括细胞生命周期的变化（如分裂延迟或分裂中止）、增殖受到抑制、染色体畸变、细胞突变、巨细胞形成、细胞死亡等，电离辐射产生的生物效应首先体现在与细胞的相互作用过程及其对细胞产生的后果上。

研究和实验表明，对绝大多数细胞而言，细胞的辐射敏感性与其增殖能力成正比，与其分化程度成反比。但也有个别例外，如淋巴细胞和卵原细胞都是高度分化的细胞，但却有高度的辐射敏感性。一般来讲，不断更新的细胞群体（分裂中的细胞）对辐射最敏感，而生长状态的细胞群（可逆性分裂后细胞）对辐射较不敏感，稳定状态的细胞群体（分裂后细胞）对辐射不敏感。对机体危害最大的是处于更新过程的细胞群体的辐射损伤，其次是处于生长状态的细胞群体的辐射损伤。哺乳类动物不同类型细胞的辐射敏感性变化如表5-1所示。

表5-1 哺乳类细胞的相对辐射敏感性

细胞类型	细胞特性	例子	辐射敏感性
增殖的分裂间期细胞	受控分裂 分化程度低	造血干细胞 表皮生长细胞	高
分化的分裂间期细胞	受控分裂 分裂中不断分化	幼稚血细胞	↓
结缔组织细胞			
可逆性分裂后细胞	无受控分裂 可变分化	肝细胞	
稳定性分裂后细胞	不分裂 高度分化	神经细胞 肌肉细胞	低

另一方面，细胞对电离辐射的敏感性与细胞所处的细胞周期有关。细胞周期指细胞一次分裂结束到下一次分裂终止所经历的过程，一般分为 G1 期、S 期、G2 期和 M 期等四期。G1 期指从上一次分裂完成到 DNA 复制之前的间隙时间，S 期指 DNA 复制的时间，G2 期指从 DNA 复制完成到分裂开始的间隙时间，M 期指分裂开始至结束的时间。不同细胞的细胞周期长短相差很大，从数小时到数月。各细胞周期对辐射的相对敏感性依次为 M 期>G2 期>G1 期>S 期。

5.2.1.2 电离辐射对细胞的作用过程

根据作用过程的不同，电离辐射对生物细胞的作用可分为直接作用和间接作用。直接作用是指生物细胞的某些分子直接吸收电离辐射能量后被电离、激发或化学键断裂，其结构、性质或活性发生改变，导致发生功能或代谢障碍。间接作用是指电离辐射与生物体中的水分子作用后产生一系列活性较强的辐照分解产物，这些活性较强的产物再与生物细胞分子作用，导致其功能和活性等发生改变。活性较强的辐照分解产物是一些独立存在的、带有一个或多个不成对电子的原子、分子、基团或离子，称作自由基，如氢自由基、羟基自由基、过氧化氢、水合电子等。这些自由基具有很高的化学活性，其中羟基自由基和水合电子是两种最重要的水辐照分解自由基，前者具有强氧化性质，后者具有还原性质，它们能进一步与生物分子发生作用。

在辐射诱导的生物分子发生损伤的过程中，既有直接作用，也有间接作用。由于生物体内含水量很高，因此间接作用往往占主要地位。

电离辐射通过直接作用和间接作用使生物分子发生变化并形成对染色体有害的化学物质，引起细胞的结构和功能的改变，进而引发人体的一些临床症状，如呕吐、腹泻、白内障、癌症等。电离辐射对人体产生损伤的过程十分复杂，根据作用过程的特点，可大致分为 4 个阶段。

（一）物理阶段

物理阶段是电离辐射将能量传递给细胞的过程，引起细胞内的分子或原子发生电离或激发。物理阶段的持续时间极短，约 10^{-16} s 量级。水在辐射作用下电离成 H_2O^+ 和 e^-。

（二）物质化学阶段

物理化学阶段是生成氢自由基、羟基自由基、过氧化氢、水合电子等各种自由基的过程，持续时间略长，约 10^{-6} s 量级。

（三）化学阶段

化学阶段是化学活性较强的自由基与细胞发生化学变化，可能破坏细胞大分子的化学键，改变其分子结构或功能。化学阶段的持续时间较长，约为几秒。

（四）生物阶段

电离辐射照射细胞后，可能导致细胞早期死亡、阻止细胞分裂或延迟分裂、造成细胞永久变形并持续到子代细胞等后果。生物阶段的持续时间很长，可能从几十分钟到几十年。

5.2.1.3 电离辐射对 DNA 的作用

DNA 是细胞增殖、遗传的物质基础，是引起细胞生化、生理改变的关键性物质。

DNA 是电离辐射作用的靶分子，在细胞辐射损伤中起重要作用。研究和实验表明，诱发 DNA 损伤是电离辐射产生生物效应的主要机制，DNA 含量高的细胞比 DNA 含量低的细胞受电离辐射损伤的可能性更大，DNA 修复能力有缺陷的病人的细胞往往对电离辐射更为敏感。

电离辐射对 DNA 的作用后果主要有两种：改变 DNA 分子结构和影响 DNA 分子的代谢。无论是直接作用还是间接作用，都可能使 DNA 分子结构发生改变或者影响 DNA 分子的代谢而产生损伤。

（一）改变 DNA 分子结构

DNA 分子结构改变产生的损伤有碱基对破坏或脱落、嘧啶二聚体形成、DNA 链断裂、DNA 交联等形式。

一般而言，辐射诱导的碱基破坏多于脱落，嘧啶碱基在辐射产生的羟基自由基的作用下容易发生加成、抽氢等反应，导致碱基环破裂，生成一系列辐射分解产物。

嘧啶二聚体形成是指 DNA 链上相邻嘧啶碱基共价交联形成环丁烷或二聚体。

DNA 断裂是电离辐射导致 DNA 损伤的主要形式，磷酸二酯键断裂、脱氧核糖分子破坏、碱基破坏或脱落等都可能引起核苷酸链断裂。DNA 双链中的一条链断裂称为单链断裂，两条链在同一处或相邻处断裂称为双链断裂，双链断裂常并发氢链断裂，双键断裂难以修复，是细胞死亡的重要原因。DNA 分子受损伤后，在碱基之间或碱基与蛋白质之间形成共价键，发生 DNA-DNA 交联和 DNA-蛋白质交联。

电离辐射改变 DNA 分子结构的示意如图 5-1 所示。

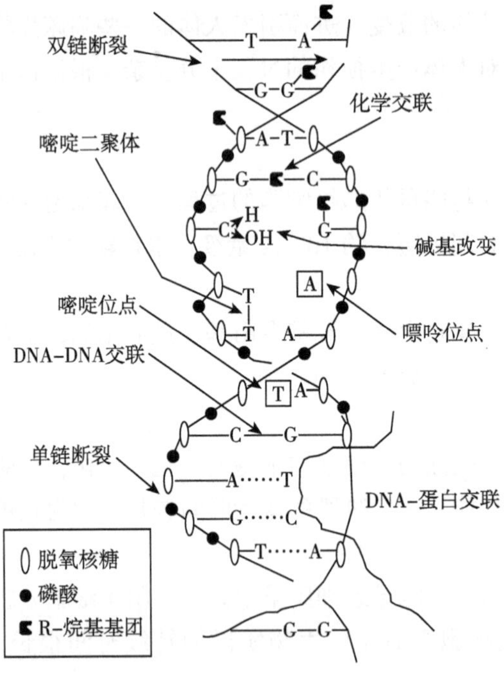

图 5-1　电离辐射改变 DNA 分子结构的示意图

(二)影响 DNA 分子代谢

影响 DNA 分子代谢产生的损伤有抑制 DNA 合成和增强 DNA 代谢等现象。

DNA 合成抑制是一个非常敏感的辐射生物效应指标，其发生机制可能与 DNA 合成有关的各个环节发生障碍有关，如 DNA 合成原料核苷酸形成的障碍、DNA 合成所需能量的障碍、与 DNA 合成有关的一些酶的活性损失、DNA 合成模板损伤以及对复制过程的影响等。

在 DNA 合成受到抑制的同时，DNA 的分解代谢明显增强，原因可能是辐射破坏了溶酶体和细胞核的膜结构，组织蛋白酶释放，并直接与 DNA 接触，增加了 DNA 的降解。在一定剂量范围内，降解的程度取决于照射剂量。

5.2.2 细胞的自我修复

各种生物细胞都具有对 DNA 损伤的修复功能，这可能是在长期进化过程中获得的。辐射造成 DNA 损伤后的细胞功能恢复很大程度上取决于细胞的 DNA 修复能力。通常，如果 DNA 结构能得到正确的修复，细胞功能就可能恢复正常；如果修复不成功、不完全或不正确，细胞可能死亡，或发生遗传信息的改变和丢失。遗传信息的改变会引起遗传性缺陷，并在辐射诱发癌症中起重要作用。

一般情况下，细胞具有很强的自我修复能力，可在数小时内使发生损伤的 DNA 分子恢复原状，以维持细胞正常的生命过程。DNA 修复损伤的机理和途径非常复杂，主要通过细胞内的各种酶系统来实现的，首先由一些损伤识别蛋白或结合蛋白发现损伤，然后启动各种修复机理进行修复。细胞内存在多种修复机理，包括回复修复、切除修复、重组修复、错配修复和 SOS 修复。

5.3 电离辐射对组织器官的作用

电离辐射对组织器官的作用是很广泛的，可以影响到全身所有组织系统。但在一定剂量水平上，由于组织细胞的辐射敏感性不同，各器官的反应程度也不一致。

5.3.1 造血器官

造血器官是对辐射最敏感组织的之一，电离辐射主要是破坏或抑制造血细胞的增殖能力，所以，损伤主要发生在有增殖能力的造血干细胞、祖细胞和幼稚细胞，对成熟血细胞的直接杀伤效应并不十分明显。

造血干细胞受照射后，需要一定时间才能恢复至正常水平，如果受照剂量很大，在恢复期间可能会发生感染或其他并发症，甚至需要输入外源性造血干细胞才能够重建造血。

除了可直接对造血干细胞造成损伤甚至死亡外，电离辐射还可能破坏造血微环境，从而影响造血干细胞功能的发挥。造血微环境主要由微血管系统、基质细胞和神经成分等构成。微血管对辐射比较敏感，受电离辐射照射后血管通透性增加，血流缓慢甚至完全中断，影响物质运输，产生活性代谢产物，加重造血损伤。血管系统的变化与造血细胞的退变坏死几乎是同步发生的，且与照射剂量密切相关。造血微环境的破坏显然会加重造血损伤，延缓恢复，既不利于内源性干细胞的生长增殖，也不利于外源性造血干细胞的植入和生长。

5.3.2 胃肠道

胃肠道也是辐射敏感器官之一，小肠最敏感，胃和结肠次之。辐射对胃肠道的影响是多方面的，最显著的症状是照射后早期恶心、呕吐、腹泻和小肠黏膜上皮的损伤。辐射对胃肠道的运动、吸收、分泌功能也有影响，如胃排空延迟，胃酸分泌减少，早期小肠收缩和张力增高，分泌亢进，肠激酶活力增强，但吸收功能降低，后期运动、分泌功能也都降低。

全身照射或局部照射都可在照射后早期出现恶心、呕吐，照射 1 Gy 左右即可发生，持续数小时之久，其出现的快慢、呕吐次数和持续时间长短，都与照射剂量有关。在较大剂量（高于4~5 Gy）照射后，早期可出现腹泻，大于 10 Gy 的照射可引发多次或频繁腹泻。

小肠黏膜绒毛表面覆盖着完整的上皮细胞，是保持小肠正常分泌吸收和屏障功能的基础。绒毛表面的上皮细胞是一种持续更新的细胞系统，辐射敏感性很高。1~2 Gy 的照射可能导致细胞分裂停止、细胞减少，其破坏程度与照射剂量有关。照射剂量较小时，细胞数量轻度减少，且很快修复，对绒毛表面影响不大。如果受照剂量超过 10 Gy，可使绒毛被覆上皮剥脱，失去屏障功能。

5.3.3 神经系统

就形态而言，神经细胞对辐射不敏感，需很大剂量才能引起间期死亡。但就功能改变而言，10 mGy 就可能引起变化。在亚致死量或致死量照射后，高级神经活动出现时相性变化，先兴奋而后抑制，最后恢复。各时相时间长短与剂量有关，剂量较小时，兴奋相较长，或不出现抑制相；剂量较大时，则兴奋相短，较快转入抑制相。自主神经系统也有类似现象，照射后初期丘脑下部生物电增强，兴奋性增高，神经分泌核的分泌亦增强。

5.3.4 性腺

性腺是辐射敏感器官，睾丸的敏感性高于卵巢。睾丸单次受 0.15 Gy 照射即可见精子数量减少，受到 2~5 Gy 照射可能导致暂时不育，受到 5~6 Gy 以上照射时可能导致永久不育。睾丸中的精原干细胞对辐射最敏感，精细胞和成熟精子则有较高的耐受力。卵巢是没有干细胞、不增殖的衰减细胞群，成年卵巢含有一定数量的不同发育阶段的卵泡。电离辐射照射可能会破坏部分卵泡而导致暂时不育，若全部卵泡被破坏则可能导致永久性不育。卵泡被破坏的同时，可能引起明显的内分泌失调，出现月经周期紊乱，暂时闭经或永久性停经。

5.3.5 心血管系统

心脏对辐射的敏感性较低，10 Gy 以下的照射产生的主要后果为造血损伤引起的出血和感染。10 Gy 以上的照射可引起心肌的变化，包括心肌纤维肿胀、变性坏死甚至肌纤维断裂等。血管方面以小血管较为敏感，尤其是毛细血管敏感性最高。照射后早期可能产生毛细血管扩张，短暂的血流加速后，即出现血流缓慢。临床可见皮肤充血、红斑。红斑出现的快慢与照射剂量有关，受到 10 Gy 照射后数小时即可出现，受到 1 Gy 照射数日后才出现，可见血管内皮肿胀，空泡形成，基底膜剥离，以后内皮增生突向血管腔，血管壁血浆蛋白浸润，继而胶原沉着，致使管腔狭窄甚至堵塞。

由于小血管内皮细胞损伤，血管周围结缔组织中透明质酸解聚增强，加上照射后释放的组织胺、缓激肽以及细菌毒素等的作用，小血管的脆性和通透性都增加。小血管的这些病变可能导致受损伤器官晚期萎缩、功能降低。

5.3.6　免疫系统

目前为止发现，辐射对免疫系统的作用是双向性的，表现为生物体在受到小剂量辐射时机体免疫力不下降，反而增强；但在遭受大剂量照射时，机体无论是体液免疫还是细胞免疫，特异性免疫还是非特异性免疫都有一定程度的抑制和下降，抑制和下降的程度与吸收的照射剂量成正比。

5.3.6.1　非特异性免疫的变化

照射后皮肤黏膜通透性增加，皮肤黏膜分泌酶的抑菌、杀菌能力减弱。

由于造血损伤，嗜中性粒细胞和单核细胞急剧减少，残存细胞的吞噬功能和消化异物的功能都降低。

照射后血清和体液中溶菌酶、备解素和补体的含量减少，杀菌效果降低。照射剂量愈大，下降越甚，恢复越慢。

5.3.6.2　特异性免疫的变化

无论是中枢免疫器官（骨髓、胸腺、类囊器官）或外周免疫器官（淋巴结、脾脏等）都是辐射敏感器官，所以照射后对体液免疫和细胞免疫都有影响，但体液免疫较细胞免疫对辐射的敏感性高。

5.4　辐射生物效应的分类

电离辐射产生的生物效应多种多样，可以根据不同的方式加以分类，如图 5-2 所示。

按照受照射后有害效应发生主体的不同，即受害者的不同，将辐射生物效应分为躯体效应和遗传效应。躯体效应是指生物效应发生在受照者本人身上，如受照后呕吐、皮肤起红斑、皮肤溃烂、脱发、癌症等。遗传效应是指生物效应发生在受照者后代身上（一般仅限两代以内），如受照者后代先天性畸形、生长发育迟缓或障碍等。

按照受照后有害效应出现时间早晚的不同，将辐射生物效应分为早期或急性效应和远期效应。早期或急性效应是指受照后辐射效应在较短时间内（受照后几小时、几天或几周内）显现出来，如受照后呕吐、皮肤溃烂、脱发等，早期或急性效应一般仅在发生意外或事故时接受大剂量照射后才可能发生，正常条件下不会出现早期或急性效应。远期效应是指辐射效应在受照后数月、数年甚至数十年之后才会显现，如白血病、癌症、遗传病等。

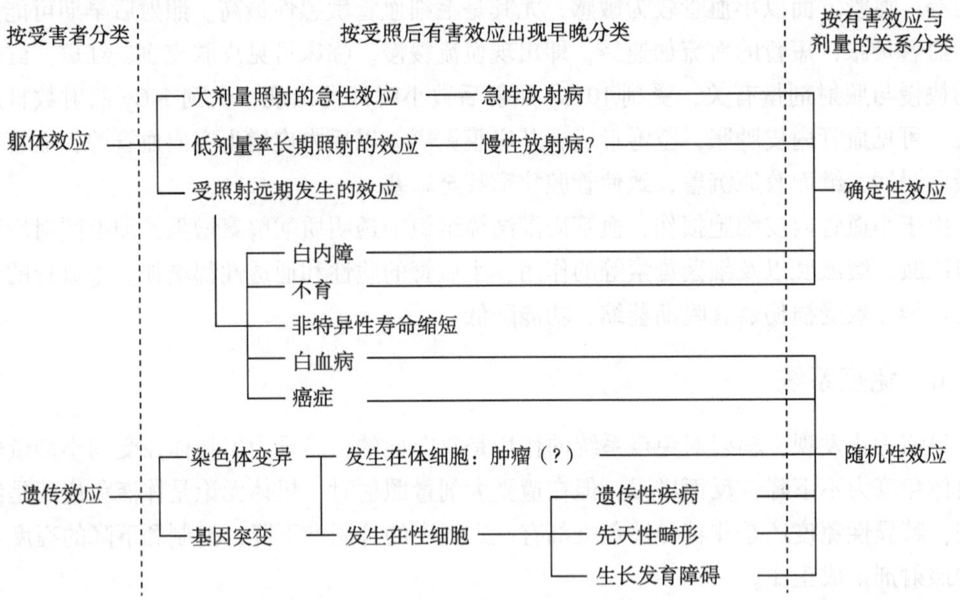

图 5-2　辐射生物效应的分类

按照辐射生物效应发生概率、严重程度与受照剂量的关系，将辐射生物效应分为随机性效应和确定性效应（2005 年 ICRP 新建议书建议改为组织反应）。随机性效应是指辐射生物效应发生的概率与受照剂量大小有关，但严重程度与受照剂量大小基本无关，而且不存在剂量阈值，很小的受照剂量也可能引发随机性效应。确定性效应是指辐射生物效应发生的概率和严重程度均与受照剂量大小有关，且均随受照剂量的增加而增加，而且存在一个剂量阈值，受照剂量低于阈值时不会发生确定性效应。应该注意的是，不同组织器官发生确定性效应的剂量阈值不同，如眼晶体较为敏感，发生确定性效应的剂量阈值较低，而皮肤发生确定性效应的剂量阈值则较高一些。

5.4.1　随机性效应

电离辐射在介质中的能量沉积是一个随机的过程，即使非常低的照射剂量也有可能在生物细胞的关键点沉积足够的能量而导致细胞发生异常改变或死亡。一般情况下，单个或少量细胞死亡不会产生组织器官层级上的后果。但单个细胞的变异，如发生遗传变化或最终导致恶性突变的细胞转化事件，则可能产生严重的后果。这些源于单个细胞损伤而导致的辐射生物效应，称作随机性效应。即使受照剂量很低，仍然可能发生随机性效应，因此随机性效应没有剂量阈值，但其发生概率随受照剂量的增加而增加，在没有其他因素作用时，其严重程度不变。

随机性效应的发生概率与受照剂量大小的关系十分复杂，尤其是在低剂量区间，各国研究人员和机构提出多种模型。但对于正常条件下的低剂量（率）照射情况，从辐射防护的角度出发，常假定随机性效应的发生概率与受照剂量之间存在线性关系，即线性无阈假设（linear，no threshold，LNT）。图 5-3 给出了随机性效应发生概率与受照剂量关系的示意图。

随机性效应的具体表现形式分为两类：致癌作用和遗传效应。

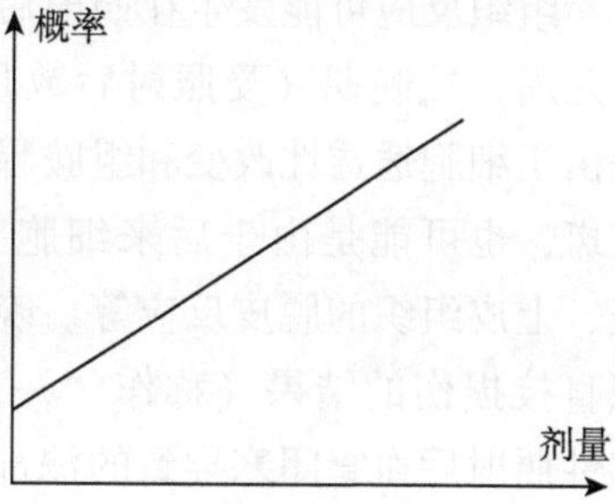

图 5-3 随机性效应发生概率与剂量的关系

5.4.1.1 致癌作用

对受照者本人而言，电离辐射诱发癌症是最主要的危险，也是辐射防护的主要问题。由于存在多种致癌因素，而且癌症的发生、发展过程十分复杂，人类目前尚无法十分清楚而准确地掌握其规律。为了研究电离辐射致癌的风险，一般采用对照人群的流行病学方法，即利用统计学方法研究特定受到电离辐射照射的人群与未受到电离辐射照射的人群的癌症发生情况（包括病例数及其分布等），以此来评估电离辐射致癌的风险。一般做法是：调查受照人群组，包括总人数、受照剂量、癌症发病数等，同时观察一组未受照人群，要求未受照人群除未受电离辐射照射外，种族、年龄、性别、生活环境、饮食、地理、社会等条件基本相同。通过对比研究两组的癌症发病情况，估算出单位受照剂量所带来的癌症风险。为了提高研究结论的可信度，调查的人群组人数基数越大越好，照射剂量以外的对照条件应尽可能相同，同时应充分考虑癌症自然发生发展概率受年龄、性别甚至职业等因素的影响。

5.4.1.2 遗传效应

遗传效应是随机性效应发生在受照者后代身上，一般认为起源于产生精细胞的睾丸或产生卵细胞的卵巢受到照射损伤。电离辐射可能导致睾丸、卵巢或生殖细胞发生突变，最终在受照者后代中产生有害效应。一般认为，突变的发生是由于受照者单个生殖细胞的DNA 结构发生改变，并被遗传到下一代所造成的。遗传效应的严重程度变化范围很宽，从早期夭折和严重智力缺陷，到微小的骨骼异常和新陈代谢失调等。

动物实验研究表明，辐射诱发的突变会导致有害的遗传效应，但人类接触的环境中还有许多因素也可能引起突变，并导致遗传性疾病发生。至今尚未在人类中找到可归因于天然辐射或人工辐射所导致的遗传性缺陷的确凿证据。日本曾对在原子弹爆炸时受过照射的七万余名父方或母方的子女与对照人群进行了流行病学调查，尚未发现具有统计学意义的差别。1967 年曾对七千多名日本原子弹爆炸幸存者子女进行细胞遗传学调查，发现其体细胞染色体异常的发生频率较高，但未出现与对照人群具有统计学意义的差别。许多研究结果表明，之前估计的风险因子可能偏高。

5.4.2 组织反应

如果受照剂量较大，会有大量细胞被杀死，而这些细胞又不能由细胞的增殖及时补偿，某些组织器官可能产生临床上可观测到的变化，这些反应可能发生在照射早期或晚期。这些源于大量细胞被杀死导致组织器官损伤的辐射生物效应称作组织反应。要产生临床可观测的组织器官损伤，必须有相当比例的细胞被破坏或杀死，因此，电离辐射产生组织反应，必须超过一定的剂量阈值，而且组织反应的发生概率和严重程度均与受照剂量的大小有关。图 5-4 给出了组织反应发生概率与受照剂量关系的示意图。

组织反应可能发生在照射后的早期（受照后数小时到几周）或晚期（受照射后数月）。早期组织反应可能是由于细胞通透性改变和组胺释放导致的炎症性反应如红斑，也可能是由于后来细胞丢失导致的反应如黏膜炎、上皮组织的脱皮反应等。晚期反应可能是由于靶组织直接损伤的结果（称作“一般型”晚期反应）如迁移性照射后血管闭塞导致的深部组织坏死等，也可能是由于早期组织反应的后果（称为“继发型”组织反应）如严重表皮脱落或慢性感染所导致的皮肤坏死、严重黏膜溃疡导致的小肠狭窄等。

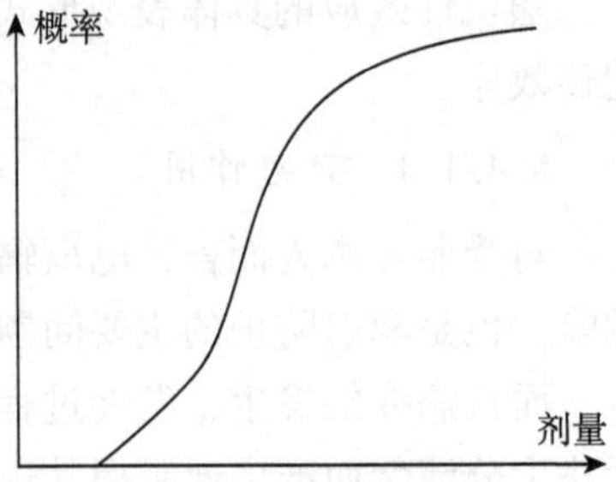

图 5-4　组织反应发生概率与剂量的关系

组织反应最早被称作非随机性效应，以与随机性效应相对应。后来发现，当受照剂量达到一定水平时，细胞死亡数量达到一定比例后，这种效应确定会、必然会发生，因此 ICRP 第 60 号出版物将非随机性效应这一术语改为确定性反应。随着研究的深入和对辐射生物效应认识的提高，人们发现无论是早期还是晚期的组织反应未必“预确定”，采用确定性效应这一术语并不能完全反映其特点，2005 年 ICRP 建议改为组织反应。但由于确定性效应和随机性效应两个术语已使用多年，并已经具有广泛和坚实的基础，ICRP 仍然保留使用确定性效应和随机性效应两个术语，作为组织反应和癌症/遗传效应的同义词。

5.4.2.1　细胞存活曲线

受电离辐射照射后，生物细胞存在多种方式死亡。细胞剔除在受照上皮组织的早期脱皮反应中发挥主要作用。在少数细胞或组织类型中，如淋巴细胞和唾液腺，则是通过凋亡使照射后细胞快速丢失。在其他组织中细胞死亡是由再生干细胞或正在分化细胞的增殖衰竭引起的，这些再生干细胞可能在试图进行有丝分裂的前后发生凋亡。大多数非增殖的成熟细胞不发生照射死亡，而是自然静止死亡。

细胞存活作为剂量的函数通常是线性平方方程式（5-1）描述的：

$$S = e^{-(\alpha D + \beta D^2)}$$
$$\ln S = -(\alpha D + \beta D^2) \tag{5-1}$$

式（5-1）中：D 为吸收剂量，S 为细胞存活率，α 为描述细胞存活（对数）与剂量（线性）的半对数关系中细胞死亡敏感性的线性部分，β 是描述对更高辐射剂量的增加敏感性。α/β 值表示细胞杀死的线性项和平方项相等时的剂量，反映了存活曲线的曲率。

5.4.2.2　剂量存活曲线

剂量存活曲线（dose survival curve）是反映照射剂量与细胞死亡率之间的关系、分析受照射细胞群体辐射效应的一种模式，剂量存活曲线如图 5-5 所示，其形状可大致分为两种。图中的 A 线表示简单的指数曲线，生物分子的灭活、原核细胞死亡、受高 LET 电离辐射照射的哺乳类细胞等多符合此类曲线变化规律。图中的 B 线是带“肩部”的指数曲线，“肩部”表示低剂量区细胞存活率降低放缓，“肩部”的宽度大小反映了细胞对亚致死损伤的耐受力或修复能力。大多数哺乳类细胞受低 LET 电离辐射照射后符合带“肩部”的剂量存活曲线。

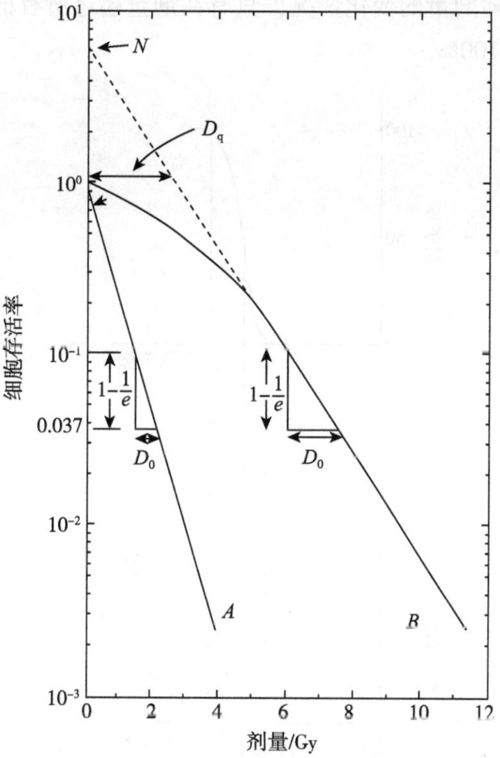

图 5-5　哺乳类细胞典型剂量存活曲线

剂量存活曲线可用 D_{37}、D_0、D_q 和 n 等参数表征。D_{37} 表示指存活细胞由 100%降低至 37%（$1/e \approx 0.37$）所需的剂量。D_0 表示平均致死剂量（mean lethal dose），是指存活曲线的指数部分，即直线部分存活率每降低至原来的 37%所需的剂量，可以认为 D_0 是存活曲线直线部分斜率的倒数，D_0 的大小反映了细胞的辐射敏感性，哺乳类细胞的 D_0 多在 1~2 Gy。D_q 称为拟阈剂量，是剂量存活曲线直线部分（或其延长线）与存活率为 1 的直线的交点的横坐标。对 A 线，$D_q=0$，此时 $D_{37}=D_0$。n 表示外推值，是指剂量存活曲线 B 的直线部分的延长线与纵坐标的交点。D_q 和 n 两个参数均反映了剂量存活曲线"肩部"的大小，常用 D_0、D_q 和 n 等参数表征不同细胞的辐射敏感性和修复能力。

5.4.2.3　剂量阈值

人体不同组织器官的暂时性反应程度不同，其辐射敏感性也存在差异，其中最为敏感的是卵巢、睾丸、骨髓和眼晶体等。总体上，这些组织的组织反应发生概率与剂量的关系在线性坐标上呈现 S 形，如图 5-6 所示，组织反应的发生概率随着剂量的增加而增加（图中存活率越来越小），而且严重程度也随剂量而变化。图 5-6 上图显示了在一个由不同辐射敏感性个体组成的群体中，一种可通过临床识别的病理状态来确定的特殊组织反应，其发生频率是如何随剂量而增加的。图 5-6 下图则表示不同辐射敏感性个体组成的群体的组织反应严重程度与剂量的关系曲线。曲线 a 显示，最为敏感的那群个体的病理状态和严重程度随剂量的增加程度最为显著，与曲线 b 和 c 对应的群体不同，曲线 a 对应的群体在更低的剂量就达到临床可检测的阈值。从图 5-6 上图可以看出，出现该病理状态在总群体中的发生频率随剂量的变化情况，只有在剂量超过所有群成员的阈值时，该组织反应的发生频率才达到 100%。

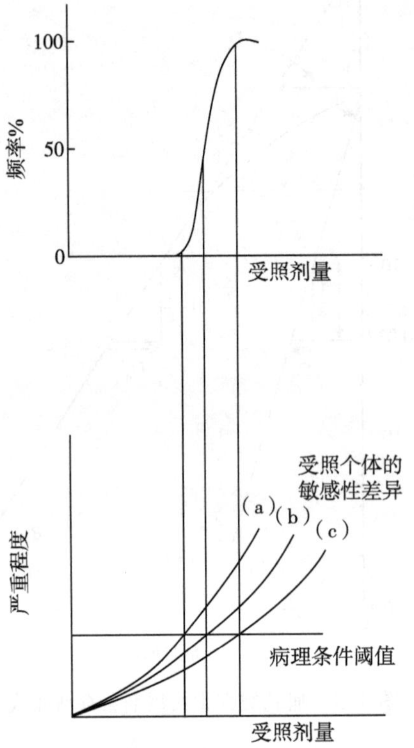

图 5-6　组织反应与受照剂量的关系

表 5-2 给出了人体部分辐射敏感组织器官发生组织反应的剂量阈值，但这些值并非实验值，而是从不同放射治疗实验和事故照射数据中推出来的，总的来说，多次照射的损伤程度要低于单次急性照射。应该注意的是，剂量阈值是指 1%受照者发生组织反应所接受的剂量值，而非所有受照者发生组织反应所需的剂量值。

表 5-2　成年人部分辐射敏感组织器官的组织反应剂量阈值

组织或器官	组织效应	剂量阈值		
		单次或短暂照射的总剂量/Gy	多次或长期照射的总剂量/Gy	多次或长期照射的年剂量率/Gy·a^{-1}
睾丸	暂时不育	0.15	NA	0.4
	永久不育	3.5~6.0	NA	2.0
卵巢	不育	2.5~6.0	6.0	>0.2
眼晶体	可检出的混浊	0.5~2.0	5	>0.1
	视力障碍（白内障）	2~10	>8	>0.15
骨髓	造血机能低下	0.5	NA	>0.4
	致死再生障碍	1.5	NA	>1.0

注：NA 表示不适用，因为阈值依赖于剂量率而不依赖于总剂量

5.4.2.4 急性照射引起的放射病

急性照射是指单次或短时间内接受大剂量的照射（一般为外照射）。急性照射可能使某些组织器官的细胞大量死亡、细胞分裂受到严重阻碍或延缓，同时伴有多种组织器官或功能系统严重损伤、出现特定的临床症状和体征，这种由急性照射引发的全身性生物效应称作急性放射病，其严重程度随照射剂量的增大而加重。急性放射病往往是由于意外事故引起的大剂量照射造成的，如意外超临界事故、严重违反操作规程发生重大事故、强放射源丢失或误操作、核爆炸有效范围内无有效防护的照射等。

根据辐射事故所致人的急性放射病临床观察和研究，急性放射病可分为三种类型：骨髓型急性放射病、肠型急性放射病和脑型急性放射病。

（一）骨髓型急性放射病

这是临床上较多见的急性放射病，照射剂量范围 1~10 Gy，以骨髓等造血组织损伤为基本病变，以白细胞减少、感染及出血为主要临床表现，具有典型的阶段性病程，一般分为初期、假愈期、极期和恢复期，各阶段的主要特征和临床表现为：

1. 初期

照射后数小时，病人全身无力，头昏、眩晕、恶心、呕吐，厌食。

2. 假愈期

照射后数天开始，初期症状减轻或消失，但实际上病情仍在发展，血相继续恶化。骨髓造血组织受到严重破坏，血细胞逐天减少，血细胞形态也发生严重病理变化。假愈期后期开始脱发，指甲根部有淤血。

3. 极期

照射后十几天后开始，病情严重，出血和感染威胁病人生命，如果抢救得当，可进入恢复期。应控制出血，防止感染恶化，甚至败血症的发生。病人感到恶心、呕吐，不想吃东西，应补充液体食物。

4. 恢复期

三个月后，精神、食欲及血相等逐步恢复。

中度和重度放射性病人，病程分期明显，而轻度放射性病人的病程分期则不太明显。

（二）肠型急性放射病

病程阶段性不明显，照射剂量范围多在 10~50 Gy，以肠道损伤为基本病变，临床出现频繁呕吐、腹泻、水电解质代谢紊乱，3~5 天后进入极期，出现造血功能障碍，如果未能得到有效救治，通常于 2~3 周内死亡。

（三）脑型急性放射病

病程阶段性不明显，照射剂量多在 50 Gy 以上，以脑组织损伤为基本病变，临床出现意识障碍、抽搐、震颤等中枢神经系统症状，通常在 1~3 天内死亡。

受照剂量不同，急性放射病治疗原则和方法也不尽相同，一般采取对症治疗的原则，主要措施包括抗感染、消毒隔离、防治出血、保持供给营养，保持水、电解质和酸碱平衡，以及防治并发症。近年来由于科学技术和临床治疗的不断进步，在临床治疗中应用了层流灭菌技术、多种有效抗感染药物、造血因子等新措施，治疗效果明显提高。

5.4.3 小剂量外照射生物效应

小剂量外照射主要指两种情况：

1. 短期内单次或多次的总剂量较小的照射

可能是一次或数天内多次受到照射，但总剂量较小，如事故条件下的应急照射。

2. 低水平照射

即长期接受低剂量率的照射，但总剂量低于年剂量限值，如正常工作条件下职业放射性工作人员所受的职业照射等。

以下对两种照射情况的生物效应分别探讨。

5.4.3.1 单次或短期内多次的小剂量外照射

国际上目前未对单次或短期内多次小剂量照射的具体剂量数值进行明确规定，根据各国发生的辐射事故资料统计分析，绝大部分人员受照剂量都低于 1 Gy，其中受照剂量低于 0.5 Gy 的占多数。以下讨论单次或短期内多次照射的总剂量不超过 1 Gy 的外照射引起的生物效应的特点。

（一）近期效应

近期效应一般指机体在受照后两个月以内所发生的变化。机体受到一次小剂量照射后，早期主要出现以下几方面的变化：

（1）早期临床症状。早期临床症状多在受照后当天出现，持续时间较短，不经治疗一般数天后可自行消失。其表现以植物神经功能紊乱为主，如头昏、乏力、睡眠障碍、食欲减退、口渴、易出汗等。早期临床症状的发生除受剂量的大小影响外，与机体的精神状态、受照前健康状况以及劳累程度等因素有关。

（2）血液学变化。主要变化是受不同剂量照射后外周血白细胞总数和淋巴细胞绝对值减少。

（3）淋巴细胞染色体畸变。人类淋巴细胞染色体对辐射较敏感，接受 50 mGy 的剂量照射后，早期就可见到畸变增多，且畸变率随剂量增加而增高，而畸变可以长期存在。例如在一次钴源事故中受到 50～100 mGy 小剂量照射者，受照后 10 年进行血细胞检查，仍见畸变率增高，畸变类型以无着丝点畸变为主。

（4）其他指标的变化。生殖系统对辐射亦较敏感，表现为精子数量减少。受照射剂量愈大，减少愈明显，开始恢复的时间也愈长。

（二）小剂量一次照射的医学随访结果

国内学者对一些曾受到数百 mGy 剂量的事故受照者进行了为期 3～10 年的随访观察，其主要结果如下：

（1）一般健康状况良好，均能从事本职工作或体力劳动，临床检查未发现阳性体征。

（2）血液学常规检查，包括白细胞总数、淋巴细胞绝对数、血小板计数以及血红蛋白含量等，均在正常值范围内波动。

（3）受照剂量偏大者的染色体畸变率仍高于正常值水平。

（4）生育能力不受影响，所生子女生长发育正常，智力体力与正常儿童比较未见差异。

从上述可见，短期内单次或多次的小剂量外照射对机体的影响是轻微的，临床的阳性所见一般在短期内可自行消失。

5.4.3.2 低水平照射

如果长期接受低剂量率照射，但总剂量低于限值，这类照射称为低水平照射，又称小剂量慢性照射或长期低剂量率照射，正常情况下放射性职业工作人员所接受的照射均属此类。由于受照次数多，叠加时间长，因而机体既有损伤的表现，又有修复和适应的表现。当修复能力占优势时，在相当长的时期内可不出现明显的损伤反应；如果机体修复适应能力差或累积剂量达到一定程度时，就可能出现慢性损伤性效应。目前，尚无法直接观察到低水平照射引起的生物学指标变化，对低水平照射的危害评价，主要通过辐射流行病学调查、动物实验和离体细胞实验进行。

（一）自觉症状表现

自觉症状表现可在接触射线后几个月、数年或更长时间后才出现。主要有自觉乏力、头晕头痛、睡眠障碍、记忆力减退、食欲减退和性功能减退等。根据我国对 2 484 名医用 X 线工作人员调查的临床资料分析，发现受照人群中，主诉有神经衰弱、食欲减退、牙龈出血及脱发者，明显多于对照人群。

（二）实验室检查

外周血相检查：长期小剂量照射最明显的变化是出现不同程度的白细胞减少，包括外周白细胞总数、中性粒细胞和淋巴细胞绝对数以及血小板数量等指标均有降低，单核细胞、嗜酸、嗜碱性粒细胞的相对值升高。外周血细胞变化程度与累积剂量、年剂量及接触射线的时间长短呈正相关关系。也有报道长期受小剂量照射后，白细胞总数可出现增高趋势。

外周血淋巴细胞染色体畸变及微核检查：外周血淋巴细胞染色体畸变率和微核率均显示增高，畸变类型以无着丝点畸变为主，微核率与年剂量呈直线相关。

（三）辐射危害评价

低水平照射的症状特点是自诉症状多，但阳性体症少。在自诉症状中，神经系统症状和消化系统症状显得尤为突出，但这些症状又缺乏可以客观测定的指标，在慢性病患者中也常出现，而且症状出现的频率受个体精神因素的影响较大。因此，在对低水平照射进行辐射危害评价时，对自诉症状不可全信，也不可不信，最好与对照人群进行比较，并尽量排除慢性疾病、工作生活压力等非辐射因素的影响。在分析评价低水平照射引起的外周血相和细胞遗传学等实验室检查结果时，同样应当排除其他疾病或有害物质的影响。在采取排他分析措施后，如果发现自诉症状和实验室检查结果确实比对照人群存在统计学意义上的变化，应进一步分析自诉症状发生频率和实验室血液检查结果变化程度是否与受照剂量存在关联，同时结合历史数据分析，是否存在受照者暂时脱离受照环境后症状发生率和血液检查结果变化减缓或消失的、再次进入受照环境一段时间后又增加的现象，协同判断是否与接触放射性有关。

由于低水平照射的剂量率和总剂量都很低，对人体产生的损伤十分轻微，而且没有特异性，任何单项指标的少量变化或波动很难确定是由照射引起的，许多症状还带有主观感觉，与急性照射、单次或短时间多次小剂量照射相比，在医学诊断与观察、危害评价等方面面临的难度和挑战更大。因而在评价低水平照射对人体健康影响时，需要综合考虑受照射者接触射线史、临床表现、化验检查以及其他相关因素的影响，参照受照者以往的健康状况，全面分析后才能得出可靠和可信结论。低水平照射对人体健康的影响，至今尚未得出公认的明确结论。

5.4.3.3 微剂量照射的生物效应

近年来，国内外放射医学界对微小剂量辐射，尤其是很低剂量率辐射效应的研究颇为重视，做了大量调查和实验，积累了丰富的资料。研究发现，累积剂量在 0.5 Gy 以下的单次或持续低剂量率的 X 射线、γ 射线照射，可以诱导产生与大剂量辐射明显不同的效应。微小剂量照射可能产生许多正向的生物学现象，例如生长加速、体重增加、寿命延长、生育增多、修复功能上调、防卫机能增强、适应能力升高等，称为微剂量辐射兴奋效应。生物体在其生存过程中必须适应环境的各种变化，抵抗各种侵袭。随着机体的进化发展，其防卫适应功能不断完善，高等动物机体既保有进化初期获得的适应功能，又发展了其特有的防卫和调节系统。例如，哺乳动物和人体细胞仍保有单细胞机体具有的抗氧化作用、腺苷二磷酸核糖聚合作用（PARP）、DNA 损伤修复功能和应激蛋白表达等保守性很强的适应功能，又发展了复杂的免疫反应和神经内分泌调节。因此微剂量辐射兴奋效应的发生机理可能具有某些共同基础，又因其表现形式不同而又有各自的特点。

（一）适应性反应（adaptive response，AR）

适应性反应是生物界普遍存在的现象。当环境因子的强度较小时可通过体内的相应变化产生对环境因子的抗性，在随后一定时间内机体具有耐受较大强度的同一或其他环境因子的能力。AR 具有很强的保守性，从单细胞生物到高等动物乃至人类都保有此种特性。自从 1984 年 Ohviefi 等首先发表人类淋巴细胞微剂量辐射诱导适应性反应以来，这一现象不断为其他许多学者以不同的实验模式所证实，可见于细菌、酵母菌、哺乳动物以及人类的多种细胞。微剂量辐射诱导哺乳动物的 AR 可表现于 DNA 和染色体损伤、细胞存亡、基因突变、细胞转化等生物指标，但各有其诱导的剂量范围、时效特点和反应幅度。

（二）免疫功能增强（immunologic stimulation，IS）

免疫监视是机体抗肿瘤的重要功能，经历了认识的起伏后，现已被广泛接受。免疫系统对肿瘤的监视与机体天然和获得的免疫功能有关。单核巨噬细胞系、T 淋巴细胞和 NK 细胞以及相关的细胞因子和抗体等均参与机体对肿瘤的监视作用，其中细胞免疫占有特别重要的地位。电离辐射在中等以上的剂量降低免疫功能，是辐射致癌的发生基础之一。微剂量辐射的免疫功能增强的机理涉及多方面的复杂反应，包括免疫系统内的调节和神经内分泌系统对免疫系统的调节。

微剂量辐射诱导 AR 和 IS 的机理存在许多共同之处，例如微剂量辐射通过 DNA 损伤或其他途径，活化细胞信号传递通路，包括 $[Ca^{2+}]_i$ 增高和 PKC 激活，调节蛋白分子的表达，激活 DNA 修复酶类和诱生保护性蛋白及/或减少抑制性蛋白，启动细胞 AR 并激活免疫功能，但还有待积累更多的实验数据资料。

5.5 辐射生物效应的影响因素

影响电离辐射生物学效应的因素主要有辐射因素、生物因素与环境因素等方面。

5.5.1　辐射因素

（1）辐射品质。不同种类、不同能量的辐射有不同的生物效应，辐射品质因数越大，辐射生物效应越显著。通常以传能线密度（LET）大小评价辐射品质，如表4-1和表4-2所示，因此高LET辐射（如α、n）的辐射生物效应比低LET辐射（如X、γ）明显或严重。

（2）剂量。辐射生物效应与受照剂量之间并不是简单的线性关系，甚至有可能不是单调变化的关系，尤其是在低剂量区域。但总体趋势是受照剂量越大，辐射生物效应越显著。

（3）剂量率。一般而言，剂量率越高，生物效应越显著，但在0.1 $Gy \cdot h^{-1}$到1 $Gy \cdot min^{-1}$之间比较明显，低于0.1 $Gy \cdot h^{-1}$或高于1 $Gy \cdot min^{-1}$，变化不太明显。对同种辐射的相同剂量，分次小剂量照射比一次大剂量率照射的生物效应小得多，即当某一辐射剂量分散成两次或两次以上的剂量份额时，其生物效应可能减低。可能原因是分次照射使机体辐射损伤有时间进行自我修复，如人一生（50年）全身均匀照射累积剂量为2.5 Gy，并不会发生急性辐射损伤，但如果一次急性照射剂量为2.5 Gy，在临床上就会出现急性放射病。因此，在进行剂量控制时，应在尽可能低的剂量率水平下分散照射。

（4）照射部位和面积。全身均匀照射6 Gy可能致死，而相同剂量照射手或足等局部，甚至不出现放射病的症状。在相同剂量和剂量率照射下，辐射敏感性高低排序为：腹部>盆腔>头部>胸部>四肢，所以应特别注意腹部防护。如果受照部位是关键器官，则可能造成严重损伤，因此，应尽量防止和减少要害部位、要害器官受到照射，避免大面积或大剂量全身照射。

（5）照射条件和方式。在总剂量及剂量率等照射条件相同情况下，一次照射的效应比分次照射的效应显著，分次越多效应越轻，各次间隔时间越长，效应也越轻。不同的照射方式产生的生物效应严重程度大致顺序为：外照射n>γ、X>β>α、P；内照射α、P>β>γ、X。

5.5.2　生物因素

在辐射因素条件相同时，不同机体对辐射作用的反应强弱可能不相同，与诸多因素有关。

（1）生物种系的敏感性。不同种系生物的辐射敏感性有很大差异，总的趋势是种系演化越高级，机体组织结构越复杂，其敏感性越高。多细胞生物比单细胞生物敏感，哺乳类比鸟类、鱼类、两栖类敏感。同类动物中不同品系之间敏感性也有较明显的差异。

（2）个体的敏感性。同一种体系不同个体的辐射敏感性也不尽相同，与年龄、性别、生理状态、遗传特性、营养状态等均有关系。同一个体在其发育的不同阶段，对辐射敏感性亦有显著的差异，总的趋势是随着个体的发育过程，其敏感性逐渐降低。一般胚胎期较胎儿期敏感，幼年较成年敏感，但老年较青年敏感，孕妇应尽量避免做下腹部与骨盆部位的放射学检查，尤其是怀孕早期阶段。

（3）组织器官和细胞的辐射敏感性。成年动物机体各种细胞的辐射敏感性与其功能状态有密切关系，如前所述，对绝大多数细胞而言，细胞的辐射敏感性与其增殖能力成正比，与其分化程度成反比，但也有个别例外。人体组织器官对辐射的敏感性如表 5-3 所示。

表 5-3　人体组织器官的辐射敏感性

辐射敏感性	组织或器官
高度敏感	淋巴组织（淋巴细胞、幼稚淋巴细胞）、胸腺、骨髓、胃肠道上皮、性腺、胚胎
中度敏感	感觉器官（角膜、晶体）、内皮细胞、皮肤上皮、唾液腺、肾、肝、肺的上皮细胞
低度敏感	中枢神经系统、内分泌腺（除性腺）、心脏
不敏感	肌肉、软骨和骨、结缔组织

5.5.3　环境因素

（1）温度。机体受辐射照射时，内外环境温度的变化，可能会直接影响辐射生物学效应，如在进行放射治疗之前，先提高肿瘤组织局部温度，其疗效可以明显提高。若在零度条件下，照射新生小鼠，即使接受致死剂量的 X 射线照射，存活率仍可达 70%。温度变化影响辐射损伤的可能原因：①新陈代谢水平的改变；②在低温或冰冻状况下，溶液中自由基的扩散受阻等。

（2）氧浓度。受照组织、细胞或溶液系统，其辐射生物效应随周围介质中氧浓度增加而增加。实验发现，白鼠在人工缺氧或吸入含氧较低的空气时，接受相同剂量的照射，其死亡率显著降低。在放射治疗中，为提高肿瘤组织对辐射的敏感性，在肿瘤局部注射血管扩张剂或给患者吸入 3~4 个大气压的氧气，以消除肿瘤组织中的“缺氧中心”，提高放射治疗效果。

（3）化学物质。在溶液体系中，由于某些物质的存在，可能使相同剂量的照射对溶质的损伤效应降低，如某些激素和化学制剂对机体起保护作用，可降低机体的辐射敏感性，这对研究提高机体对辐射耐受性的“抗放药物”有着重要的现实意义。还有一些化学物质，它们与射线合并应用时能增加细胞的致死效应，称之为放射增敏剂。放射增敏剂的研究很活跃，但在癌瘤放疗的临床应用尚不成熟，还有许多问题有待解决。

思考题

1. 辐射对生物细胞有哪两种作用效果？各自后果是什么？
2. 生物细胞对辐射的敏感性与哪些因素有关？
3. 辐射生物效应有哪三类分类标准？各自是如何进行分类的？
4. 何谓随机性效应？有哪些特征？举 1~2 例。
5. 何谓确定性效应？有哪些特征？举 2~3 例。
6. 何谓急性效应？临床表现可分为哪几类？
7. 影响辐射生物效应的因素主要包括哪几方面？
8. 影响辐射生物效应的辐射因素包括哪些？
9. 影响辐射生物效应的生物因素包括哪些？

第6章 电离辐射防护体系与标准

在研究、利用核能与核技术的过程中，人类不可避免地受到电离辐射的照射，人类所处的环境也随之受到放射性污染的危险。为了使人类在利用核能和核技术的同时对人类和环境进行合理的防护，许多国际组织机构一直致力于建立一套适宜的电离辐射防护体系和安全标准，各国根据实际情况制定颁布了适用于本国的法律法规标准。本章先介绍电离辐射防护体系与标准的产生与发展，然后介绍最新防护体系和我国现行标准的相关内容。

6.1 辐射防护标准和体系的发展与演变

从发现、研究和利用放射性之初，人们就开始了降低电离辐射有害影响、保护人类健康的努力。ICRP 自 1928 年诞生起（当时名字为国际 X 射线和镭防护委员会，1950 年更名为国际放射防护委员会）就专门研究放射性对人类和环境的影响及防护方法、防护标准，发行了一系列公开出版物，其中与电离辐射防护体系和安全基本标准关联最紧密的是 1959 年第 1 号（之前的未顺序连续编号）、1962 年第 6 号、1966 年第 9 号，1977 年第 26 号出版物，1991 年第 60 号出版物和 2007 年第 103 号出版物。ICRP 第 26 号出版物之前的出版物中，发布的一些与辐射防护标准直接相关的出版物可近似归为一代辐射防护标准，第 60 号出版物和第 103 号出版物可认为分别是二代和三代辐射防护体系和标准。国际原子能机构 IAEA 先后联合国际劳工组织 ILO、经济合作与发展组织核能局 OECD/NEA、世界卫生组织 WHO、联合国粮农组织 FAO、联合国环境规划署 UNEP 等国际组织或其分支机构，以 ICRP 相关出版物为基础，至 2016 年先后发布了三代国际辐射防护基本安全标准。

辐射防护体系的发展和演变可大体分为以下几个阶段：

（一）红斑剂量和耐受剂量时期

1895 年伦琴发现 X 射线，1896 年贝可勒尔发现放射性，科学研究实验和医学应用上最突出的问题就是皮肤损伤。为控制辐射对人员皮肤产生损伤，1920 年提出红斑剂量标准，即辐射引起皮肤出现红斑的剂量，但由于当时该量难以测量和确定而未广泛应用。1925 年提出耐受剂量标准，即不致造成人体永久生理变化的最大剂量，大约相当于 30 天内接受的剂量不超过皮肤红斑剂量的 1/100，折算成吸收剂量率约为 2 mGy/d，1934 年发表正式建议书，这个剂量标准一直沿用到 1950 年。

（二）容许剂量和最大容许剂量时期

耐受剂量主要是对急性皮肤损伤而言的，这是当时研究和应用的主要防护对象及其特点决定的，也体现了人们对辐射损伤认识的程度。“耐受剂量”原意是人体可以忍耐承受的剂量，低于这一剂量时人体可以承受，不会发生辐射损伤，但后来的大量生物学研究表明，低剂量也会产生随机性效应，而且不一定存在剂量阈值。所以，耐受剂量的概念并不太准确。

1950 年，ICRP 建议用容许剂量代替耐受剂量，容许剂量是指不会对受照者造成可觉察到的辐射损伤的剂量，辐射损伤包括身体损伤和遗传危害。辐射损伤的发生程度和发生概率可以忽略，这被认为是容许的。1950 年 ICRP 提出的容许剂量限值为 0.3 R/周，同时还提出若干放射性核素的最大容许浓度的建议。1959 年 ICRP 第 1 号出版物建议全身均匀照射的最大容许剂量为 5 rem/a（50 mSv/a），同时将关键器官分为四类，对每一类关键器官分别规定了最大容许剂量。

（三）剂量限制时期

随着人们对辐射损伤认识的不断深入，“容许剂量”的概念也显得不太妥当。在使用了 20 多年后，ICRP 在 1977 年第 26 号出版物中进行重大修改，提出辐射防护三原则等一些新概念，将辐射效应分为随机性效应和非随机性效应，建议用基于辐射防护三原则的剂量限制体系代替容许剂量的概念。对眼晶体和其他器官，采用辐射权重加权后的吸收剂量之和（即剂量当量）限值防止其发生非随机性效应，剂量当量限值分别为每年不超过 150 mSv 和 500 mSv。采用所有组织器官危险度加权后的剂量当量之和（即，有效剂量当量）限值限制随机性效应的发生概率，使之可以达到接受的水平，有效剂量当量限值为每年 5 rem（50 mSv）。

（四）防护体系时期

ICRP 于 1991 年发布了第 60 号出版物，保留了第 26 号出版物关于正当性、最优化和个人剂量限制的辐射防护三原则的基本内容，考虑到各种照射情况的差别，对可能受照射的不同活动区分为“实践”和“干预”，将剂量限制扩展为基于“实践”和“干预”的放射防护体系，强调不能将个人剂量限值作为衡量防护工作的标准；根据照射对象的不同，将电离辐射的照射分为职业照射、公众照射和医疗照射，分别提出了防护标准。对职业照射，为将随机性效应的发生概率降低到可以接受的水平，规定的 5 年内个人平均年有效剂量不应超过 20 mSv，任一年不超过 50 mSv；为防止确定性效应的发生，眼晶体每年所受当量剂量不超过 150 mSv，皮肤、手和脚等每年所受当量剂量不超过 500 mSv。

ICRP 于 2007 年发布了第 103 号出版物，提出一些新的概念，但相对于第 60 号出版物来讲，103 号出版物是“连续性多于变化”，个人剂量限值未作修改，也未对体系作出基本性改变，其主要特征有：

（1）根据生物和物理相关的最新进展，更新了当量剂量和有效剂量的辐射和组织权重因数，并更新了标称危险系数，部分数值如 4.3 节所示。

（2）将辐射照射区分为计划照射、应急照射和既存照射，从以前的以过程为基础的实践和干预的方法，发展为对所有可控照射情况应用防护正当性和最优化基本原则的方法。

（3）提出“源相关”和“个人相关”的评价方式，进一步强调防护的最优化，并指出最优化原则可用于所有照射情况，但受到个人剂量和危险限制的制约，对计划照射情况称为剂量和危险约束，对应急照射和既存照射情况称作参考水平。

（4）提出环境放射防护的基本框架。

ICRP 关于人员防护剂量和防护体系的基本建议书的发展演变如图 6-1 所示。

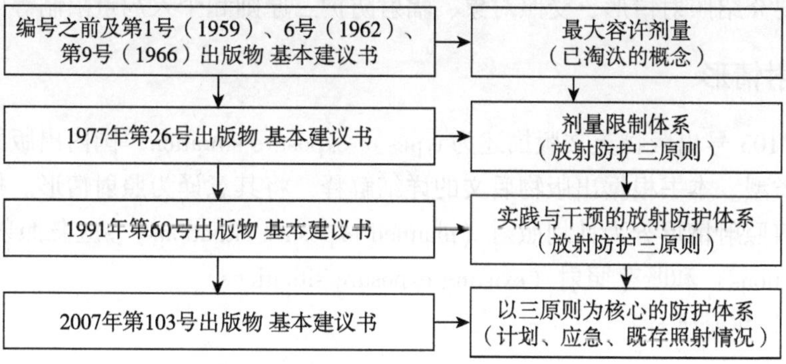

图 6-1 ICRP 基本建议书的发展演变

6.2 电离辐射防护体系

6.2.1 防护体系的基础和组成

实际的辐射照射情况可能千差万别，为了达到相对一致、合理可行的防护要求，ICRP 第 103 号建议书将第 60 号出版物提出的以过程为基础的实践和干预的防护体系，发展为适应不同辐射源和不同类别防护对象等多种情况的防护体系。ICRP 第 103 号建议书提出的防护体系基于多方面的研究成果，主要有以下几方面：

（1）用于评价辐射剂量的人体解剖学和生理学的模式。

（2）分子和细胞水平的研究。

（3）动物实验的研究。

（4）流行病学的研究。

ICRP 第 103 号建议书研究确定防护标准水平的方法和考虑主要有以下几方面：

（1）采用人体解剖学和生理代谢模型，得到单位摄入量的各种放射性核素产生的待积剂量和单位比释动能或注量的外照射剂量的统计数据。

（2）采用流行病学和动物实验的研究成果，估算外照射和内照射的危害。

（3）采用动物实验研究辐射生物效应（主要是确定性效应），采用流行病学研究以及动物和人类遗传学研究成果研究辐射相关的癌症和遗传效应。

（4）天然本底照射水平。

ICRP 第 103 号建议书提出的放射防护体系主要组成包括：

（1）照射情形。

（2）受照对象。

（3）受照个体的识别。

（4）源相关和个体相关的评价类型。

(5) 辐射防护三原则。

(6) 防护行动或防护评价相关的个人剂量限制。

(7) 辐射源安全状态的描述。

以下主要介绍照射情形、受照对象、辐射防护三原则和个人剂量限制等内容。

6.2.2 照射情形

ICRP 第 103 号出版物英文版描述为 types of exposure situation，国内出版的中文版翻译为照射情况类型。本书根据出版物后文的详细解释，将其意译为照射情形。根据照射情形的不同，可将照射情形分为计划照射（planned exposure situations）、应急照射（emergency exposure situations）和既存照射（existing exposure situations）。

6.2.2.1 计划照射

计划照射是指发生前能够采取计划加以防护的照射，也包括大小和范围能够合理估计的照射。前者是预期会发生的照射，又称正常照射（normal exposures），后者是预期可能不会发生的照射，又称潜在照射（potential exposures）。引入一项伴有辐射照射的实践时，应同步考虑设计、建造、运行、废物管理、退役及恢复等全流程中产生的照射，包括对偏离正常条件范围可能产生的潜在照射。

潜在照射与正常运行时的正常照射常常是相互联系的。例如，在正常运行期间采取降低照射的行动可能增加潜在照射的概率；对长半衰期废物处置采用贮存的方式而不是稀释后排放的方式，可以降低排放产生的照射，但却会增加潜在照射；为了控制潜在照射而进行一定的监督和维修活动，也可能增加正常照射。

6.2.2.2 应急照射

应急照射是指即使采取了所有合理可行的措施，由于恶意行为或其他意外原因仍然可能发生、且需要采取紧急行动以避免或减缓后果所产生的照射。对多数情况来说，应急照射就是在发生事故时进行应急处置、救援和采取紧急防护行动所接受的照射。与潜在照射不同的是，应急照射的情形可能更加复杂且难以预测，只能提出相对粗略的防护策略，准确且合适的防护措施不可能预先知晓或确定，只能酌情根据实际情况及其变化加以调整。对应急照射而言，同样应遵循防护策略的正当性和最优化原则。在应急条件下，多种照射途径可能同时存在，且可能随时间、空间而发生变化，在制定防护策略和措施时应着重考虑最优化降低总照射，而不是个人措施的最优化。如果在短时间内可能产生很高的剂量，应尤其注意采取措施预防严重的确定性效应，此时基于健康效应的评价可能是不充分的，必须对社会和其他后果给予应有和足够的考虑。

应急照射防护的最优化过程应当应用参考水平（后文有详述），而不能用年剂量限值。

6.2.2.3 既存照射

既存照射是指在采取控制或防护策略前就已经存在的照射。有时，既存照射也可能产生较大的照射剂量，应采取或考虑采取一定的防护行动，例如，建筑物或矿井等场所内的氡，天然存在的放射性物质，核设施或核技术应用装置发生意外事件或事故导致周边环境被放射性污染等。

既存照射也应采用基于参考水平的最优化防护策略，制定参考水平的主要因素是防护策略或措施的可行性以及类似情况的管理经验，参考水平通常设定在1～20 mSv预期剂量范围内。关于建筑物或矿井等场所内的氡的控制与防护，ICRP发布的第63号出版物和第65号出版物建议个人剂量参考水平定为10 mSv，根据居留时间等因素的不同，折算后建筑物的氡浓度的参考水平上限值为600 Bq/m^3，矿井等工作场所的氡浓度的参考水平上限值为1 500 Bq/m^3。

6.2.3 受照对象

ICRP第103号出版物英文版描述为catogories of exposure，国内出版的中文版翻译为照射的分类。本书根据出版物后文的详细解释，将其意译为受照对象。根据受照对象的不同，可将照射分为职业照射、公众照射、患者的医疗照射等，实际上还应包括抚育者、照顾者及生物医学研究志愿者等，以下仅就前三类照射对象简要介绍。

职业照射是指职业工作人员从事放射性工作所接受的辐射照射，但不包括天然本底照射以及已被排除、被豁免的源或实践所带来的辐射照射。

公众照射包括除职业照射和患者的医疗照射之外的其他公众的所有照射。公众照射来自诸多辐射源，其中天然辐射源的照射占据绝对主导地位，但不能因此而降低或忽视其他占比较小但较易控制的人工辐射源的照射的防护。怀孕工作人员的胚胎和胎儿的照射作为公众照射管理。

患者的医疗照射是指发生在诊断、介入和治疗等过程中的照射。由于医疗照射旨在为患者带来直接的利益，并具有某些独特的特点，因此需要制定与其他计划照射情形不同的防护方案。

6.2.4 辐射防护三原则

辐射防护三原则是指实践的正当性原则、防护的最优化原则和剂量限制的应用原则，其中，实践的正当性是前提，防护的最优化是目标，剂量限制是实践过程的约束条件。实践的正当性原则和防护的最优化原则是与源（辐射源项）相关的，适用于计划照射、应急照射和既存照射三种照射情形；剂量限制的应用原则是与个人相关的，只适用于计划照射情形，不适用于应急照射和既存照射情形。

6.2.4.1 实践的正当性原则

正当性原则是指任何改变辐射照射的实践活动都应当利大于弊，意即如果引入新的辐射源项，或者改变原有的辐射源项，包括减小既存照射或降低潜在照射的危险等实践活动，获得的个人或社会利益应能够足以弥补这些实践活动产生的代价和伤害。

改变照射的实践活动所产生的代价和危害，不仅限于辐射产生的代价和危害，还应包括该实践活动产生的其他代价和危害，如社会和经济等因素。实践的正当性涉及社会、经济和许多其他有关因素，尤其是一些涉及面很广的实践，辐射产生的代价和危害可能只是全部代价和危害的一小部分，常常难以仅从辐射防护的角度作出评价和判断。例如，核电厂的选址和运行，涉及地质、水文、气象、生态、农牧业、饮食、交通、历史、文化等多方面的问题，辐射防护仅仅只是诸多因素中的一个。因此，实践的正当性的评价往往远远超出了辐射防护部门的职责范围，必须进行综合评价，由各相关部门共同完成。但对一些与人体健康直接相关的简单实践活动而言，如医疗照射，实践的正当性可能主要取决于辐射防护。

另外需要注意的一点是，实践的正当性评价应当与时俱进，也就是说过去认为是正当的实践活动，当出现新技术、新材料、新方法手段时，可能需要重新进行正当性的评价与判断。

6.2.4.2 防护的最优化原则

防护的最优化原则是辐射防护体系中的核心，适用于计划照射、应急照射和既存照射等三种情形。ICRP 将防护的最优化原则定义为一种与源相关的过程，指在考虑了经济和社会利益因素之后，应使照射保持在可以合理达到的尽可能低的水平，包括受照射的可能性、受照射的人数以及个人剂量大小等，所以最优化原则又称为 ALARA（as low as reasonably achievable）原则，简称“合理可行尽量低”。防护的最优化意味着防护水平适当，既不过高也不过低，实践的利弊之差达到最大值。

目前公认随机性效应的发生概率符合线性无阈假设，因此不存在能够给出安全与危险分界线的简单直接的辐射防护标准，任何一种辐射防护决策都存在相应程度的某种危害，防护的最优化就是要保证由此产生的危害能够尽量低，但要评估所付出的代价是否合理。最优化并不是剂量最小化，最优化是对辐射危害和防护代价进行仔细权衡的结果，剂量最低的选择通常不是最佳的防护选择。除了降低个人照射剂量之外，还应考虑减少受照射的人数及可能性，所以通常将集体有效剂量作为防护最优化的一个重要参数。但同时应当注意，当涉及较大规模的人数、区域和时间时，集体有效剂量的估算具有较大的不确定性，反而可能误导防护最优化。为了达到最优化的目的，必须仔细慎重考虑受照人群中个人照射分布的特点，以便在最优化防护过程中能够较为可靠地计算特定人群组的集体有效剂量，并确定对应的最优化防护策略。

防护的最优化是一个不断发展的递进过程，需要考虑技术、经济和社会的发展变化，既需要定性的判断，也需要定量的判断，但定量判断通常是十分复杂的，因此，最优化的构建过程应当系统、谨慎，以保证合理考虑各方面的情况。社会和公众经常影响辐射防护水平的选择和确定，其影响的定量化是十分复杂和困难的，而且有时具有较强的不确定性。

6.2.4.3 剂量限制的应用原则

一般而言，实践的正当性涉及的利益是针对整个社会而言的，但对社会整体有益的实践，对个别人未必有益，为了防止在最优化过程中忽略少数人利益而产生的不公平，引入剂量限制的概念。

剂量限制包括剂量限值、剂量约束和参考水平三种，其中剂量限值是与个人相关的，仅适用于计划照射情形，而且不包括患者的医疗照射。剂量约束和参考水平也都是针对某种照射情形的某一受照对象的剂量限制水平，剂量约束和参考水平的概念与防护的最优化共同用于对个人剂量的限制，初始目标是保证个人受照剂量不超过或保持在这一水平，最终目标则是在考虑经济和社会因素后将所有的剂量均降低到可合理达到的尽量低的水平。剂量约束或参考水平数值的确定取决于照射情形，但应注意的是，无论是个人剂量限值、剂量约束还是参考水平都不代表危险与安全的分界限，也不表示改变个人相关健康危害的梯级。

不同类型的剂量限制与照射情形和照射对象之间的对应关系如表6-1所示。在计划照射情形下，为了考虑潜在照射情形，使用的是危险约束而非剂量限值或剂量约束。

表6-1　辐射防护体系中剂量限制与照射情形和照射对象的对应关系

照射情形	照射对象		
	职业照射	公众照射	医疗照射
计划照射	剂量限值	剂量限值	诊断参考水平[3)]
	剂量约束	剂量约束	剂量约束[4)]
应急照射	参考水平[1)]	参考水平	不适用
既存照射	不适用[2)]	参考水平	不适用

注：(1) 长期的恢复作业应作为计划中的职业照射的一部分。

(2) 在受影响区域内长期从事补救工作或从事延续性工作所接受的照射应作为计划中的职业照射的一部分，即使辐射源是“现存”的。

(3) 指患者。

(4) 仅指抚育者、照顾者及生物医学研究志愿者

剂量约束是计划照射（除患者的医疗照射外）情况下对某辐射源产生的个人剂量的一种限制。剂量约束是预期的，是与辐射源项相关的，是在对该辐射源项进行防护最优化时预期剂量的上限。计划照射情形的剂量约束值代表防护的基本水平，而且总是低于相关的剂量限值。

对应急照射或既存照射情形使用参考水平的概念进行剂量限制，参考水平数值的确定取决于所考虑的具体的照射情形。计划允许发生的照射超过参考水平时则被视为不合适，应当设计并优化防护行动。

影响与辐射源项相关的剂量约束和参考水平数值选择的因素主要有确定性效应和随机性效应的发生概率等，目前开展的研究表明，当受照剂量高于100 mSv时，发生确定性效应的可能性增加，引发的癌症风险比较显著，因此，ICRP建议将参考水平的最大值定为100 mSv，并划分为等于或小于1 mSv、1~20 mSv、20~100 mSv三个层次，对应不同的照射情形。

6.2.5　个人剂量限制

此处所指个人剂量限制不仅包括计划照射时个人受照剂量限值，还包括应急照射和既存照射时的剂量约束和参考水平。

对于计划照射情形的职业照射，ICRP建议：在限定的5年内平均年有效剂量不超过20 mSv（5年内总的有效剂量不超过100 mSv，任意一年的有效剂量不超过50 mSv）；眼晶体的年当量剂量不超过150 mSv，皮肤和手、足的年当量剂量均不超过500 mSv。此处

的有效剂量是指在指定时间内外照射引起的有效剂量和在同一时期内摄入放射性核素引起的待积有效剂量之和，对成年人，待积有效剂量计算至摄入后 50 年，对儿童则计算至 70 岁。ICRP 于 2011 年发布 118 号出版物，将眼晶体的当量剂量限值由每年不超过 150 mSv 降为连续 5 年内平均每年不超过 20 mSv，且任意一年不超过 50 mSv。

对计划照射情形的公众照射，ICRP 建议：年有效剂量不超过 1 mSv，特殊情况下，如果在限定的 5 年内平均每年不超过 1 mSv，那么在某一年内可以允许有效剂量稍大一些；眼晶体和皮肤的年当量剂量分别不超过 15 mSv 和 50 mSv。

剂量限值不适用于应急照射情形，在应急照射情形下，知情者从事抢救生命的行动或试图阻止灾难态势，可以放宽剂量限制。但在应急照射情形的后期，承担恢复和重建作业的响应人员应视为职业工作人员，受照剂量不应超过计划照射情形的职业照射个人剂量限值标准。

在应急照射情形下，对职业照射的剂量限制采用参考水平的概念，如果是知情者为抢救生命，且给其他人带来的利益超过给抢救者带来的危险时，则不规定用于剂量限制的参考水平；如果是非常紧急的抢救作业，则参考水平取 1 000 mSv 或 500 mSv；其他抢救作业，参考水平不超过 100 mSv。

在既存照射情形下，如果辐射来源主要是氡，对住宅而言，参考水平取年均有效剂量 10 mSv，或者气载放射性活度浓度不超过 600 Bq/m^3；对工作场所而言，参考水平取年均有效剂量 10 mSv，或者气载放射性活度浓度不超过 1 500 Bq/m^3。

6.3 电离辐射防护相关的法规体系标准

根据 ICRP、IAEA 等国际组织发布的建议书或出版物并结合我国国情，国家相关部门先后制定发布或颁布了相关法律、法规、导则、技术标准等，军队根据核装备的设计、建造、运行、退役等需要颁布了相关法规标准。

国家层面与电离辐射防护相关的法律主要有《中华人民共和国职业病防治法》（2002 年）、《中华人民共和国放射性污染防治法》（2003 年）、《中华人民共和国核安全法》（2018 年）、《中华人民共和国环境影响评价法》（2018 年）等。国务院及其相关部门发布的相关法规主要有《放射源分类方法》（2005 年）、《射线装置分类方法》（2006 年）、《放射性废物安全管理条例》（2012 年）、《放射性同位素与射线装置安全和防护条例》（2014 年）等。

1960 年发布了《放射性工作卫生防护暂行规定》，1974 年制定了国家标准《放射防护规定》，1984 年在当时国内外最新研究成果和实践经验基础上，特别是采纳了 ICRP 第 26 号出版物主要建议基础上，制订了《放射卫生防护基本标准》（GB 4792—1984），1988 年国家环保局发布了《辐射防护规定》（GB 8703—1988）。2002 年颁布实施国家标准《电离辐射与放射源安全基本标准》（GB 18871—2002），取代 GB 4792—1984 和 GB 8703—1988，该标准以 ICRP 第 60 号出版物的相关建议为基础，结合我国国情，成为当前电离辐射与放射源安全防护的基本标准。

以下主要介绍 GB 18871—2002 的主要框架内容。

GB 18871 分为正文和附录两部分，其中正文共 11 章，附录 A ~ 附录 J 共 10 个附录。正文的 11 章分别为范围、定义、一般要求、对实践的主要要求、对干预的主要要求、职业照射的控制、医疗照射的控制、公众照射的控制、应急照射情况的干预和持续照射情况（ICRP 新的建议书修改为既存照射，为与本标准保持一致，仍采用持续照射的说法）的干预。10 个附录主要是正文中不便展开的术语定义、限值和参考水平或指导水平等。按照内容属性，可分为范围与一般要求、主要要求、照射控制、干预和附录等部分，如图 6-2 所示。

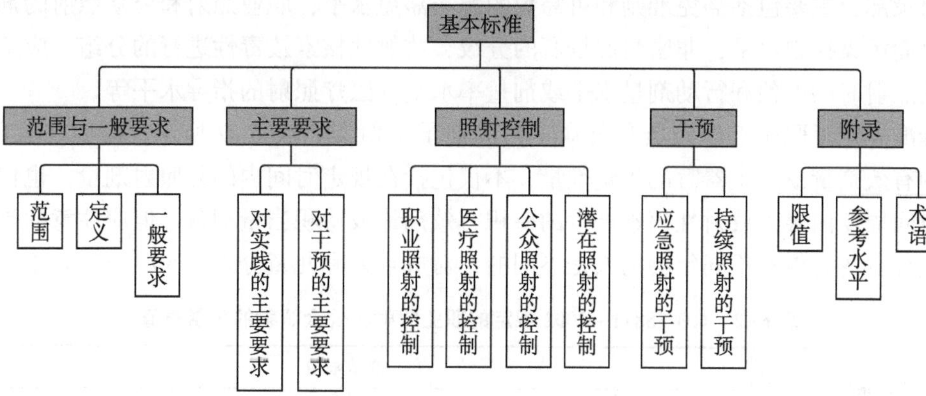

图 6-2 基本标准的内容框架

正文的前三部分主要规定了本标准的适用范围与一般要求，即适用于实践和干预过程中电离辐射的防护和辐射源的安全，不适用于非电离辐射，规定了实践、源、照射、干预、排除以及实施本标准的各方及其相关责任等的一般要求，标准使用到的定义和专用术语放到附录 J。

主要要求是本标准的主要核心部分，包括对实践的主要要求和对干预的主要要求两部分。对实践的主要要求部分规定了涉及实践或源的管理的基本原则和管理要求，给出了准予豁免或解控的基本要求和程序；同时，规定了实践的正当性、剂量限制和潜在照射限制、防护最优化、剂量约束和潜在照射约束以及医疗照射指导水平等辐射防护要求，以及营运管理要求、技术要求和安全的确认要求等。对干预的主要要求部分明确了对实践采取干预的正当性、最优化等基本原则和干预水平或行动水平，提出应急照射和持续照射两种不同照射情况的管理要求和辐射防护要求。

照射控制也是本标准的主要核心部分，分为对职业照射、医疗照射和公众照射的控制。对职业照射的控制部分，明确了运营管理和职业工作人员等各相关方的责任与义务，重点明确了职业照射的剂量控制要求、工作条件要求、辐射工作场所的分区规定、个人防护用具的配备与应用要求以及职业照射的监测、记录、评价等管理要求。对医疗照射的控制部分，明确了运营管理和医技人员等医疗照射相关方的责任和不同医疗照射的正当性判断原则，提出医疗照射最优化相关的设备要求、操作要求和质量保证要求，给出照射的指导水平和剂量约束水平，规定了医疗照射事故的调查要求。对公众照射的控制部分，主要规定了产生照射实践或拥有源的单位的责任，对源和放射性污染的控制要求，对放射性废物管理以及向环境排放控制的要求等，对公众照射的监测和含放射性物质消费品的管理要求也进行了明确。对潜在照射的控制部分，明确了运营管理对于降低潜在照射的责任与安全评价要求，对产生照射的源的设计、运行操作及质量保证提出要求。

对干预的要求分为应急照射和持续照射两种情况。对应急照射的干预，规定了应急计划应涵盖的内容和运营管理、干预组织及审管部门等相关方的责任，明确了作出干预决策正当性判断的一般要求和原则、干预水平和行动水平以及干预工作人员的防护要求。对持续照射的干预，简要规定了相关方的责任、采取干预行动的正当性判断原则，氡持续照射和放射性残存物持续照射两种典型情况的行动水平或剂量约束。

附录部分主要包括豁免准则和可豁免的源与豁免水平，职业照射和公众照射的剂量限值和表面污染控制水平，非密封源场所的分级，放射性核素按毒性进行的分组，应急情况和持续照射时的干预和行动剂量水平或剂量率水平，医疗照射的指导水平等。

标准规定了职业工作人员和公众个人的剂量限值，如表 6-2 所示。需要注意的是，人体的有效剂量或组织器官的当量剂量，不仅包括在规定时间内的外照射剂量，也包括在相应时间周期内摄入放射性核素产生的待积有效剂量或待积当量剂量。但应注意的是，待积剂量计算的时限对不同年龄的人是不同的，对成年人和儿童分别为 50 年和 70 年。

表 6-2　GB 18871—2002 规定的职业照射和公众照射的剂量限值

应用范围		剂量限值	
		职业工作人员	公众个人
有效剂量		5 年内 100 mSv，在规定的 5 年内平均每年 20 mSv，任一年不超过 50 mSv	每年 1 mSv，如连续 5 年平均值不超过 1 mSv，单独一年可略高于 1 mSv 一些
年当量剂量	眼晶体	150 mSv	15 mSv
	皮肤	500 mSv，任何 1 cm^2 面积上平均标称深度为 7 mg/cm^2	50 mSv 任意 1 cm^2 皮肤上平均
	手和足	500 mSv	——

标准的附录还给出了许多对实际辐射防护工作有现实价值和直接指导作用的限值、系数等，如工作场所的放射性表面污染控制水平，不同人群通过食入或吸入途径摄入单位活度的某种核素所产生的待积有效剂量，应急照射时的干预水平，医疗照射指导水平等，但使用时应注意相关条件或假设是否与获得这些限值或系数的条件或假设相吻合。

在应急照射情形下，除了下列情形外，应急工作人员接受的剂量一般不应超过计划照射情形下允许的单一年份个人年有效剂量的最大值，即 50 mSv：

（1）为抢救生命或避免严重损伤而采取行动；

（2）为避免大的集体剂量而采取行动；

（3）为防止演变成灾难性后果而采取行动。

当发生严重事故需要应急处置时，经批准，可允许比正常情形的剂量控制适当放宽一些，但不能降低长期的防护水平。除抢救生命行动外，必须尽一切合理努力，将工作人员的受照剂量控制在单一年份个人年有效剂量最大值的两倍（即 100 mSV）以内；对于抢救生命的行动，必须尽一切努力，将工作人员的受照剂量控制在 500 mSv 以下；对于受照剂量可能超过 500 mSv 的行动，只有在该行动给他人带来的利益明显大于本人所承受的危险时才能被许可。

思考题

1. 制定辐射防护的目的和依据是什么？
2. 根据受照对象的不同，可将照射分为哪几类？各是什么含义？
3. 根据照射情形的不同，可将照射分为哪几类？各是什么含义？
4. 简述辐射防护三原则。
5. 剂量限制分为哪三种？各自的应用场合是什么？
6. 我国现行国家标准对职业放射性工作人员的剂量限值是如何规定的？

第7章 外照射剂量计算与防护

当辐射源位于研究对象（通常指人体）外部时对研究对象的辐射照射称为外照射，由此产生的剂量称为外照射剂量。外照射剂量计算是外照射防护和辐射屏蔽设计的基础，一般可分为理论公式法、经验公式法、查图查表法、蒙特卡罗模拟计算法等，每种方法各有优势，适用场合也不相同。此处的剂量指的是吸收剂量或当量剂量，由于剂量为剂量率对时间的积分，以下仅探讨外照射剂量率的计算方法，而非外照射剂量的计算方法。本书主要考虑 γ 射线和 X 射线、中子以及 β 射线外照射剂量率的计算，且其能量范围通常仅限于压水堆及医学诊断治疗、工业探伤等射线装置所产生的射线能量范围。

在压水堆产生的各种射线中，对人体产生外照射的射线主要是 γ 射线和中子，其次是 β 射线，由于 α 射线的穿透能力太弱，一般不考虑其产生的外照射。许多用于医学诊断治疗、工业探伤等用途的射线装置发射的 X 射线会产生较强的外照射，其防护方法在许多方面与 γ 射线相似，但也有不少特殊之处，也需要重点关注。

产生外照射剂量的辐射源具有大小、形状、射线能量分布、发射角度分布等许多特性，会对外照射剂量产生影响，当然这些辐射特性也同样适用于中子、β 射线等辐射源，以下先介绍辐射源的这些基本特性，再讨论外照射剂量和屏蔽计算的基本方法。

7.1 辐射源的基本特性

影响辐射源外照射剂量的辐射源基本特性包括：辐射源的几何特征、源活度及其空间分布、辐射类型与能量分布、辐射源发射射线的角分布等。

从数学角度看，按照辐射源几何特征的不同，辐射源可分为点状源和非点状源，非点状源是点状源的叠加，可能是有限大（实际）、半无限大（简化）或者无限大（简化）的线源、面源或体源。线状源可分为具有一定长度的直线源、规则或不规则二维曲线源、三维曲线源，体源可分为圆柱源、球源、半球源、平板源、截锥源、半无限大体源、无限大体源等。

从物理角度看，当辐射源的最大尺寸远小于辐射源到受照点的距离和射线在辐射源材料中的平均自由程时，辐射源可近似看作点状源。当辐射源的横向（非长度方向）尺寸远小于辐射源到受照点的距离和射线在源材料中的平均自由程时，可将辐射源视作线状源。

对体源而言，放射性物质及其发射的射线在其内部是三维分布的，根据分布特性的不同，可分为均匀分布、指数分布、线性分布、余弦分布等几种情况，在许多工程实际中，常将放射源的空间分布近视看作是均匀分布的，或者是分段分区均匀分布的。

辐射源发射射线的能量可能是单能的（射线能量均相同）、离散的（射线能量为有限的几个不同值）、连续的（射线能量在某个能量范围内均有可能取值）。发射单能射线的有^{137}Cs、^{41}Ar、^{54}Mn、^{203}Hg等γ放射性核素、α放射性核素的α衰变、湮没辐射、内转换电子、特征X射线等。许多α放射性核素或β放射性核素所发射的γ射线的能量通常是离散分布的，而β衰变产生的β射线、轫致辐射、重核诱发裂变时产生的中子和γ射线等的能量通常是连续分布的。

不同辐射源发射射线的角度分布特性也是不同的，常见的有各向同性分布、余弦分布、单向分布等，不同的角分布对关注点所产生的照射的差别是很显著的。

7.2　γ射线外照射剂量计算

如果已知输入条件不同，如已知γ放射源的活度和能谱，或者已知感兴趣点处的γ注量率和能量分布等，其具体的计算方法也不相同，以下分为这两种情况进行分析。

7.2.1　基于注量率的外照射剂量计算

由吸收剂量、当量剂量、周围剂量当量、个人剂量当量的定义可知，γ射线产生的剂量不仅与γ射线的强度有关，与γ射线的能量、被照射对象的特性（主要指组分、密度），甚至照射方式等也密切相关。因此，想要计算γ射线产生的外照射剂量率，除了应获知感兴趣点的γ射线注量率之外，还应知晓γ射线在该点处的能量分布、被照射对象的组分和密度等信息，以便查询计算该能量的γ射线在被照射对象中的减弱系数、组织权重因子等。理论上讲，可以对任何对象（包括一般物体或人体）受γ射线照射产生的外照射剂量按照其定义进行详细计算，但在实际应用中，一般为了方便和简化平时的计算，许多机构对单位注量的一系列单能γ射线在不同照射方式下对人体某器官产生的吸收剂量，或对人体产生的周围剂量当量率进行了计算，并经过转换后制作成专门的曲线或表格，实际应用时只需根据对应的γ射线能量查找相应的换算系数即可。但应当注意的是，不同机构给出的换算系数是有一定差别的，如ANSI/ANS和ICRP给出的换算系数在中高能区相差很小，但在低能端（约0.7 MeV以下）相差较大（约20%），在0.06 MeV附近的相对差值达到最大（超过200%）。

假设已知感兴趣点的γ射线注量率为φ，且γ射线为单能，通过查表获取该单能γ射线单位注量到周围剂量当量的换算系数k，则该点处的γ射线产生的周围剂量当量率为：

$$H^*(10) = \varphi k \tag{7-1}$$

如果γ射线并非单能而是具有一定的离散分布或连续谱分布，则需要根据γ射线的能量分布进行求和或积分。由于表格中只有有限能量点的转换系数，而转换系数的变化并非线性，采用普通的插值处理可能带来额外的误差，但在一般的工程或实际应用场合，这种误差是完全可以接受的。

例如，已知含有^{137}Cs的放射性物质在某点处产生的γ注量率为1 000（$cm^{-2}\cdot s^{-1}$），查表得单位注量的0.65 MeV（视作0.662 MeV的近似值）γ射线到周围剂量当量的换算

系数为 1.44×10^{-2} （μSv/h） / （$cm^{-2}\cdot s^{-1}$），则该点处人体的周围剂量当量率约为

$$1\,000\ (cm^{-2}\cdot s^{-1})\times1.44\times10^{-2}\ (\mu Sv/h)\ /\ (cm^{-2}\cdot s^{-1}) = 14.4\ \mu Sv/h \tag{7-2}$$

7.2.2 基于源活度的外照射剂量计算

放射源的辐射特性、材料密度及原子序数以及形状等物理特性不同，外照射剂量计算所需考虑的因素也不同。从数学推导计算的角度考虑，点源是最简单的，但严格数学意义上的点源是不存在的。实际工作中在满足一定误差要求时，可以将具有一定大小和形状的辐射源近似看作点状源、线状源或特殊的简化的体状源。以下先介绍最简单的点状 γ 源的外照射剂量计算方法，再扩展到线状源，最后扩展到稍复杂的规则体状源的外照射剂量计算。

7.2.2.1 点状 γ 源外照射剂量计算

由于 γ 射线穿透力很强，在空间尺度不是特别大且 γ 射线能量不是很低时，其在空气中的吸收、散射等可以忽略不计。在此近似条件下，空气介质中各向同性点状 γ 源（以下简称 γ 点源）所产生的 γ 辐射场中某点的 γ 光子注量率同该点与 γ 点源的距离平方成反比。现实中的 γ 放射源均可视作一定数量的 γ 点源的叠加，或者当受照点与源之间的距离大于源的最大线度的 5 倍以上时，将实际源视作理想的点源时所产生的误差也小于 5%，这在工程应用上也是完全可以接受的。因此，以下首先探讨 γ 点源的外照射剂量计算方法，图 7-1 为示意图。

假设点源活度为 A，只放出能量为 E 的单能 γ 射线，则与点源相距 r 的受照点 P 处的 γ 射线注量率 φ 为

$$\varphi = A/(4\pi r^2) \tag{7-3}$$

则该点处的 γ 射线能注量率 ψ 和空气比释动能率分别为

$$\psi = AE/(4\pi r^2) \tag{7-4}$$

$$\dot{K}_a = AE\left(\frac{\mu_{tr}}{\rho}\right)_a \Big/ (4\pi r^2) \tag{7-5}$$

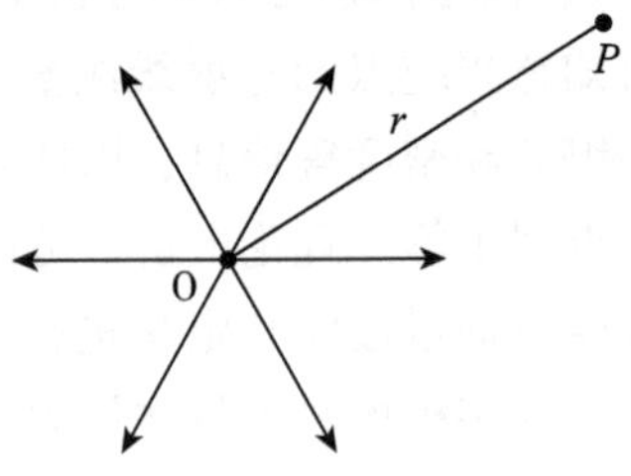

图 7-1 点状 γ 源外照射剂量计算示意图

式中 $\left(\frac{\mu_{tr}}{\rho}\right)_a$ 为能量为 E 的 γ 射线在空气中的质量能量转移系数。以上考虑的是仅发射一种能量射线的放射源，而实际放射性核素可能按照不同的分支比发射多种能量的 γ 射线，因此，必须将该放射性核素发射的所有射线的贡献按式（7-5）进行加权求和，才能得到该 γ 放射性核素点源在受照点 P 处的比释动能率，即

$$\dot{K}_a = \sum_i An_iE_i\left(\frac{\mu_{tr}}{\rho}\right)_{ai} \Big/ (4\pi r^2) \tag{7-6}$$

其中，n_i 为能量 E_i 的 γ 射线的分支比，$(\mu_{tr}/\rho)_{ai}$ 是能量 E_i 的 γ 射线在空气中的质量能量转移系数。如果直接按式（7-6）计算，每次计算时都需要查衰变纲图、不同能量的 γ 射线在空气中的质量能量转移系数等参数，非常繁琐。注意到此式中的 E_i、n_i、$(\mu_{tr}/\rho)_{ai}$ 只与具体的放射性核素种类有关，因此，在实际应用时，通常是将式（7-6）中除活度 A 和距离 r 以外的所有参数的组合结果用一个系数代替，即

$$\dot{\Gamma}_{\mathrm{k}} = \frac{1}{4\pi}\sum_i n_i E_i \left(\frac{\mu_{\mathrm{tr}}}{\rho}\right)_{ai} \tag{7-7}$$

$\dot{\Gamma}_{\mathrm{k}}$ 称作γ放射性核素在空气中的比释动能率常数，其物理意义为：单位活度的某种γ放射性核素点源在空气中 1 m 距离处单位时间内产生的比释动能，比释动能率常数的国际制单位为 $\mathrm{Gy \cdot m^2 \cdot Bq^{-1} \cdot s^{-1}}$。为方便使用，表 7-1 为相关研究机构给出的部分放射性核素的比释动能率常数。出版稍早的文献资料，给出的多为放射性核素在空气中的照射量率常数，查阅使用时应注意量纲换算。

表 7-1　部分放射性核素的比释动能率常数

核素	空气比释动能率常数/$\mathrm{Gy \cdot m^2 \cdot Bq^{-1} \cdot s^{-1}}$	核素	空气比释动能率常数/$\mathrm{Gy \cdot m^2 \cdot Bq^{-1} \cdot s^{-1}}$
^{24}Na	1.23×10^{-16}	^{134}Cs	5.72×10^{-17}
^{46}Na	7.14×10^{-17}	^{137}Cs	2.12×10^{-17}
^{47}Sc	3.55×10^{-18}	^{152}Eu	3.80×10^{-17}
^{59}Fe	4.80×10^{-17}	^{182}Ta	4.47×10^{-17}
^{57}Co	6.36×10^{-18}	^{192}Ir	3.15×10^{-17}
^{60}Co	8.67×10^{-17}	^{198}Au	1.51×10^{-17}
^{65}Zn	1.77×10^{-17}	^{199}Au	5.91×10^{-17}
^{87m}Sr	1.13×10^{-17}	^{226}Ra	6.13×10^{-17}
^{90}Mo	1.18×10^{-17}	^{235}U	4.84×10^{-18}
^{110m}Ag	9.38×10^{-17}	^{238}U	4.71×10^{-19}
^{111}Ag	1.32×10^{-18}	^{241}Am	4.13×10^{-18}
^{131}I	1.44×10^{-17}		

活度为 A 的某种放射性核素点源在空气中距离 r 处的比释动能率为

$$\dot{K}_{\mathrm{a}} = A\dot{\Gamma}_{\mathrm{k}}/r^2 \tag{7-8}$$

但平时人们更关心的是吸收剂量率，如果受照点满足带电粒子平衡条件，即次级带电粒子所产生的韧致辐射的份额 g 可以忽略时，该点处的吸收剂量率近似等于比释动能率，即

$$\dot{D}_{\mathrm{a}} = \dot{K}_{\mathrm{a}}(1-g) \approx \dot{K}_{\mathrm{a}} = A\dot{\Gamma}_{\mathrm{k}}/r^2 \tag{7-9}$$

如果要计算位于该点处的人体组织或器官所受吸收剂量率，则需要查询该组织器官的质量能量吸收系数和空气的质量能量吸收系数，根据吸收剂量率的定义可以计算出人体组织或器官所受吸收剂量率 $\dot{D}_{\mathrm{p}}$：

$$\dot{D}_{\mathrm{p}} = \frac{\left(\dfrac{\mu_{\mathrm{a}}}{\rho}\right)_{\mathrm{p}}}{\left(\dfrac{\mu_{\mathrm{a}}}{\rho}\right)_{\mathrm{a}}}\dot{D}_{\mathrm{a}} \tag{7-10}$$

式中 $\left(\dfrac{\mu_{\mathrm{a}}}{\rho}\right)_{\mathrm{p}}$ 和 $\left(\dfrac{\mu_{\mathrm{a}}}{\rho}\right)_{\mathrm{a}}$ 为人体组织器官和空气的质量能量吸收系数。

如果需要计算该点处人体组织或器官所受当量剂量率 $\dot{H}_T$，根据当量剂量的定义，设 γ 放射源发射的 γ 射线的辐射权重因子为 ω，假设该组织或器官所受照射为均匀照射，则其所受当量剂量率为

$$\dot{H}_T = \omega\dot{D}_p \tag{7-11}$$

例题：某实验室$^{60}Co_\gamma$ 点源活度为 2 Ci，若从屏蔽罐中取出，求空气中距离 1 m 处的空气比释动能率，并求此处人体所受吸收剂量率。

解：查表得^{60}Co 的空气比释动能率常数 $\dot{\Gamma}_a$ 为 8.67×10^{-17} Gy · m^2 · Bq^{-1} · s^{-1}，则该源在空气中距离 1 m 处的空气比释动能率为

$$\dot{K}_a = \frac{A\dot{\Gamma}_k}{r^2} = \frac{2\times3.7\times10^{10}\times8.67\times10^{-17}}{1^2}\times3.6\times10^3\ \text{Gy/h} \approx 23.1\ \text{mGy/h}$$

查表可获取^{60}Co 发射的 γ 射线在空气中和在人体组织器官中的质量能量吸收系数，假设近似满足带电粒子平衡条件，则此处人体所受吸收剂量率为

$$\dot{D}_p = \frac{\left(\frac{\mu_a}{\rho}\right)_p}{\left(\frac{\mu_a}{\rho}\right)_a}\dot{D}_a \approx \frac{\left(\frac{\mu_a}{\rho}\right)_p}{\left(\frac{\mu_a}{\rho}\right)_a}\dot{K}_a = 25.3\ \text{mGy/h}$$

7.2.2.2 线状 γ 源外照射剂量计算

线状源可以视作是点源在线段上的积分，因而线状源的外照射剂量也可看作是无数个点状微元对受照点照射剂量贡献的积分，图 7-2 为直线线状源计算示意图。

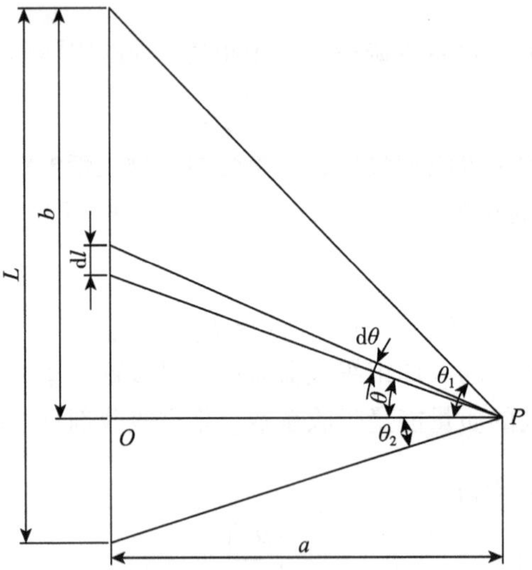

图 7-2 直线线状 γ 源外照射剂量计算示意图

假设线源长 L，所含放射性物质的总活度为 A，受照点 P 与线源相距 a，P 在线源上的投影与线源某一端的距离为 b。假设放射源在整个长度上是均匀分布的，以 P 点在线源上的投影 O 为原点建立坐标系，在线源上取微元 dl，得微元 dl 对 P 点产生的比释动能率贡献为

$$\mathrm{d}\dot{K}_a = \frac{\frac{\mathrm{d}l}{L} \cdot A \cdot \Gamma_k}{r^2}$$

若直接以直角坐标表示，则微元 dl 与 P 点的距离平方为

$$r^2 = a^2 + l^2$$

则有

$$\mathrm{d}\dot{K}_a = \frac{\frac{\mathrm{d}l}{L} \cdot A \cdot \Gamma_k}{a^2 + l^2}$$

则线源对 P 点产生的比释动能率为

$$\dot{K}_a = \int \mathrm{d}\dot{K}_a = \int_0^b \frac{\frac{\mathrm{d}l}{L} \cdot A \cdot \Gamma_k}{a^2 + l^2} + \int_{-(L-b)}^0 \frac{\frac{\mathrm{d}l}{L} \cdot A \cdot \Gamma_k}{a^2 + l^2}$$

$$\dot{K}_a = \int_0^b \frac{\frac{\mathrm{d}l}{L} \cdot A \cdot \Gamma_k}{a^2 + l^2} + \int_0^{L-b} \frac{\frac{\mathrm{d}l}{L} \cdot A \cdot \Gamma_k}{a^2 + l^2} = \frac{A\Gamma_k}{aL}\left(\arctan\frac{b}{a} + \arctan\frac{L-b}{a}\right)$$

如果用三角函数表示，则 $\mathrm{d}l = d(a \cdot \tan\theta)$，$r^2 = (a \cdot \sec\theta)^2$，$\mathrm{d}\dot{K}_a = \frac{A\Gamma_k}{aL}\mathrm{d}\theta$，故有

$$\dot{K}_a = \int_{-\theta_2}^{\theta_1} \frac{A\Gamma_k}{aL}\mathrm{d}\theta = \frac{A\Gamma_k}{aL}(\theta_1 + \theta_2)$$

其中，$\theta_1 = \arctan\frac{b}{a}$，$\theta_2 = \arctan\frac{L-b}{a}$

考虑两种极端情况：①如果 P 点距离线源很近，即 $a \ll L$ 时，则 $\dot{K}_a \approx \pi\frac{A\Gamma_k}{aL}$；②如果线源长度 l 较小或 p 点距离线源很远，即 $a \gg L$ 时，线状源可简化为点源，则 $\dot{K}_a \approx \frac{A\Gamma_k}{a^2}$，与点状源的外照射剂量计算公式一致。

在实际工程应用中，只要与含有放射性物质的管道的距离 a 大于管道直径 5 倍以上，则可将管道内的放射性物质视作线状源，直接应用以上线状源外照射剂量计算公式即可，但应注意的是，计算公式中的活度是管道内的放射性物质的总活度，而非活度浓度。

例如，某管道内径为 40 mm，长 30 m，内有比活度为 10^4 Bq/L 的 ^{60}Co 放射性废液，若要计算管道中垂线上且距离管道中心 1 m 处的比释动能率，由于受照点与管道的距离远大于管道内径，可将管道内的放射性废液视作线状 γ 源，保守计算，不计废液本身和管壁对射线的吸收和减弱作用，受照点的比释动能率为

$$\dot{K}_a = \frac{A\Gamma_k}{aL}(\theta_1 + \theta_2) = \frac{2 \times 10^4 \times 1\,000 \times 3.14 \times 0.02^2 \times 30}{1 \times 30} \times \arctan(15) \times 8.67 \times 10^{-17}$$

$$\dot{K}_a = 3.28 \times 10^{-12}\ \mathrm{Gy/s} \approx 0.012\ \mu\mathrm{Gy/h}$$

如果辐射源几何特征可以抽象为一个二维平面圆环，假设其半径为 b，其总活度为 A，

受照 P 在圆环所在平面的投影 Q 与圆环的圆心距离为 a，P 点与其在圆环所在平面的投影 Q 之间的距离为 h。在圆环上任取微元 $b\mathrm{d}\theta$，该微元在 P 点产生的比释动能率为

$$\mathrm{d}\dot{K}_a = \frac{\frac{b\mathrm{d}\theta}{2\pi b}A\Gamma_k}{a^2 + b^2 - 2ab\cos\theta + h^2}$$

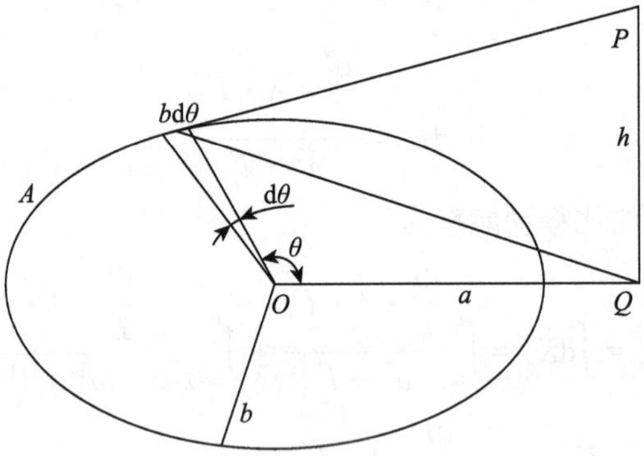

图 7-3　圆环状 γ 源外照射剂量计算示意图

圆环在 P 点产生的比释动能率为

$$\dot{K}_a = \int_0^{2\pi}\mathrm{d}\dot{K}_a = 2\int_0^{\pi}\mathrm{d}\dot{K}_a = \frac{A\Gamma_k}{\sqrt{((a+b)^2+h^2)((a-b)^2+h^2)}}$$

当 P 点位于圆环中轴线上时，$a=0$，则 $\dot{K}_a = \dfrac{A\Gamma_k}{b^2+h^2}$。

7.2.2.3　面状 γ 源外照射剂量计算

面状源有许多形式，有圆形、方形等规则二维平面，有圆柱面、球面等规则的三维曲面，或者不规则的二维平面和三维曲面，外照射剂量计算的基本思路与线状源类似，但考虑到理论公式计算的可行性和实际应用的可用性，以下仅讨论圆盘面源和圆柱面源的外照射剂量计算公式，其余较复杂的情形可参考有关专门文献，或者采用专门的粒子输运程序进行模拟计算。

假设圆面源总活度为 A，其放射源在整个圆面上是均匀分布的，其半径为 b，受照射点 P 在面源上的投影与圆面源圆心的距离为 a，P 点到圆面源所在平面的距离为 h。此处采用柱坐标比较简便，以圆面源圆心为原点、其所在平面为基准面建立柱坐标，如图 7-4 所示，由于圆面源对 P 点的照射是关于过 P 点、P 点在圆面源所在平面的投影 Q 点及圆面源圆心的平面对称的，因此只需计算其中之一即可。微元为一个近似矩形，长为 $r\mathrm{d}\theta$ 宽为 $\mathrm{d}r$，此微元对受照点 P 产生的比释动能率为

$$\mathrm{d}\dot{K}_a = \frac{\Gamma_k\mathrm{d}A}{R^2} = \frac{\frac{r\mathrm{d}r\mathrm{d}\theta}{\pi b^2}A\Gamma_k}{r^2+a^2-2ar\cdot\cos\theta+h^2} = \frac{A\Gamma_k}{\pi b^2}\cdot\frac{r\mathrm{d}r\mathrm{d}\theta}{r^2+a^2-2ar\cdot\cos\theta+h^2}$$

$$\dot{K}_a = 2\int_0^b\int_0^{\pi}\frac{A\Gamma_k}{\pi b^2}\cdot\frac{r\mathrm{d}r\mathrm{d}\theta}{r^2+a^2-2ar\cdot\cos\theta+h^2}$$

令 $x=r^2+a^2+h^2$，$y=2ar$，再利用万能公式 $t=\tan\dfrac{\theta}{2}$，代入最终可得

$$\dot{K}_a=\frac{A\Gamma_k}{b^2}\ln\left[\frac{1}{2h^2}\left(b^2+h^2-a^2+\sqrt{(b^2+h^2-a^2)^2+4a^2h^2}\right)\right]$$

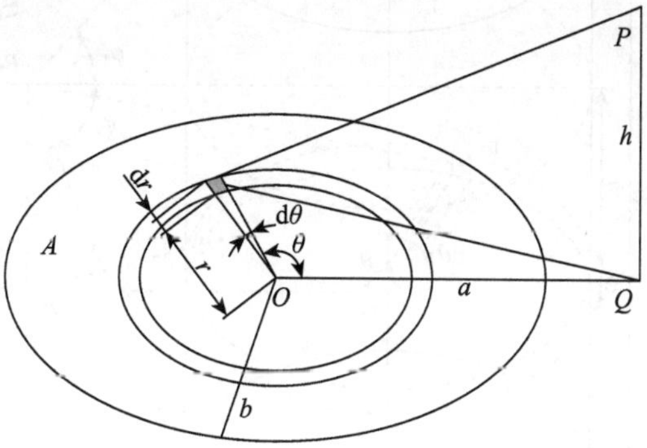

图 7-4　面状 γ 源外照射剂量计算示意图

这是一般情况的计算公式，如果受照点 P 恰好在圆面源圆心正上方，即 $a=0$，则圆面源在 P 点所产生的比释动能率为 $\dot{K}_a=\dfrac{A\Gamma_k}{b^2}\ln\left[\dfrac{1}{h^2}(b^2+h^2)\right]$；如果受照点 P 与圆面源的距离远大于圆面源的直径，即 $h\gg b$，则可将圆面源近似看作点源，则源在 P 点所产生的比释动能率为 $\dot{K}_a=\dfrac{A\Gamma_k}{b^2}\ln\left[\dfrac{1}{h^2}(b^2+h^2)\right]=\dfrac{A\Gamma_k}{b^2}\ln\left(1+\dfrac{b^2}{h^2}\right)\approx\dfrac{A\Gamma_k}{b^2}\cdot\dfrac{b^2}{h^2}=\dfrac{A\Gamma_k}{h^2}$。

对于圆柱面源，仅当受照点 P 位于圆柱面中轴线上时，才能得到简单的解析公式。假设圆柱面源半径为 b，高为 H，总 γ 放射性活度为 A，受照点 P 与圆柱面中轴线的距离为 a（$a>b$），P 点与圆柱面源的底面距离为 L，如图 7-5 所示。圆柱面源在 P 点产生的比释动能率可视作高度为 L 的圆柱面源和高度为 $H-L$ 的圆柱面源在 P 点产生的比释动能率之和，首先计算高度为 L 的圆柱面源在 P 点产生的比释动能率。

在与 P 点高度相距 h 处取高度为 $\mathrm{d}h$、对圆柱面中轴线上 O' 点所张角为 $\mathrm{d}\theta$ 的微元，其面积为 $b\mathrm{d}\theta\mathrm{d}h$，微元的活度为 $b\mathrm{d}\theta\mathrm{d}hA/2\pi bH$，此微元对 P 点所产生的比释动能为

$$\mathrm{d}\dot{K}_a=\frac{A\Gamma_k\mathrm{d}\theta\mathrm{d}h/2\pi H}{a^2+b^2+h^2-2ab\cos\theta}$$

则高度为 L 的圆柱面源对 P 点所产生的比释动能为

$$\dot{K}_{a2}=\int_0^L\int_0^{2\pi}\frac{A\Gamma_k\mathrm{d}\theta\mathrm{d}h/2\pi H}{a^2+b^2+h^2-2ab\cos\theta}=\frac{A\Gamma_k}{H}\int_0^L\frac{\mathrm{d}h}{\sqrt{((a+b)^2+h^2)((a-b)^2+h^2)}}$$

作适当变换，令 $\varphi_2=\arctan(L/(a-b))$，$1-k^2=(a-b)^2/(a+b)^2$，则

$$\dot{K}_{a2}=\frac{A\Gamma_k}{(a+b)H}\int_0^{\varphi_2}\frac{\mathrm{d}\varphi}{\sqrt{1-k^2\sin^2\varphi}}$$

右侧的积分即为勒让德第一类椭圆积分，即 $F(\varphi_2,k)=\displaystyle\int_0^{\varphi_2}\frac{\mathrm{d}\varphi}{\sqrt{1-k^2\sin^2\varphi}}$

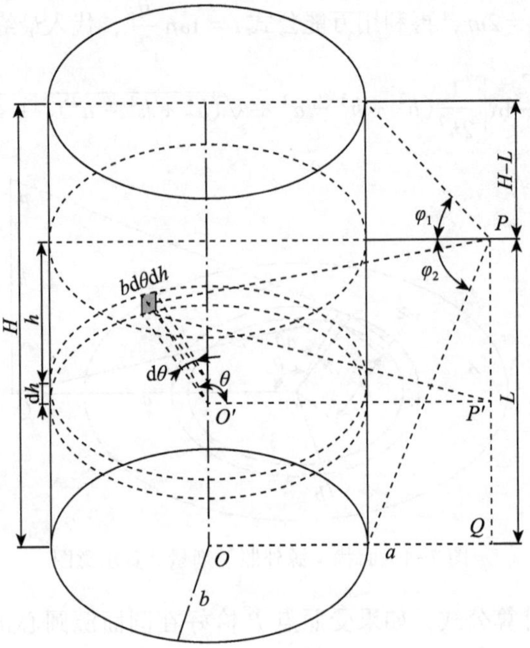

图 7-5　圆柱面状 γ 源外照射剂量计算示意图

高度为 L 的圆柱面源对 P 点产生的比释动能为

$$\dot{K}_{a2} = \frac{A\Gamma_k}{(a+b)H} F(\varphi_2,\ k)$$

同理，高度为 $H-L$ 的圆柱面源对 P 点产生的比释动能为

$$\dot{K}_{a1} = \frac{A\Gamma_k}{(a+b)H} F(\varphi_1,\ k)$$

其中，$\varphi_1 = \arctan((H-L)/(a-b))$。

因此，圆柱面源在 P 点产生的总比释动能率为

$$\dot{K}_a = \dot{K}_{a1} + \dot{K}_{a2} = \frac{A\Gamma_k}{(a+b)H}[F(\varphi_1,\ k) + F(\varphi_2,\ k)]$$

如果 P 点位于底端面所在平面，则圆柱面源在 P 点产生的总比释动能为

$$\dot{K}_a = \frac{A\Gamma_k}{(a+b)H} F(\varphi,\ k)$$

其中，$\varphi = \arctan(H/(a-b))$。

如果 P 点到圆柱面源底端面的距离大于圆柱面源的高度，则 P 点的比释动能率为

$$\dot{K}_a = \dot{K}_{a1} + \dot{K}_{a2} = \frac{A\Gamma_k}{(a+b)H}[F(\varphi_2,\ k) - F(\varphi_1,\ k)]$$

其中，$\varphi_1 = \arctan((L-H)/(a-b))$，$\varphi_2 = \arctan(L/(a-b))$。

7.2.2.4　复杂形状 γ 源外照射剂量计算

从以上几种典型几何形状的 γ 源外照射剂量计算可以看出，理论计算比较简洁明了，但一般仅适用于放射源几何特征比较简单、规则，且在空气中照射的场合，经常需要对诸

多条件或参数进行简化或理想化的假设，否则难以实现计算。对于形状不太规则的放射源，或在空气以外的介质中，其外照射剂量的理论计算可能非常复杂。尽管如此，在实际工作中经常应用理论计算方法进行定性或半定量的估算，十分快捷高效，这一点是其他方法难以比拟的。

对于几何特征比较复杂或不规则的辐射源，外照射剂量计算的基本思路与之前几何形状简单、规则的辐射源的方法类似，都是进行二维或三维积分，但一般很难采用普通的解析表达式计算，通常是利用一些特殊函数或采用数值计算方法，以图形或表格的方式给出一些特定条件下的计算结果，对具体过程感兴趣的读者可参阅相关文献。

在实际工作场合，如反应堆厂房、舰船核反应堆舱、放射性废物处理系统等，放射性物质均是三维空间分布的，在进行 γ 放射性外照射剂量计算时，首先应对几何条件进行适当简化，以方便地采用规则形状表达，同时应考虑射线在源内部及容器壁等介质中的吸收和散射，因此，采用理论方法进行外照射剂量计算一般非常复杂，对这类情形，更多是采用专门的软件或通用的粒子输运软件如 MCNP、GEANT4、ESG、FLUKA 等进行模拟计算，可以快速地得到结果，而理论方法则可用于定性或半定量地估算。

7.3　中子外照射剂量计算

中子与物质的作用过程远比 γ 射线复杂，不同能量的中子与物质发生作用的方式和截面相差十分悬殊，次级产物也差别很大。能量较高（200 keV 以上）的中子作用于人体组织时，中子与人体组织所含的氢、氧、碳、氮等主要元素的原子核发生非弹性碰撞或弹性碰撞，能量逐渐降低而得到慢化，也可能通过与这些原子核发生(n,γ)、(n,p)或(n,α) 等核反应而被吸收，放出 γ 射线、p 或 α。因此，计算中子外照射产生的剂量，应分别考虑慢化过程和吸收过程中的剂量。

对能量低于 20 MeV（其能量范围已覆盖包括核反应堆中子源、放射性同位素中子源等在内的常见中子源，不包括加速器中子源或散裂中子源）的快中子，其宏观截面一般很小，即两次碰撞作用之间的距离较大，如 5 MeV 的中子在人体软组织中的平均自由程约为 20 cm。因此，对快中子而言，通常仅计算其初次碰撞产生的剂量就能够大致满足工程应用需要。为简便计算，一般将连续能谱分布简化为若干群，每群中子的能量取某固定值。群能量为 E 的快中子在人体组织中产生的初次碰撞剂量率 $\dot{D}_n(E)$ 的计算公式为

$$\dot{D}_n(E) = \varphi(E)E\sum_i N_i\sigma_i f_i \tag{7-12}$$

式中：$\varphi(E)$ 指能量为 E 的快中子群的注量率；N_i 指人体组织中第 i 种元素的原子数密度，单位为原子数目/kg；σ_i 为第 i 种元素快中子散射截面，单位为 10^{-24} cm^2/原子；f_i 为每次散射作用中子传递给作用原子的能量占入射中子能量的平均份额。计算所需参数见表 7-2。

表 7–2　快中子在人体组织中初次碰撞剂量计算所需的参数

元素名	单位质量的原子数 N/原子数目/kg	散射截面 σ/10^{-24} cm^2/原子	能量转移份额 f_i	$N\sigma f$/cm^2/kg
氢	5.98×10^{25}	1.5	0.500	44.85
碳	6.41×10^{24}	1.65	0.142	1.502
氮	1.49×10^{24}	1.0	0.124	0.185
氧	2.69×10^{25}	1.55	0.111	4.628
硫	3.93×10^{22}	2.3	0.080	0.007 23
氯	1.70×10^{22}	2.8	0.053	0.002 52
小计				51.174 75

例如，假设 5 MeV 的单能中子在人体某组织处的注量率为 3 000/（cm^2 · s），依据式（7-12），得快中子初次碰撞产生的吸收剂量率为

$$\dot{D}_n(E) = 3\,000/(\text{cm}^2\cdot\text{s}) \times 5 \times 10^6\ \text{eV} \times 1.6 \times 10^{-19}\ \text{J/eV} \times 51.17\ \text{cm}^2/\text{kg}$$
$$= 442\ \mu\text{Gy/h}$$

对于慢中子，主要考虑其与人体组织中的氢和氮发生的两种核反应所产生的剂量：^{14}N（n，p）^{14}C 和 ^{1}H（n，γ）^{2}H，其热中子反应截面分别为 1.827 1b 和 0.332b。

对核反应 ^{14}N（n，p）^{14}C，其产物为质子和 ^{14}C，可认为全部能量被人体组织吸收，其产生的吸收剂量为

$$\dot{D}_N = \varphi N_N \sigma_N Q \tag{7-13}$$

式中：N_N 为单位质量人体组织的氮元素的原子数，单位为原子数目/kg，σ_N 为氮对热中子的吸收截面，Q 为核反应 ^{14}N（n，p）^{14}C 释放的能量。

类似的，核反应 ^{1}H（n，γ）^{2}H 在人体组织中产生的吸收剂量为

$$\dot{D}_H = \varphi N_H \sigma_H Q k \tag{7-14}$$

不同之外在于，核反应 ^{1}H（n，γ）^{2}H 的产物之一是能量为 2.23 MeV 的 γ 射线，其穿透力很强，只有部分能量沉积于人体组织中，公式中用 k 表示释放出来的 γ 射线在人体组织中沉积能量的平均份额。

由于核反应 ^{1}H（n，γ）^{2}H 产生的 γ 射线位于人体组织内部，可以先计算出单位质量或体积人体组织内产生的 γ 射线的数目，再用后文介绍的内照射剂量估算方法计算其所产生的吸收剂量。

在许多场合，放射性同位素中子源是最常用的，此时中子源的能谱是已知的，为方便计算，通常将单位注量的各种同位素中子源或单能中子所产生的剂量换算因子事先计算出来制成表格，如表 7–3 所示，再根据待测点的中子注量率利用式（7-15）计算剂量当量率。

$$\dot{H} = \varphi d_H \tag{7-15}$$

表 7-3 单能中子和同位素中子源的剂量换算因子

中子能量/MeV	热中子	10^{-7}	10^{-6}	10^{-5}	10^{-4}	10^{-3}	10^{-2}
剂量换算因子/10^{-15} Sv·m^2	1.068	1.157	1.263	1.208	1.157	1.029	0.992
中子能量/MeV	0.1	0.5	1.0	2.0	5.0	10	20
剂量换算因子/10^{-15} Sv·m^2	5.787	19.84	32.68	39.68	40.65	40.85	42.74
中子源及其平均能量/MeV	Po-B 2.8	Po-Be 4.2	Ra-Be 3.9	Am-Be 4.5	Pu-Be 4.5	Cf-252 2.13	
剂量换算因子/10^{-15} Sv·m^2	33.1	35.5	34.5	39.5	35.2	33.2	

或者根据中子源的源强或中子发射率（中子源单位时间内发出的中子数目）及待测点与源的距离计算出待测点的中子注量率，再计算待测点的中子注量率。

例如，距离中子发射率为 7×10^6 中子/秒的 Am-Be 中子源 50 cm 处的剂量当量率为

$$\dot{H} = \varphi d_H = \frac{7\times10^6}{4\pi\times0.5^2}\times39.5\times10^{-15}\ \text{Sv/s} = 8.8\times10^{-8}\ \text{Sv/s} = 320\ \mu\text{Sv/h}$$

7.4 X 射线外照射剂量计算

X 射线与 γ 射线的性质比较类似，虽然其能量通常不高，但穿透能力也较强，但两者产生的途径有很大差别。γ 射线一般是放射性原子核衰变或重核裂变时产生的，而 X 射线根据其来源分为特征 X 射线和韧致辐射两类，特征 X 射线一般是 γ 射线与物质原子发生光电效应后产生的，其能量是单一或分立的，而韧致辐射是高速带电粒子与原子核作用时产生的，其能量是连续的。对通常的辐射防护而言，韧致辐射是防护的重点。

实际工作和生活中的 X 射线通常是 X 射线机产生的，X 射线机主要由高压电源、X 射线管等组成，X 射线管的结构组成如图 7-6 所示。阴极一般为钨材料，制成丝状，通电后温度升高发射电子，阴阳两极之间的直流高压将驱使电子加速向阳极运动。阳极多为钨材料，多制成块状，高速电子轰击后产生韧致辐射。韧致辐射的能量大小和强度主要取决于阳极电压和阴极电流等参数。为防止低能 X 射线射出 X 射线管对人体产生额外的伤害，一般在出口处加装很薄的铝、铍等材料的过滤板。

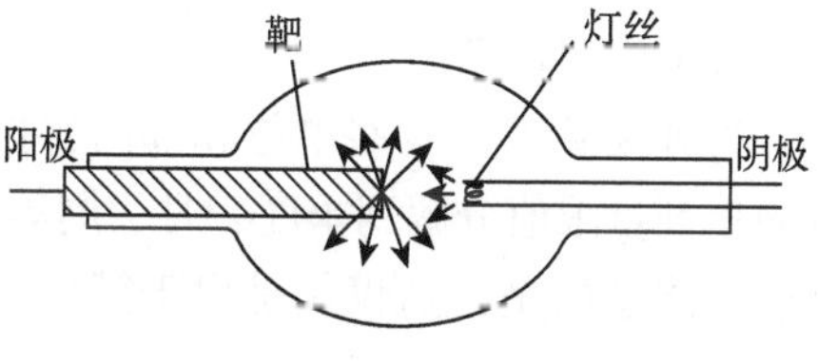

图 7-6 X 射线管组成示意图

若已知管电压、管电流、过滤板种类和厚度、受照点与阳极钨靶的距离等参数，可用式（7-16）计算受照点吸收剂量率：

$$\dot{D} = f\cdot I\cdot v/r^2 \tag{7-16}$$

式中：f 为伦琴到戈瑞之间的换算系数；I 为阴极的管电流；r 为受照点与 X 射线管阳极靶之间的距离；v 为距离 X 射线管 1 m 处由单位管电流或单位平均电子束流造成的照射量率，与管电压、靶的材料和形状、过滤板的材料和厚度等有关，一般通过实际测量或事先测量给出的图表确定。

应当注意的是，式（7-16）计算的是受照点无受照人体组织时的吸收剂量率，有人体组织存在时，由于反散射等因素，实际值可能比计算值高出 20%~40%，因此，实际工程应用时常取 2 倍的安全系数。

7.5 外照射防护的一般原则与方法

外照射是辐射源位于人体外部时对人体所产生的照射，外照射防护的一般原则是采取各种措施，降低由辐射源发射的射线照射到人体产生的剂量率水平，使外照射总剂量减少至可合理达到的尽量低的水平。外照射防护的主要对象是 γ 射线、中子、β 射线和 X 射线等，本书不讨论高能带电粒子等射线的外照射防护问题。这几类主要的外照射防护对象中，放射性核素衰变产生的射线，其外照射危害始终存在，而由 X 射线装置产生的 X 射线，仅在射线装置开机运行时才有外照射防护问题，装置停机后便不存在外照射防护问题。

根据辐射源强度和空间分布、现场条件等的不同，外照射防护的基本方法可分为三大类：时间防护、距离防护、屏蔽防护。

7.5.1 时间防护

在其他条件不变的情况下，外照射剂量与受照时间成正比，因此，减少和控制外照射时间可以降低外照射剂量，这种方法称为时间防护。时间防护并非指直接减少工作时间，而是通过加强训练、科学管理等方法和途径，在完成工作的前提下缩短在辐射场所停留的时间。

具体的时间防护方法措施有许多，如不在辐射场所作不必要的停留；操作放射源或维修带放射性的设备前应进行充分的空白操作或维修训练，提高熟练程度，实际操作时才能迅速准确，减少在辐射场所的工作时间；对在较强放射性区域的作业，可以采取分组和轮流作业的方式，控制每组的工作时间；对较强辐射场所，应根据相关法律法规限制单次允许最长工作时间等。

为方便管理，有些单位和部门将按国家现行标准 GB 18871—2002 规定的职业工作人员的年剂量限值分解到季度、月、周等，近似为每季度 5 mSv，每月 2 mSv，每周 0.5 mSv。但应该注意的是，这仅仅是出于管理方便上的考虑，不一定符合辐射防护最优化原则。

7.5.2 距离防护

与辐射源的距离越远，辐射水平越低，外照射剂量越低，因此，可以通过增大与辐射源之间的距离降低外照射剂量。如果辐射源的尺寸远小于人与辐射源之间的距离时，辐射源可视为点源，此时外照射剂量率与距离的平方成反比，但此规律仅对近似在空气中的 γ 点源成立，对其他介质或其他种类的辐射源多数情况并不成立。对于容纳放射性物质的管道、容器等情形，虽然外照射剂量率不与距离的平方成反比，但增大距离也能显著降低外照射剂量率。

距离防护也并非简单指增大人与辐射源之间的距离，典型的具体措施有许多，如采用长柄钳、机械手等远距离操作工具、远程控制操作方式、带长杆或远程传输的辐射监测仪表，检修带放射性的设备时采取能够增大人员与设备之间设备的工位等方法，均是利用了距离防护原理。

7.5.3 屏蔽防护

在许多场合，如核反应堆、辐照装置、射线装置、辐射仪表校准刻度室等，仅仅依靠时间防护和距离防护方法远不足以满足要求，必须在辐射源与人之间设置一道物质屏障，阻挡或吸收辐射源发出的各种射线，降低辐射水平，从而降低和控制外照射剂量，这种方法称作屏蔽防护。

对α射线、质子等重带电粒子，采用适当厚度的屏蔽防护可以完全阻止，对X射线、γ射线、中子等，从理论上讲，屏蔽防护只能减弱和降低，不能完全阻止，而β射线等轻带电粒子可能还会产生穿透能力较强的次级射线，需要额外考虑其防护。

选择何种物质材料进行屏蔽防护，取决于辐射源发出的射线种类、能量，从屏蔽防护效果角度看，最关键的因素是材料对射线的阻止本领，而在实际应用中，除了考虑屏蔽材料对射线的阻止本领外，通常还需要综合考虑屏蔽材料的体积、重量、经济性、物理化学性质、稳定性、毒性等因素。对α射线、质子等重带电粒子，不必采用特别材料就能轻易阻止；对X射线和γ射线，选用高原子序数、高密度的材料，如铅、钨、铀等效果最好，实际还常选用铁、水、混凝土等；对中子而言，通常选用氢元素含量较高、含有对热中子有较强吸收作用的核素的材料，如水、混凝土、石蜡、聚乙烯、硼聚乙烯等。对于β射线，由于其与高原子序数物质作用时会产生一定量的穿透力比β粒子本身穿透力强得多的轫致辐射，因而必须设法降低轫致辐射的能量和份额，实际经常采用复合屏蔽的方法：即内层采用原子序数较低的材料如铝、有机玻璃等，外层采用原子序数较高、密度大的材料如铅等材料。

7.6 γ射线外照射防护

在涉及核动力舰船的实际工作中，γ射线几乎是最主要的外照射防护对象，除了基本的时间防护和距离防护方法外，本部分主要讨论γ射线的屏蔽防护方法，以下首先讨论γ射线屏蔽材料的选择，进而讨论γ射线在物质中的减弱规律，最后介绍简单条件下的屏蔽防护计算方法。

7.6.1 屏蔽γ射线的材料

γ射线与物质主要发生光电效应、康普顿效应、电子对效应等三种效应，每种效应的反应截面均随作用物质原子序数的增加而增加，因此，从屏蔽防护的角度考虑，选择γ射线的屏蔽材料时，应尽能选择原子序数高、密度大的材料；综合考虑体积、重量、经济性等因素后，工程实际中常采用铁、铅、钨、水、混凝土等材料，以下简要介绍常用屏蔽材料的特性。

（1）铅。铅的原子序数 $Z=82$，在可用作屏蔽材料的天然稳定材料中原子序数可算作最高的之一，1 MeV 的γ射线在铅中的线性减弱系数达到 0.806 7 cm^{-1}，比在铁中的线性减弱系数高出近80%，铅在常温下密度高达 11.34 g/cm^3，而且铅的耐辐照性能和耐腐蚀性能很好，铅可以很容易地进行铸造、挤压、滚轧、焊接、烧熔等加工，是非常理想的X

射线和 γ 射线屏蔽材料。但由于铅本身非常软，物理强度很低，且存在较强的蠕变效应，不能用它本身作结构体，体积或尺寸较大的铅块一般采用其他强度较大的如钢铁框架等进行固定。另外，铅的熔点较低（仅 327.4 ℃），不能耐高温，在反应堆一次屏蔽等温度较高的场合一般采用熔点较高的钢铁等材料替代。相较于混凝土等材料而言，铅稍贵一些，在经济性并非首要考虑因素但空间比较受限的场合，如核动力舰船等，铅被大量广泛地用作 γ 射线的二次屏蔽材料。由于铅的加工性能很好，不仅可按要求方便地加工成各种形状的铅块、铅屏蔽容器，也可制造成铅玻璃、铅背心、含铅防护服等，还可在铅中掺入适量的聚乙烯、含硼化合物等制备成可同时屏蔽 γ 射线和中子的复合屏蔽材料。

（2）铁。铁的原子序数仅为 26，常温下密度为 7.8 g/cm^3，铸铁的密度约 7.2 g/cm^3，但其成本比铅低得多，且机械强度很高，容易加工，屏蔽性能也可以（但比铅差），耐辐射性能也很优异，所以广泛用作反应堆热屏蔽材料、结构材料和压力容器材料等。

（3）钨。钨的原子序数为 74，与铅相差不大，常温下密度为 19.3 g/cm^3，硬度高，熔点高达 3 400 ℃。钨的化学性质比较稳定，具有良好的抗腐蚀性，常温下不与空气或水发生反应，但高温下可与氯、溴、碘、碳、硫等元素化合。钨常用于制造硬质合金、钨钢、钨钴磁钢等，用于切割工具、金属表面硬化材料等，由于其密度高、原子序数也较高，具有比较优异的辐射屏蔽性能，与铅相比具有体积优势，但加工难度大、比较昂贵。

（4）混凝土。普通混凝土的有效原子序数约为 18，密度为 2.3 g/cm^3 左右。混凝土价格便宜，具有良好的结构强度和耐用性，而且含有屏蔽 γ 射线和屏蔽中子的所需物质，还可以掺入其他需要的元素物质，成形加工容易。用作屏蔽防护的混凝土要求材质均匀，密度和化学成分符合规定、体积变化小、不出现裂纹或缺陷、厚屏蔽固化时发热量小等。为满足要求，材料选择与施工方法要采取许多措施。有时为了减少屏蔽厚度、缩小体积，采用铅砂、铁砂代替普通砂子，采用重晶石矿石（含钡等）、铁矿石、铸铁块、废钢块代替碎石，可将混凝土密度提高到 6 g/cm^3，而且有效原子序数得以大幅提高，对 γ 射线的屏蔽效果更好。

（5）水。水的有效原子序数约为 7.4，常温常压下密度约 1 g/cm^3，屏蔽 X 和 γ 射线的性能比铅、铁、混凝土都差，但水的优点也十分突出：十分廉价，透明，化学性质稳定且是有效的冷却剂。反应堆常将水作为中子和 γ 射线的一次屏蔽材料，同时兼作热屏蔽材料。水作为液体，可随意将物品放入其中，且不会产生细小间隙而导致射线从缝隙处漏出，因此常以水井、水池形式来贮存 γ 辐射源，反应堆乏燃料也常存贮在水池中。但另一方面，水长时间放置可能产生混浊现象，与水接触的其他材料可能会产生腐蚀产物，会因自然蒸发或渗漏等原因而逐渐减少，可能引发屏蔽效能下降甚至丧失。此外，水中含有可溶性盐类时，在反应堆或辐照加工等强辐射条件下，水会发生辐照分解现象，生成有害气体。

7.6.2 γ 射线在物质中的减弱规律

在选择屏蔽材料之后，需要确定屏蔽材料的厚度、排列等。要实现这一目的，必须首先弄清 γ 射线在屏蔽材料中的减弱规律。在前面讨论的射线与物质相互作用的有关章节中，仅仅涉及单个射线粒子与单个原子或原子核之间的微观作用，在屏蔽防护中，涉及的是辐射源发射的所有射线以及屏蔽体作用之间的宏观统计规律。

7.6.2.1 窄束 γ 射线在物质中的减弱规律

假定一个简单的情景：一个点状 γ 源与核辐射探测器之间放置了一定厚度的屏蔽材料，假设 γ 源仅向探测器方向发射 γ 光子。在 γ 源发射的众多 γ 光子中，有的同源与核辐射探测器之间的介质未发生任何作用直接到达探测器，有的发生了一次或多次相互作用后到达探测器，而有的发生一次或多次相互作用后被屏蔽材料吸收或运动方向发生改变未能到达探测器。

将那些未与屏蔽材料发生任何相互作用而直接射入探测器的 γ 光子所组成的射线束称为窄束 γ 射线，而将那些射入探测器的 γ 光子所组成的射线束，包括未与屏蔽材料发生任何相互作用和至少与屏蔽材料发生过一次相互作用后射入探测器的 γ 光子，称为宽束 γ 射线。由此可见，宽束和窄束并非几何意义上的宽窄，而是物理意义上的宽窄。理想的窄束在实际中是无法获取的，只能通过准直器获取近似的窄束，如图 7-7 所示。

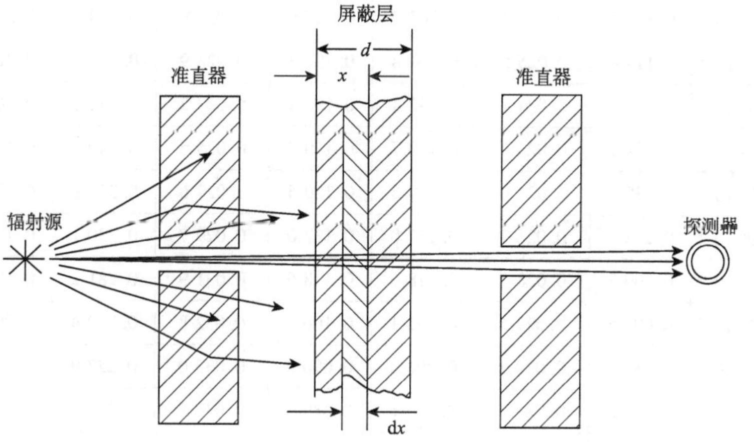

图 7-7 获取近似窄束 γ 射线装置示意图

设材质均匀的屏蔽材料厚度为 d，单能窄束 γ 射线在屏蔽材料中穿行 $\mathrm{d}x$ 的距离后 γ 射线数目的减少的份额 $\mathrm{d}N/N$，等于该能量的 γ 射线在屏蔽材料中的线减弱系数 μ 及其在屏蔽材料中的穿行距离 $\mathrm{d}x$ 的乘积，即

$$\mathrm{d}N/N = -\mu\mathrm{d}x$$

故有

$$N = N_0\mathrm{e}^{-\mu d} \tag{7-17}$$

式中，N_0 和 N 分别为入射到屏蔽材料表面的 γ 光子数和穿透屏蔽材料且与屏蔽材料未发生任何作用的 γ 光子数。可见，窄束 γ 射线在物质中的减弱服从指数衰减规律。

事实上，γ 射线在某种材料中的线减弱系数就是 γ 射线的微观截面 σ 与单位体积中该材料原子数目 n 的乘积，即 $\mu = n\sigma$，其量纲为 m^{-1}，常用单位为 cm^{-1}。

一般情况下，使用线减弱系数 μ 比较方便，但除了与入射 γ 射线能量大小有关外，线减弱系数 μ 的大小还与材料种类有关，而且不同密度的同种材料的线减弱系数也不同，而材料密度与加工工艺、温度、压力等因素有关，如果使用同一 μ 值就会带来误差。因此，为消除同种材料因密度差异带来的误差，通常采用质量减弱系数 μ/ρ。表 7-4 给出了不同能量γ射线在常用材料中的各种减弱系数的数值。

表 7-4 不同能量γ在常用材料中的减弱系数

能量/keV	干燥空气（ρ=0.001 205 g/cm^3）			水（ρ=1.0 g/cm^3）			铝（ρ=2.699 g/cm^3）		
	μ/cm^{-1}	μ/ρ/(cm^2/g)	μ_a/ρ/(cm^2/g)	μ/cm^{-1}	μ/ρ/(cm^2/g)	μ_a/ρ/(cm^2/g)	μ/cm^{-1}	μ/ρ/(cm^2/g)	μ_a/ρ/(cm^2/g)
10	0.006 2	5.120	4.742	5.329	5.329	4.944	70.795	26.23	25.43
15	0.001 9	1.614	1.334	1.673	1.673	1.374	21.470 5	7.955	7.487
20	0.000 9	0.777 9	0.538 9	0.809 6	0.809 6	0.550 3	9.287 3	3.441	3.094
30	4.26×10^{-4}	0.353 8	0.153 7	0.375 6	0.375 6	0.155 7	3.044 5	1.128	0.877 8
40	2.99×10^{-4}	0.248 5	0.068 3	0.268 3	0.268 3	0.069 5	1.534 4	0.568 5	0.360 1
50	2.51×10^{-4}	0.208 0	0.041 0	0.226 9	0.226 9	0.042 2	0.993 5	0.368 1	0.184 0
60	2.26×10^{-4}	0.187 5	0.030 4	0.205 9	0.205 9	0.031 9	0.749 8	0.277 8	0.109 9
70[a]	2.10×10^{-4}	0.174 4	0.025 5	0.194 8	0.194 8	0.028 9	0.613 0	0.227 1	0.071 3
80	2.00×10^{-4}	0.166 2	0.024 1	0.192 4	0.192 4	0.027 2	0.544 7	0.201 8	0.055 1
100	1.86×10^{-4}	0.154 1	0.023 3	0.170 7	0.170 7	0.025 5	0.459 9	0.170 4	0.037 9
150	1.63×10^{-4}	0.135 6	0.025 0	0.150 5	0.150 5	0.027 6	0.371 9	0.137 8	0.028 3
200	1.49×10^{-4}	0.123 3	0.026 7	0.137 0	0.137 0	0.029 7	0.330 1	0.122 3	0.027 5
300	1.29×10^{-4}	0.106 7	0.028 7	0.118 6	0.118 6	0.031 9	0.281 2	0.104 2	0.028 2
400	1.15×10^{-4}	0.095 5	0.029 5	0.106 1	0.106 1	0.032 8	0.250 4	0.092 8	0.028 6
500	1.05×10^{-4}	0.087 1	0.029 7	0.096 9	0.096 9	0.033 0	0.227 9	0.084 5	0.028 7
600	9.71×10^{-5}	0.080 6	0.029 5	0.089 6	0.089 6	0.032 8	0.210 6	0.078 0	0.028 5
662[a]	9.34×10^{-5}	0.077 5	0.029 3	0.086 2	0.086 2	0.032 6	0.202 4	0.075 0	0.028 3
800	8.52×10^{-5}	0.070 7	0.028 8	0.078 7	0.078 7	0.032 1	0.184 6	0.068 4	0.027 8
1 000	7.66×10^{-5}	0.063 6	0.027 9	0.070 7	0.070 7	0.031 0	0.165 9	0.061 5	0.026 9
1 173[a]	7.05×10^{-5}	0.058 5	0.027 1	0.065 0	0.065 0	0.030 1	0.152 6	0.056 5	0.026 1
1 250	6.86×10^{-5}	0.056 9	0.026 7	0.063 2	0.063 2	0.029 7	0.148 3	0.055 0	0.025 7
1 333[a]	6.62×10^{-5}	0.055 0	0.026 3	0.061 1	0.061 1	0.029 2	0.143 5	0.053 2	0.025 3
1 500	6.24×10^{-5}	0.051 8	0.025 5	0.057 5	0.057 5	0.028 3	0.135 1	0.050 1	0.024 5
2 000	5.36×10^{-5}	0.044 5	0.023 5	0.049 4	0.049 4	0.026 1	0.116 7	0.043 2	0.022 7
3 000	4.32×10^{-5}	0.035 8	0.020 6	0.039 7	0.039 7	0.022 8	0.095 6	0.035 4	0.020 2
4 000	3.71×10^{-5}	0.030 8	0.018 7	0.034 0	0.034 0	0.020 7	0.083 8	0.031 1	0.018 8
5 000	3.31×10^{-5}	0.027 5	0.017 4	0.030 3	0.030 3	0.019 2	0.076 5	0.028 4	0.018 0
6 000	3.04×10^{-5}	0.025 2	0.016 5	0.027 7	0.027 7	0.018 1	0.071 7	0.026 6	0.017 4
6 129[a]	3.01×10^{-5}	0.025 0	0.016 4	0.027 4	0.027 4	0.018 0	0.071 3	0.026 4	0.017 3
7 000[a]	2.83×10^{-5}	0.023 5	0.015 9	0.025 8	0.025 8	0.017 23	0.068 3	0.025 3	0.017 0
7 115[a]	2.82×10^{-5}	0.023 4	0.015 8	0.025 6	0.025 6	0.017 2	0.068 0	0.025 2	0.017 0
10 000	2.46×10^{-5}	0.020 5	0.014 5	0.022 2	0.022 2	0.015 7	0.062 6	0.023 2	0.016 5

续表

能量/keV	铁（ρ=7.874 g/cm^3）			铜（ρ=8.96 g/cm^3）			铅（ρ=11.35 g/cm^3）		
	μ/cm^{-1}	μ/ρ/(cm^2/g)	μ_a/ρ//(cm^2/g)	μ/cm^{-1}	μ/ρ/(cm^2/g)	μ_a/ρ/(cm^2/g)	μ/cm^{-1}	μ/ρ/(cm^2/g)	μ_a/ρ/(cm^2/g)
10	1 343.304	170.6	136.90	1 934.464	215.9	148.4	1 482.31	130.6	124.7
15	449.447 9	57.08	48.96	663.488 0	74.05	57.88	1 266.66	111.6	91.0
20	202.204 3	25.68	22.60	302.758 4	33.79	27.88	980.186 0	86.36	68.99
30	64.377 8	8.176	7.251	97.843 2	10.92	9.349	344.132 0	30.32	25.36
40	28.574 7	3.629	3.155	43.563 5	4.862	4.163	162.986 0	14.36	12.11
50	15.417 3	1.958	1.638	23.412 5	2.613	2.192	91.265 4	8.041	6.740
60	9.488 2	1.205 0	0.955 5	14.273 3	1.593 0	1.290 0	56.988 4	5.021 0	4.149 0
70[a]	6.231 8	0.791 4	0.583 6	9.240 1	1.031 3	0.793 3	35.067 0	3.089 6	2.618 6
80	4.686 6	0.595 2	0.410 4	6.836 5	0.763 0	0.558 1	27.455 7	2.419 0	1.916 0
100	2.926 8	0.371 7	0.217 7	4.107 3	0.458 4	0.294 9	62.981 2	5.549 0	1.976 0
150	1.546 5	0.196 4	0.079 6	1.986 4	0.221 7	0.102 7	22.858 9	2.014 0	1.056 0
200	1.149 6	0.146 0	0.048 3	1.396 9	0.155 9	0.057 8	11.333 0	0.998 5	0.587 0
300	0.865 4	0.109 9	0.033 6	1.002 6	0.111 9	0.036 2	4.575 2	0.403 1	0.245 5
400	0.740 2	0.094 0	0.030 4	0.843 4	0.094 1	0.031 2	2.636 6	0.232 3	0.137 0
500	0.662 5	0.084 1	0.029 1	0.749 2	0.083 6	0.029 3	1.831 9	0.161 4	0.091 3
600	0.606 6	0.077 0	0.028 4	0.683 2	0.076 3	0.028 3	1.416 5	0.124 8	0.068 2
662[a]	0.582 1	0.073 9	0.028 0	0.655 5	0.073 2	0.027 9	1.241 9	0.109 4	0.058 7
800	0.527 5	0.067 0	0.027 1	0.591 8	0.066 1	0.026 8	1.006 7	0.088 7	0.046 4
1 000	0.472 0	0.060 0	0.026 0	0.528 7	0.059 0	0.025 6	0.806 1	0.071 0	0.036 5
1 173[a]	0.432 9	0.055 0	0.025 1	0.484 0	0.054 0	0.024 6	0.702 0	0.061 9	0.031 5
1 250	0.421 3	0.053 5	0.024 7	0.471 4	0.052 6	0.024 3	0.666 9	0.058 8	0.029 9
1 333[a]	0.407 1	0.051 7	0.024 3	0.455 3	0.050 8	0.023 9	0.636 9	0.056 1	0.028 5
1 500	0.384 5	0.048 8	0.023 6	0.430 3	0.048 0	0.023 2	0.592 7	0.052 2	0.026 4
2 000	0.335 8	0.042 7	0.022 0	0.376 8	0.042 1	0.021 6	0.522 8	0.046 1	0.023 6
3 000	0.285 1	0.036 2	0.020 4	0.322 5	0.036 0	0.020 2	0.480 6	0.042 3	0.023 2
4 000	0.260 8	0.033 1	0.019 9	0.297 3	0.033 2	0.019 9	0.476 4	0.042 0	0.024 5
5 000	0.247 7	0.031 5	0.019 8	0.284 7	0.031 8	0.020 0	0.484 9	0.042 7	0.026 0
6 000	0.240 7	0.030 6	0.020 0	0.278 5	0.031 1	0.020 3	0.498 4	0.043 9	0.027 4
6 129[a]	0.240 3	0.030 5	0.020 0	0.278 1	0.031 0	0.020 3	0.500 2	0.044 1	0.027 6
7 000[a]	0.237 0	0.030 1	0.020 2	0.275 7	0.030 8	0.020 6	0.514 1	0.045 3	0.028 7
7 115[a]	0.236 8	0.030 1	0.020 3	0.275 5	0.030 7	0.020 7	0.516 1	0.045 5	0.028 9
10 000	0.235 7	0.029 9	0.021 1	0.278 0	0.031 0	0.021 7	0.564 3	0.049 7	0.031 8

续表

能量/keV	聚乙烯（ρ=0.93 g/cm³）			普通混凝土（ρ=2.3 g/cm³）			铅玻璃（ρ=6.22 g/cm³）		
	μ/cm^{-1}	μ/ρ/(cm²/g)	μ_a/ρ//(cm²/g)	μ/cm^{-1}	μ/ρ/(cm²/g)	μ_a/ρ/(cm²/g)	μ/cm^{-1}	μ/ρ/(cm²/g)	μ_a/ρ/(cm²/g)
10	1.941 8	2.088	1.781	47.04	20.45	19.37	640.04	102.90	98.21
15	0.693 0	0.745 2	0.483 4	14.61	6.351	5.855	532.25	85.57	69.91
20	0.401 3	0.431 5	0.193 6	6.454	2.806	2.462	408.53	65.68	52.52
30	0.251 7	0.270 6	0.059 3	2.208	0.960 1	0.715 7	143.37	23.05	19.27
40	0.211 6	0.227 5	0.032 0	1.163	0.505 8	0.299 5	67.98	10.93	9.198
50	0.193 8	0.208 4	0.024 4	0.784 8	0.341 2	0.156 3	38.15	6.134	5.118
60	0.183 2	0.197 0	0.022 4	0.611 8	0.266 0	0.095 5	23.903 5	3.843	3.152
70[a]	0.175 4	0.188 6	0.022 1	0.513 1	0.223 1	0.063 8	15.052 4	2.420	1.930
80	0.169 5	0.182 3	0.022 7	0.463 2	0.201 4	0.050 5	11.625 2	1.869	1.458
100	0.159 9	0.171 9	0.024 2	0.399 7	0.173 8	0.036 5	26.223 5	4.216	1.498
150	0.142 7	0.153 4	0.027 9	0.330 3	0.143 6	0.029 0	9.641	1.550	0.804 2
200	0.130 4	0.140 2	0.030 3	0.294 9	0.128 2	0.028 7	4.864 0	0.782 0	0.450 8
300	0.113 2	0.121 7	0.032 8	0.252 3	0.109 7	0.029 7	2.050 7	0.329 7	0.193 4
400	0.101 3	0.108 9	0.033 7	0.225 0	0.097 8	0.030 2	1.234 0	0.198 4	0.111 4
500	0.092 5	0.099 5	0.033 9	0.205 0	0.089 2	0.030 3	0.888 8	0.142 9	0.076 8
600	0.085 5	0.092 0	0.033 8	0.189 4	0.082 4	0.030 2	0.707 8	0.113 8	0.059 2
662[a]	0.082 3	0.088 5	0.033 5	0.182 2	0.079 2	0.029 9	0.660 2	0.106 1	0.055 1
800	0.075 1	0.080 8	0.033 0	0.166 2	0.072 3	0.029 4	0.523 8	0.084 2	0.042 5
1 000	0.067 5	0.072 6	0.031 9	0.149 4	0.065 0	0.028 4	0.430 1	0.069 1	0.034 7
1 173[a]	0.062 1	0.066 8	0.031 0	0.137 4	0.059 8	0.027 6	0.380 3	0.061 1	0.030 7
1 250	0.060 4	0.065 0	0.030 5	0.133 6	0.058 1	0.027 2	0.362 4	0.058 3	0.029 3
1 333[a]	0.058 4	0.062 8	0.030 0	0.129 1	0.056 1	0.026 8	0.346 7	0.055 7	0.028 1
1 500	0.055 0	0.059 1	0.029 1	0.121 6	0.052 9	0.026 0	0.323 9	0.052 1	0.026 4
2 000	0.047 1	0.050 6	0.026 8	0.104 8	0.045 6	0.024 0	0.284 1	0.045 7	0.023 7
3 000	0.037 6	0.040 5	0.023 3	0.085 1	0.037 0	0.021 2	0.253 9	0.040 8	0.022 8
4 000	0.032 0	0.034 4	0.020 9	0.074 0	0.032 2	0.019 5	0.244 9	0.039 4	0.023 4
5 000	0.028 3	0.030 5	0.019 2	0.066 9	0.029 1	0.018 4	0.243 8	0.039 2	0.024 4
6 000	0.025 7	0.027 6	0.017 9	0.062 0	0.027 0	0.017 6	0.246 2	0.039 6	0.025 4
6 129[a]	0.025 4	0.027 3	0.017 8	0.061 6	0.026 8	0.017 5	0.246 8	0.039 7	0.025 5
7 000[a]	0.023 6	0.025 4	0.016 9	0.058 5	0.025 4	0.017 1	0.250 4	0.040 3	0.026 3
7 115[a]	0.023 5	0.025 2	0.016 8	0.058 2	0.025 3	0.017 0	0.251 0	0.040 3	0.026 4
10 000	0.019 9	0.021 5	0.015 1	0.052 4	0.022 8	0.016 2	0.267 1	0.043 0	0.028 8

注：[a]表示多项式拟合结果

除了屏蔽材料特性之外，γ射线的能量不同，其在材料中的减弱系数也不同，即γ射线在材料中的减弱系数随着γ射线的能量而变化，研究发现，这种变化不是简单的单调变化。例如对铅，当γ射线的能量大于0.1 MeV时，随着γ射线能量的增大，减弱系数逐渐减小，当γ射线能量在3.4 MeV左右时，减弱系数降至极小值，之后随着γ射线能量的增大而增大，在其他材料中也呈现类似规律，但减弱系数达到极小值时对应的γ射线能量不同。因此，当具有一定谱分布的γ射线穿过屏蔽材料时，减弱系数极小值对应能量的γ射线的相对份额会有所增加，随着屏蔽厚度的增加，其相对份额会起来越多，这一现象称作“能谱硬化”，类似于某种波段光线的过滤效果，因此也称为“能量过滤”。

与γ射线减弱系数相对应的另一个量称为γ射线的平均自由程（mean free path，mfp），是指某一能量的γ光子从进入某种介质至第一次与介质原子发生相互作用所穿行的平均距离，等于γ射线在物质中减弱为原来的1/e时所需的介质厚度。平均自由程的国际制单位为米（m），一般用λ表示，根据式（7-17）可得，$\lambda=1/\mu$。有时为方便起见，常用介质减弱系数与介质线性厚度的乘积表示介质的厚度，即$\mu d=d/\lambda$，也就是介质线性厚度与平均自由程的比值表示介质的厚度，μd等于几，就说介质厚几个平均自由程，垂直穿过此厚度介质的γ射线就将减弱为原来的e的几次方分之一，如$\mu d=5$，意味着穿过5个平均自由程厚度介质的γ射线将减弱为原来的$1/e^5$。可以看出，μd值相同的介质，无论是何具体材料，对γ射线的减弱效果是相同的，但应注意到，此时不同材料的线性厚度是不同的，与材料的线减弱系数是成反比的。

7.6.2.2 宽束γ射线在物质中的减弱规律

理想的窄束γ射线是不存在的，实际工作中遇到的都是宽束γ射线。由于宽束γ射线中包括与屏蔽材料介质发生过至少一次相互作用的γ光子，如图7-7所示，因而宽束γ射线比窄束γ射线减弱得慢一些，所以宽束γ射线在物质中的减弱规律不再遵循简单的指数衰减规律，而必须进行适当的修正，才能与实际情况吻合。因此，宽束γ射线在物质中的减弱规律可用式（7-18）表示

$$N = BN_0 e^{-\mu d} \tag{7-18}$$

其中，修正因子B称作光子数累积因子（buildup factor，有的文献称积累因子），显然累积因子B总是大于1。在式（7-18）中，N和N_0除了可以表示γ光子数之外，还可表示吸收剂量、照射量等辐射量，累积因子B相应地变为吸收剂量累积因子、照射量累积因子等。

7.6.2.3 累积因子

累积因子与γ射线能量、屏蔽材料种类、几何尺寸甚至排列以及源与屏蔽体之间的距离等因素相关，很难给出累积因子的理论表达式，多半是依据实验数据或模拟计算结果给出相应的经验公式、曲线、表格等。

由于累积因子B大于1，在屏蔽设计时必须仔细考虑，否则可能造成屏蔽设计厚度不足而导致辐射水平超标。低能γ射线在原子序数较低的材料中散射现象比较严重，导致

累积因子很高。例如0.5 MeV单能γ射线穿过10个平均自由程的水屏蔽层时，照射量累积因子高达75以上。可见，如果忽略累积因子，将引起严重的辐射安全问题。高能γ射线穿过屏蔽层时，γ射线与物质作用生成的次级电子将产生轫致辐射，也会对累积因子产生明显影响，对原子序数较高的材料而言，影响更为显著。例如，8 MeV的γ射线穿过5个平均自由程的铅时，轫致辐射对累积因子的贡献，占到总值的30%以上，在屏蔽设计中必须引起高度关注。

累积因子的计算分为三种情况：(1) 单向平面源射入有限厚度均匀介质；(2) 各向同性点源在无限大均匀介质中；(3) 非均匀介质。

有两点需要说明：(1) 介质尺寸无限大，是指感兴趣点与介质边界的距离足够大，再增大介质尺寸也不会对该点的辐射量产生不可忽略的影响；(2) 介质均匀，是指介质中各点的不均匀部分的线度比辐射在其中的平均自由程小得多，不会对辐射与介质相互作用后在介质中的分布造成可观测的影响，这一点主要针对混凝土、含硼聚乙烯、铅硼聚乙烯等由不同类别成分经过一定工艺制成的混合物屏蔽材料，对铅、铁、水等纯净物屏蔽材料而言一般不存在不均匀问题。如^{60}Co发射的γ射线在普通混凝土中的平均自由程约为8 cm，如果混凝土中的小石子的尺寸远小于8 cm，且各部分是搅拌均匀的，则可将其视作均匀介质。

单向平面源射入有限厚度的均匀介质和各向同性点源在无限大均匀介质中是累积因子最常见的两种情形，也是工程应用中经常碰到的。

累积因子的计算方法主要有矩方法（多项式方法）、蒙特卡罗法等，这些方法必须借助于计算机及相应的程序才能求解，许多研究机构进行了深入研究，给出了各种单能γ射线在不同厚度的均匀介质中的累积因子，现在各种文献引用得较多的是美国ANSI/ANS-6.4.3，需要时可以根据相应的条件或需求查找，但如果介质厚度或γ射线能量介于表中两栏数值之间，则需要进行插值估算，但应注意的是，累积因子与介质厚度、γ射线能量并非线性关系，插值估算所得值可能存在一定的误差。

不同能量的γ射线在不同厚度中的水、混凝土、铁、铅等常用屏蔽材料的照射量累积因子可查阅相关文献手册，屏蔽材料厚度是用平均自由程的倍数表示的。应该注意的是，不同文献给出的累积因子稍有差别，但一般很小，在工程应用上可以忽略。

为方便使用和计算任意介质厚度、γ射线能量条件下的累积因子，许多研究人员根据计算机计算结果提出了可用于普通计算的经验公式，最为常用的是泰勒公式和伯杰公式。

计算累积因子的泰勒公式为

$$B = Ae^{-a_1\mu d} + (1 - A)e^{-a_2\mu d} \tag{7-19}$$

其中μ为屏蔽材料的线减弱系数，d为屏蔽层厚度，A、a_1和a_2均与入射γ射线的能量相关系数。表7-5给出了采用泰勒公式计算一组能量的γ射线在四种常用材料中的照射量积累因子对应各系数的值。

表 7-5 采用泰勒公式计算各向同性 γ 点源在无限大均匀介质中照射量累积因子的系数

γ 能量/MeV	材料	A	$-a_1$	a_2	材料	A	$-a_1$	a_2
0.5	水	100.845	0.126 87	-0.109 25	铅	1.677	0.030 84	0.309 41
1.0		19.601	0.090 37	-0.025 22		2.984	0.035 03	0.134 86
2.0		12.612	0.053 20	0.019 32		5.421	0.034 82	0.043 79
3.0		11.110	0.035 50	0.032 06		5.580	0.054 22	0.006 11
4.0		11.163	0.025 43	0.030 25		3.897	0.084 68	-0.023 83
6.0		8.385	0.018 20	0.041 64		0.926	0.178 60	-0.046 35
8.0		4.635	0.026 33	0.070 97		0.368	0.236 91	-0.058 64
10.0		3.545	0.029 91	0.087 17		0.311	0.240 24	-0.027 83
0.5	铁	31.379	0.068 42	-0.037 42	混凝土	38.225	0.148 24	-0.105 79
1.0		24.957	0.060 86	-0.024 63		25.507	0.072 30	-0.018 43
2.0		17.622	0.046 27	-0.005 26		18.089	0.042 50	0.008 49
3.0		13.218	0.044 31	-0.000 87		13.640	0.032 00	0.020 22
4.0		9.624	0.046 98	0.001 75		11.460	0.026 00	0.024 50
6.0		5.867	0.061 50	-0.001 86		10.781	0.015 20	0.029 25
8.0		3.243	0.075 00	0.021 23		8.972	0.013 00	0.029 79
10.0		1.747	0.099 00	0.066 27		4.015	0.028 80	0.068 44

计算累积因子的伯杰公式为

$$B = 1 + (a\mu d)\mathrm{e}^{b\mu d} \tag{7-20}$$

式中：a 和 b 均为与 γ 射线能量相关的系数，如表 7-6 所示，d 为屏蔽层厚度。

表 7-6 采用伯杰公式计算各向同性 γ 点源在无限大均匀介质中照射量累积因子的系数

γ 能量/MeV	材料	a	b	材料	a	b
0.255	水	2.288 7	0.203 5	铅	—	—
0.5		1.438 6	0.177 2		0.242 5	-0.069 6
1.0		1.104 6	0.090 7		0.370 1	-0.032 6
2.0		0.822 9	0.034 6		0.383 6	-0.000 7
3.0		0.691 3	0.010 5		0.319 3	0.028 3
4.0		0.580 1	0.002 4		0.252 0	0.056 2
6.0		0.463 3	-0.010 9		0.192 8	0.085 4
8.0		0.381 9	-0.017 4		0.160 3	0.106 0
10.0		0.329 8	-0.020 8		0.118 1	0.120 0

续表

γ 能量/MeV	材料	a	b	材料	a	b
0.5	铁	0.921 4	0.069 8	钨	0.282 8	-0.060 9
1.0		0.835 9	0.061 9		0.435 8	-0.019 8
2.0		0.697 6	0.034 2		0.423 3	0.002 6
3.0		0.537 8	0.034 6		0.346 0	0.033 8
4.0		0.439 0	0.033 7		0.271 1	0.066 5
6.0		0.329 4	0.043 0		0.175 1	0.109 2
8.0		0.256 4	0.046 3		0.123 2	0.126 1
10.0		0.188 2	0.058 1		0.095 4	0.131 7

在通常的能量和屏蔽材料厚度条件下，利用泰勒公式和伯杰公式计算所得累积因子的数据与表给出的数值非常接近，多数情况下相差不超过5%，完全可以满足一般的工程实际需要。

例如，计算能量为2 MeV的γ射线在5 cm厚铅层中的累积因子，如果采用查表法，先查表得2 MeV的γ射线在铅中的线减弱系数$\mu=0.516\ \mathrm{cm}^{-1}$，计算得到5 cm厚铅对应的平均自由程的数目，即$\mu d=2.58$，查表得2 MeV的γ射线在$\mu d=2$和$\mu d=4$时的照射量累积因子分别为1.76和2.41，再采用插值法，得到2 MeV的γ射线在$\mu d=2.58$时的照射量累积因子约为1.95。直接利用泰勒公式计算所得累积因子约为1.98，利用伯杰公式计算所得累积因子约为1.99。可见，采用不同方法计算所得累积因子的差别很小，完全在工程允许的误差范围之内。

需要注意的是，许多文献手册以及采用泰勒公式、伯杰公式计算所得的累积因子，均是在无限大均介质条件下获得的。而在实际条件下介质厚度往往是有限的，图7-8给出了介质为（a）无限大、（b）半限大和（c）有限大三种条件下的示意图，其中S表示源，*P*表示受照点，*A*、*B*、*C*分别代表不同区域。在介质尺寸无限大条件下，*A*区、*B*区和*C*区介质的散射或反散射对*P*点的照射均有贡献，而在介质半无限大条件下，仅*B*区和*C*区的散射对*P*点的照射有贡献，而在介质有限尺寸条件下，仅*B*区的散射对*P*点的照射有贡献。从定性角度出发，在（a）、（b）、（c）三种条件下，累积因子的大小关系为$B_a > B_b > B_c$，所以采用（a）条件下的累积因子代替（c）条件下的累积因子将是偏安全的，在工程实际中也是允许和推荐的。

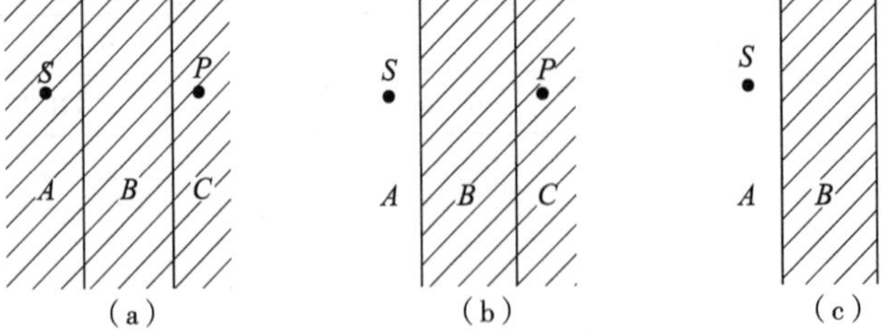

图7-8　介质尺寸对累积因子的影响

7.6.3　γ源的屏蔽计算

屏蔽防护是对强辐射源或辐射场最主要的一种外照射防护方法，屏蔽计算则是根据辐射源或辐射场的辐射水平以及增加屏蔽防护后最终需要达到的辐射水平，选择合适的屏蔽材料，确定能够达到防护要求的屏蔽材料的厚度、排列方式等，工程上还应考虑安装工艺、漏束和反散射等的防护，以下仅介绍单一屏蔽材料的屏蔽计算方法。

点状γ源的屏蔽计算是复杂形状γ源屏蔽计算的基础，常用的方法有公式法、查表查图法两大类，具体可以根据实际需要进行选择。

7.6.3.1　公式法

通常利用宽束γ射线在物质中的减弱公式（7-18）进行点状γ源的屏蔽计算，首先应根据防护要求确定有无屏蔽防护时 N_0/N 的值，对式（7-18）进行变换可得

$$e^{\mu d} = BN_0/N \tag{7-21}$$

由于屏蔽厚度 d 未知，累积因子也无法通过查表获知，也无法利用泰勒公式、伯杰公式进行计算，由于方程左右两侧均含指数项且不能合并，无法利用解析表达式求得屏蔽厚度，一般可采用作图法或尝试法求解，或者直接采用通用的数值计算软件如 matlab 等直接求解。一般情况下，如果 N_0/N 不是恰好图表中的给出的数据，采用公式法计算所得结果比以下的查表查图法要准确一些，而且相对于以下的查表查图法，所需的条件最少，因而应用也比较广泛。

7.6.3.2　查表查图法

为方便平时使用，许多研究机构将一些特定条件下的屏蔽防护计算结果制作成表格或图形的形式，计算屏蔽材料厚度时可根据需要和已知参数条件，查找相应的表格或图形，即可获得屏蔽材料厚度或经过简单插值后获得最终的屏蔽材料厚度。

通常可用的表格和图形：各向同性点源在常用屏蔽材料中的减弱倍数与厚度的关系、剂量衰减因子与屏蔽材料厚度的关系、不同能量的γ射线在常用屏蔽材料中减弱一半所需的厚度等，屏蔽计算时可根据需要和手头可供参考的资料进行选择。

例如，若用铅罐存放 ^{60}Co 源，要求加铅罐后辐射水平比降低为原来的1/1 000，求铅罐的厚度。

如果按照窄束考虑，由窄束γ射线在物质中的减弱公式 $N = N_0e^{-\mu d}$ 可得 $d = \ln(N_0/N)/\mu$，^{60}Co 源发射的γ射线平均能量按1.25 MeV计算，查表知 $\mu = 0.666\,9\ \mathrm{cm}^{-1}$，计算可得屏蔽厚度约为10.36 cm。

如果按宽束考虑，采用泰勒公式计算累积因子，由式（7-21）得

$$e^{\mu d} = 1\,000(Ae^{-a_1\mu d} + (1 - A)e^{-a_2\mu d}) \tag{7-22}$$

查表得到有关系数代入后采用作图法，可得屏蔽厚度约12.4 cm。反过来可用式（7-19）计算其累积因子得3.77，代入可得屏蔽厚度12.34 cm，说明计算基本无误。

如果查询各向同性点源在屏蔽材料中减弱倍数与厚度的关系曲线，可得屏蔽厚度约12.7 cm，与公式法吻合度很高。

如果查询屏蔽材料半减弱厚度的参数得 ^{60}Co 发射的γ射线在铅中的半减弱厚度约为

1.06 cm，则减弱为原来的1/2 000所需的铅材料厚度约为11.68 cm，与公式法的计算结果相差5%左右，也在工程应用允许的误差范围之内。而按窄束考虑时，计算结果与公式法的计算结果相差16%以上，误差显然过大。

此例是计算屏蔽效果的相对值，相对而言比较简单，有时需要计算屏蔽后辐射水平绝对值，基本思路大致相同，但此时计算稍微要复杂一些。

例如，假设100 Ci的^{60}Co源贮存于水井中，要求水井注满水时水面处的空气吸收剂量率不超过20 μGy/h，则水井的最小深度是多少？

首先将^{60}Co源视为点源，假设水井最小深度为d，则无水时距离源d处的空气吸收剂量率约为

$$\dot{D}_a = A\dot{\Gamma}_k/d^2$$

取2倍的安全系数，则无水时的吸收剂量率$\dot{D}_a$与目标限值$\dot{D}_L$的比值为$k = 2\dot{D}_a/\dot{D}_L$

利用泰勒公式求得^{60}Co发射的γ射线在厚度为d的水层中的累积因子为

$$B = (Ae^{-a_1\mu d} + (1 - A)e^{-a_2\mu d})$$

按宽束考虑，由式（7-21）得

$$e^{\mu d} = B \cdot 2\dot{D}_a/\dot{D}_L$$

查表得到相应的参数：^{60}Co的比释动能率常数$\dot{\Gamma}_k = 8.67\times10^{-17}$ Gy · m^2 · Bq^{-1} · s^{-1}，^{60}Co发射的射线在水中的线减弱系数$\mu = 0.063\ 2$ cm^{-1}，经查表并线性插值得到泰勒公式的系数分别为$A = 17.854$，$\alpha_1 = 0.081\ 077\ 5$，$\alpha_2 = 0.014\ 085$，利用作图法得深度$d \approx$ 215.68 cm。应当注意的是，此深度为注水的最小深度，而非水井的最小深度，工程实际中还应考虑水会缓慢蒸发，水位将缓慢降低，而向水井中注水是断续的而非连续操作，因此，水井注水深度应有一定安全裕量，并定期查看水位，接近最低水位时应及时补水。

7.6.4 复杂条件下的屏蔽计算

实际应用中，真正的点状源几乎是不存在的，但如果源的尺度远小于屏蔽层厚度，则可以将其近似看作点状源，由此引起的误差一般也在工程应用允许的误差范围之内。

对于非点状源或者周围环境条件非常复杂时，要按照点状源类似的公式法或查图查表法则要复杂得多，大多数情况下都需要用到特殊函数，有时甚至根本无法实现，只能对源或周围环境条件进行大量简化或近似。20世纪90年代以来，计算机软硬件水平飞速发展，原来需要在小型机、中型机甚至大型机专用平台上运行很长时间才能解决的问题，现在可能在一台普通PC机上就能很快解决，而且原先需要专门的操作系统和支撑平台的专用计算软件，现在则出现了能直接在PC机上运行的版本，如通用粒子输运软件、专用屏蔽设计和剂量计算软件等。因此，对辐射源比较复杂的情形，常规的理论计算方法由于难以胜任，通常在进行大量简化假设后用于定性分析判断或半定量计算，而定量计算则多采用计算软件进行。

计算软件根据使用方法的不同，可分为确定论方法和概率论方法两大类。

确定论方法是将射线在物质中的减弱规律与三维空间积分结合起来的一种方法，应用

比较广泛的有点核积分法、离散坐标法等，计算效率高，非常适合于辐射源及周围设备、介质形状比较规则、分布比较简单的情形，也适用于介质较厚的深穿透问题。但当情况比较复杂时，数学方程可能很多也很复杂，导致其效率下降，有时甚至因为条件过于复杂而无法计算。采用点核积分法的程序主要有 QAD-CG、GSCM 和 PKI 等，采用离散坐标法的程序主要有 ANISN、DOT、DORT、TORT 等。

概率论方法又常称为蒙特卡罗（Monte Carlo，MC，蒙卡）方法，也称作随机抽样或统计试验方法，其基本思想是将待求解问题转化为某个随机事件的概率或数学期望，采用随机抽样的方法，得到该事件发生的次数或频率，进行适当的转换后作为待求解问题的近似解。采用蒙卡方法解决辐射剂量和屏蔽计算问题具有以下优点：

（1）蒙卡方法能够比较逼真地描述射线或粒子在物质中的输运过程，可以部分代替物理实验。

（2）蒙卡方法受几何条件约束较弱，而解析或一般数值计算方法在复杂几何条件下有较大困难，工作量也很大，有时甚至无法实现。

（3）蒙卡方法的收敛速度与所求问题的维数无关，而解析或一般数值计算方法对计算资源的消耗可能随着维数的幂次方增加，在维数较高时可能无法承受。

（4）根据概率论中心极限定理，蒙卡方法的误差比较容易确定，而对一般数值计算方法而言，真值的获取或估计比较困难，因而误差也不易确定。

但是，蒙卡方法也有其固有缺点：

（1）蒙卡方法的收敛速度较慢，即使待求解问题是低维数时也是如此。

（2）蒙卡方法所得误差具有概率性，即误差是在一定置信水平下的估计，与一般意义上的误差有较大差别。

（3）蒙卡方法在计算大尺度系统时存在深穿透问题，其计算结果往往比真值偏低。

对一个具体的问题，蒙卡方法与解析或一般数值计算方法应有机结合起来使用，取长补短，才能发挥各自优势，以便能够更快捷、高效地完成问题的求解。

用于外照射剂量计算或屏蔽计算的通用和专用蒙特卡罗软件有很多，国内外使用比较广泛的主要有 MCNP、GEANT4、ESG4、FLUKA 等，近年来中科院研发了具有完全自主知识产权的大型程序 SUPERMC，其功能十分强大，除具备 MCNP 等程序的基本计算功能外，可视化建模和可视化输出是其突出的亮点之一，更重要的是，该程序已获得国际许多权威机构的认可。

采用基于蒙卡方法计算程序解决剂量计算或屏蔽计算的基本思路和步骤是：

（1）分析待求解问题的空间几何特性，适当简化，建立包含物质材料种类、密度等物理特征及空间几何特征的模型。

（2）分析辐射源本身的空间分布及其所发射辐射或粒子的种类、能量、发射方向等特征，建立辐射源模型。

（3）选择合适的核素、反应截面库等数据信息。

（4）基于程序计算结果，依据辐射防护基本概念和公式转换得到待求解问题的解。

7.7 中子外照射防护

由于中子不带电，基本不与核外电子发生作用，主要与原子核发生弹性或非弹性散射、或者发生核反应而产生次级粒子或辐射，如 α 粒子、质子、γ 射线等，发生各种相互作用的截面与原子核的种类及中子能量密切相关。对大多数原子核而言，随着中子能量的增加，发生核反应或核活化等相互作用的截面大小总体上是下降的，当能量较高时，中子与原子核发生弹性或非弹性散射等相互作用的截面比发生核反应或活化反应等导致中子消失的相互作用的截面要大。从屏蔽防护的角度考虑，当然希望中子被屏蔽材料吸收得越多越好，因此，为提高屏蔽效果，从作用机理角度分析，对中子的屏蔽防护可分为减速慢化和吸收两步：(1) 使中子尽可能与原子核发生弹性或非弹性碰撞后能量降下来；(2) 采用对低能中子有较强吸收作用的屏蔽材料吸收中子。因此，中子外照射屏蔽材料至少应该由两层构成：内层材料的弹性或非弹性散射截面较大，主要起减速慢化作用；外层材料的吸收截面较大，主要起吸收中子的作用。同时应该注意的是，中子减速被材料吸收后可能会释放一定能量的 γ 射线，因此最外层还应布置一层能够减弱 γ 射线的高原子序数材料。但从工程实际的角度出发，为提高综合屏蔽效能、减少屏蔽体的厚度和体积，通常是将多种屏蔽材料采用特殊工艺按一定比例均匀混合后制备成一种屏蔽材料。

以下简要介绍一下以实验为基础的分出截面法和张弛长度法，可用于一般小型同位素中子源的外照射防护计算。

同位素中子源一般可近似为点状源，发射的中子能量一般较高，属快中子的能量范围，其屏蔽可采用分出截面法和张弛长度法进行方便计算，基本能够满足工程需要的精度，但对精度要求比较高的场合或者中子源能谱、空间分布比较复杂的场合如反应堆等，则需要专门方法和程序软件进行。

7.7.1 分出截面法

与 γ 光子、中子同物质发生作用的截面类似，分出截面也是表征中子与物质发生相互作用的概率，但分出截面仅针对快中子而言，用于描述一定能量的快中与物质发生一次或多次相互作用后其能量降低至某一能量限值以下（相当于从原来的能群中分离出来）的概率。分出截面有微观分出截面和宏观分出截面两种，微观截面的国际制单位是面积单位 m^2，常用单位也是靶恩（barn），$1\ b = 10^{-24}\ cm^2$，宏观截面是微观截面与单位体积内原子数目的乘积，表示经过单位厚度的材料后快中子从原来的能群中减少的份额，其国际制单位是长度单位 m^{-1}，常用单位为 cm^{-1}。

分出截面可通过实验或理论计算的方法获得，具体的实验方法或理论计算方法可参考相应的文献。但应注意的是，使用通过实验获取的分出截面数据时，应确保使用条件与实验条件基本相近，否则可能导致引入的误差太大。

对天然组成的氢元素，微观总截面的近似计算公式为

$$\sigma_{H} = \frac{10.97}{E_n + 1.66}$$

式中：E_n 为入射中子的能量，单位为 MeV，σ_H 的单位为 b。

微观分出截面约为微观总截面的 90%，即 $\sigma_{RH} = 0.9\sigma_H$。

当原子量大于 12 时，裂变中子在材料中的微观分出截面可用经验公式表示

$$\sigma_R = 0.011M_A^{2/3} + 0.56M_A^{1/3} - 0.35$$

式中：M_A 为材料的原子量，σ_R 的单位为 b。

宏观分出截面与微观分出截面的关系为

$$\Sigma_R = \frac{\rho}{M_A}N_A\sigma_R$$

式中：ρ、M_A 和 N_A 分别为材料的密度、原子量及阿伏加德罗常数。

如果材料中含有多种元素，总的宏观截面等于组成各元素的宏观截面之和，即

$$\Sigma_R = \rho N_A \sum_{i=1} \frac{\eta_i \sigma_{Ri}}{M_{Ai}}$$

式中：η_i 和 σ_{Ri}分别为材料中第 i 种元素所占质量百分比及其微观分出截面。

当含氢屏蔽体材料中的各种成分可近似认为均匀混合时，发射率为 S 的各向同性点源快中子在屏蔽厚度为 d 的屏蔽体中的减弱可用公式表达：

$$\varphi(d) = \frac{S}{4\pi d^2}e^{-\Sigma_R d} \tag{7-23}$$

应该注意的是，为满足误差要求，使用式（7-23）时要求屏蔽材料中的中子谱达到平衡，即应保证源与探测器之间的屏蔽体厚度 d 不应小于某一最小厚度 $R_{\min}$，此厚度与中子源的能谱、规定的快中子能群能量下限及屏蔽材料等因素有关，一般为几个自由程的大小。

对于不含氢的屏蔽材料，也有类似于式（7-23）的公式，但要考虑快中子群中由于向前散射而产生的累积效应，相应的累积因子可参考相关文献，无法获取时可取保守值 5。

分出截面法仅考虑能量在阈能以上的中子被分出的情况，并未考虑发生相互作用后能量低于阈值的中子的情况，因此，通过简单的分出截面法计算所得屏蔽厚度显然是不够安全的。

如果屏蔽层较厚（20 cm 以上），而且含有足够的氢，则低于阈值的中子将与屏蔽层中的氢发生多次弹性散射，大部分中子能够降低到可被吸收的热群范围。当考虑屏蔽层外侧的情形时，能量高于热群的大部分中子等于被屏蔽层吸收了，只有在穿出屏蔽层前尚未减速到热能的那部分能量稍高的中子，才可能穿透屏蔽层。由于快中子对剂量的贡献比慢中子要大几十倍，因此穿透屏蔽层的这部分中子对剂量的贡献并不是主要的，一般不会大于两倍安全系数量级。在这种情况下，对于常见的同位素中子源，用分出截面法计算所得的屏蔽层厚度，基本上是安全的。

7.7.2 张弛长度法

所谓的张弛长度指的是一定能量的中子在某种材料中数量衰减为原来的 1/e 所穿过的材料的厚度，常用 λ 表示，类似于 γ 射线在物质中的平均自由程。显然，张弛长度与中子能量、材料种类及密度等相关。如果屏蔽层组成比较均匀，当屏蔽层厚度在某一定范围

内时，其张弛长度近似于常数，则中子在此厚度范围内的减弱服从简单的指数衰减规律，而中子在整个屏蔽层中的减弱可近似采用分段的指数减弱规律描述：

$$\varphi(r_j)=\frac{S(E_0)B}{4\pi r_j^2}\mathrm{e}^{-\sum_{i=1}^{j}\frac{r_i-r_{i-1}}{\lambda_i}}$$

式中：S 为中子发射率，B 为快中子的初始累积因子，r_i 为第 i 个分段屏蔽层外侧与源之间的距离，r_0 为第 1 个分段屏蔽层内侧与源之间的距离，λ_i 为中子在第 i 个分段屏蔽层中的张弛长度。

如果张弛长度在屏蔽层整个厚度 t 范围内近似为常数，则中子在屏蔽层中的减弱服从简单的指数衰减关系：

$$\varphi(r)=\frac{S(E_0)B}{4\pi r^2}\mathrm{e}^{-t/\lambda}$$

初始积累因子用于考虑散射中子积累的影响，当屏蔽层厚度较低时，例如 3 个张弛长度范围之内，中子减弱曲线将偏离指数形式。当屏蔽层厚度增大至 3 个张弛长度以上时，由于张弛长度测量时本身已经考虑了阈能以上的散射中子的贡献，因而不必再考虑散射中子的影响。但当屏蔽材料中不含氢或者含氢量很少，即使屏蔽层较厚，也应该考虑初始积累。采用张弛长度法计算的中子注量率，一般均已将未散射中子和散射中子包括在内，不同能量中子在常见材料中的张弛长度以及初始累积因子可以查阅相关的文献。

思考题

1. 外照射防护的基本方法有哪些？
2. 外照射防护中，时间防护方法的具体措施有哪些？至少举出三种。
3. 外照射防护中，距离防护方法的具体措施有些？至少举出三种。
4. 选择屏蔽材料时有哪些基本的原则依据？
5. 屏蔽高能 β 射线应该采取什么方法和材料？
6. 屏蔽 γ 射线时，舰船反应堆一般选择什么材料？为什么？
7. 屏蔽中子时，选择什么材料比较好？
8. 求离活度为 1 μCi 的 ^{137}Cs 点源 10 cm 处的空气吸收剂量率。^{137}Cs 源 γ 射线能量为 0.662 MeV，该能量在空气中的质量能量吸收系数为 0.029 5 cm^2/g。
9. 某管道内径为 40 mm，长 30 m，内有比活度为 10^4 Bq/L 的 ^{60}Co 放射性废液，求距离管道中心 1 m 处的吸收剂量率。
10. 实验室圆面源活度为 10 μCi 的 ^{137}Cs 源，活性区直径为 20 mm，求离中心 40 cm 处的吸收剂量率。
11. 已知活度为 3.7×10^{12} Bq 的镭源在某点的照射量率为 2.41×10^{-7} C/kg · s，求此点离镭源的距离？若辐照样品在 2 h 内的控制剂量为 10.55 Gy，求辐照样品离源的距离？
12. 已知 ^{137}Cs 点源的活度为 250 Ci，求工作人员在离源 7 m 处停留 15 s 所受的当量剂量？
13. 内径 3 cm 长 200 cm 的圆柱形管道内装有放射性废水，比活度为 3.7×10^{10} Bq/L，放出 1 MeV 单能 γ 射线，求工作人员离管道中点 400 cm 处停留 3 min 所受的吸收剂量是多少？

14. 已知镭–铍中子源活度为 500 Ci，求离源 2.8 m 处的剂量当量率？（镭–铍中子源的中子产额为 1.5×10^{7} n/s · Ci）。

15. 已知镅–铍中子源活度为 3.7×10^{11} Bq，求离源 2.5 m 处的剂量当量率是多少？按职业工作人员典型工作时间计算，若要将一年的当量剂量控制在 10 mSv 以内，最多能在此累计停留多长时间？（镅–铍中子源的中子产额为 3.2×10^{6} n/s · Ci）

16. 用 1 000 Ci 的钋–铍中子源照射种子，要求种子接受的吸收剂量率为 150 mGy/h。求种子离源的距离？若用中子发射率为 2.43×10^{12} n/s 的 ^{252}Cf 源照射，种子离源应该多远？

17. 某 γ 点源发射 2 MeV 的射线，要求某点的吸收剂量率降低 200 倍，若用铅屏蔽，求铅的大致厚度？

18. 设计一个屏蔽 ^{60}Co 点 γ 源的铅制屏蔽运输容器，源活度为 200 Ci，要求离源 1 m 处的剂量当量率不超过 10 μGy/h，假设容器为理想的球形，内径 10 cm，请估算容器的重量。

19. 中子发射率为 10^{7} n/s 的钋–铍中子源，贮存于水井中，若要求水面 0.1 m 处的剂量当量率不超过 20 μSv/h，则水的深度至少多少米？

20. 中子发射率为 2×10^{7} n/s 的镅–铍中子源，装在壁厚 40 cm 的聚乙烯屏蔽容器内，求容器表面的中子剂量当量率？

第8章 内照射防护与监测

内照射是指放射性物质进入人体内部对人体产生的照射。放射性物质进入人体后，将直接、持续地对人体组织器官产生照射，其危害相对外照射而言更严重，且无法通过外照射防护经常使用的控制时间、增大距离和增加屏蔽等方法加以防护。另一方面，由于放射性物质进入人体内部后会参与人体生理循环而遍布全身，分布又极不均匀，通过自然衰变和人体新陈代谢等方式而排出，在人体内部滞留期间，放射性物质在人体内的活度及其分布不断发生变化，因而内照射剂量的估算和监测比外照射要复杂得多，在实际工作中经常采取限制工作场所放射性物质活度浓度的方法。

8.1 内照射的危害与防护

8.1.1 内照射的危害特点与影响因素

与外照射最大的不同是，人体在放射性环境下摄入放射性物质后，即使脱离放射性场所，摄入的放射性物质仍将对人体产生直接、持续的照射，直到完全衰变或排出体外，除了设法将其排出体外之外，目前尚无任何可行的防护措施。

除自然衰变外，放射性物质进入人体后参与人体生理循环，因此影响内照射危害大小与许多因素有关，主要有以下几种：

（1）进入人体的放射性核素的活度。

（2）进入人体的放射性核素的辐射类型、辐射能量及半衰期。

由于放射性物质在人体内部，对人体损伤的大小主要取决于其直接电离能力，对常见的几种射线而言，α 射线对人体的内照射损伤最大，β 射线次之，γ 射线对人体的内照射损伤最小，中子发射体进入人体的概率一般忽略不计。

（3）进入人体的放射性核素的理化状态、毒性大小。

放射性核素的理化状态直接影响其参与人体生理循环的方式和时间，如果放射性核素为易溶解的形态，能够参与血液循环，对人体各器官均会产生照射，危害相对较大；如果放射性核素难以溶解或形成络合物等形态，参与人体生理循环的数量将大大减小，其危害较小。

另一方面，有些放射性核素不但产生照射影响人体，而且本身还有生理毒性，甚至毒性的危害远大于放射性。

(4) 进入人体的放射性核素在人体积聚的组织器官和滞留时间。

各种元素在人体组织器官中的分布规律差异很大，如碱金属和氚几乎均匀分布于全身，碘元素主要集中积聚在甲状腺，钙、锶、钚、镭等易在骨骼中积聚，钍、钋等积聚在内脏器官，放射性核素积聚的器官受到的照射将远大于其他器官。各种元素在人体内的滞留时间也有很大差别，如锶、钚、镭、钍等的滞留时间很长，而碱金属的滞留时间相对较短，$^{14}CO_2$ 吸入肺后很快排出，放射性惰性气体虽可入肺，但不与人体任何成分形成化合物，在人体内的滞留时间也非常短。

8.1.2 放射性物质进入人体的途径

放射性物质对人体形成内照射的首要条件是进入人体内部，放射性物质进入人体主要有三种途径：呼吸进入、口腔进入、皮肤进入。从危害本身看，皮肤进入途径的内照射危害最大，从实践角度看，呼吸进入产生的内照射危害是最主要的。

1. 呼吸进入

简称吸入，指放射性物质，包括放射性气体、气溶胶、蒸汽或微小液体、固体粉尘微粒等经过呼吸道被人体吸入。被吸入人体后，放射性气体一般依据其理化性质的不同，进入人体循环系统的数量有很大差别，有些立即被排出，有些则能进入肺部并全部进入血液；粒径较大的气溶胶可能上呼吸道截留，只有粒径较小的气溶胶粒子才能进入肺泡而转入血液。

2. 口腔食入

简称食入，指放射性物质通过口腔进入人体。放射性物质通过食入途径进入人体，很少是因为食用或饮用受到放射性物质污染的食物或水，更多时候是因为手或手套接触放射性物质后无意触摸嘴角或嘴唇，导致放射性物质进入口腔而被食入。

3. 皮肤进入

简称皮入，指放射性物质通过皮肤创伤处直接进入或渗透皮肤进入人体血液。当皮肤破裂、被刺伤或擦伤时，放射性物质可能进入皮下组织，然后被体液所吸收。完好的皮肤是一道能够有效阻止大部分放射性核素进入体内的屏障，但是氚水、碘蒸汽、碘溶液或碘化物溶液可透过完好的皮肤而被吸收。

8.1.3 内照射防护的原则和方法

根据以上对内照射的产生条件和危害影响因素的分析，内照射防护的基本原则是采取各种措施，切断放射性物质进入人体的各种途径，降低放射性物质的活度浓度，减少放射性物质的摄入量，缩短放射性物质在人体内的滞留时间。

内照射防护的基本方法，概括起来说就是包容隔离、净化稀释、加速排出等。

包容隔离指将放射性物质限制在有限的空间或范围内，或者将人体与放射源分隔开来，以切断放射性物质进入人体的途径。例如，为防止放射性物质进入空气而被人体吸入，蒸发放射性液体或操作放射性粉尘时，必须在通风柜或手套箱内进行；为防止反应堆舱放射性气体或气溶胶外逸到邻近舱室，必须使反应堆舱气压低于邻近舱室气压；操作强放射性物质时，在密闭热室内用机械手操作；进入有放射性气溶胶的场所时，必须穿戴防护服、鞋、帽、口罩、手套、围裙、气衣等，将人与放射性物质隔离开，防止或减少吸入放射性气溶胶；在放射性工作场所严禁进食、进水或吸烟等，防止手或手套沾染的放射性物质从口腔进入人体。

净化稀释指采用吸附、过滤、沉淀、离子交换、蒸发、膜分离、贮存衰变、去污等方法，降低受放射性物质污染的浓度，或者将没有放射性的水或空气加入到被放射性物质污染的水或空气进行稀释，从而减少进入人体的放射性物质的活度。例如，通过吸附过滤方法将空气中的放射性粉尘、放射性气溶胶截留，从而使空气得到净化；通过蒸发、离子交换、膜分离等方法，对放射性活度浓度超标的废水进行处理达标后再排放，可以减少向环境释放的放射性物质的活度。

加速排出指通过服用药物使放射性物质从人体内部加快排出，减少在人体内的滞留时间。例如，服用络合剂，与放射性核素形成络合物可以达到促进排出的效果；事先服用含有与放射性核素相对应的稳定核素，占据放射性核素集中聚积的器官，使放射性核素难以进入目标器官，从而减少放射性核素的吸收量，减少放射性核素在体内的滞留时间；服用药物或控制膳食，使某些元素加速从体内排出。

8.1.4 内照射防护的主要措施

以下从辐射防护工作的实践角度，阐述防止放射性物质从吸入、食入、皮入三种途径进入人体和减少放射性物质在人体的滞留时间等方面的防护措施，与空气放射性污染的防护、表面放射性污染的防护以及加速放射性核素排出等相对应。

8.1.4.1 空气放射性污染的防护措施

空气放射性污染是指洁净空气混入了含有放射性气体、气溶胶、粉尘、蒸汽或微小液滴等，其主要来源包括：松散表面污染颗粒的再悬浮，放射性物质包容系统的完整性被破坏导致放射性物质进入空气，对放射性物项进行切割、焊接、打磨等作业产生放射性微小颗粒或粉尘等。从防护角度看，放射性粉尘、蒸汽或微小液滴等较易防护，但放射性气体和气溶胶的防护要困难得多。根据性质的不同，空气放射性污染通常分为放射性惰性气体、放射性气溶胶和放射性碘等三类。放射性惰性气体不与人体发生任何化学反应，即使吸入肺部也不会进入血液，而是通过呼吸很快排出体外，而且放射性惰性气体多为 $\beta-\gamma$ 级联衰变，很少有放出 α 射线的，因而其内照射危害相对小得多。放射性碘和放射性气溶胶是空气放射性污染防护的重点和难点问题。

空气放射性污染的防护措施可以分为集体防护措施和个人防护措施。

集体防护措施主要指切断受放射性污染的空气进入人体的途径或者降低工作场所的放射性活度浓度等，如核动力舰船反应堆舱负压、搭建临时密封帐篷并使其气压低于邻近区域等，或者采用通风换气、过滤、净化等措施。当然，采取集体防护措施后并不意味不必采取个人防护措施，需要视现场具体情况确定。

空气放射性污染的个人防护措施主要是佩戴个人呼吸防护用具，防止或减少放射性物质的吸入。个人呼吸防护面具根据防护效果和使用场合可以分为过滤式和隔绝式两类。开放式个人呼吸防护用具主要包括普通的口罩、过滤式防护口罩或面具等，可对吸入的空气进行一定程度的过滤，截留放射性物质或有毒有害物质。过滤式呼吸防护用具不需要提供气源，成本低，使用方便，但防护效果一般，仅可用于低水平污染场合。隔绝式个人呼吸防护用具主要有气面罩、气衣、呼吸器等，需要由外界通过软管提供清洁空气或氧气或作业人员携带压缩气瓶，隔绝式个人呼吸防护用具受工作场所污染物质种类、形态、浓度等的限制较少，同时适用于缺氧、有毒有害气体环境，使用人员感觉比过滤式防护用具舒适，呼吸时无阻力感，污染空气自外部漏入的可能性很小，防护效果好，但价格昂贵、使用维护稍复杂，由压缩气瓶式提供气源的用具还存在使用时限的问题。

8.1.4.2　*表面放射性污染的防护措施*

表面放射性污染主要指设备、墙壁、地面、人体表面沾染放射性物质，主要来源有：空气中的放射性微尘或微小液滴沉降，放射性物质包容系统边界被破坏导致放射性物质泄漏，对放射性物项进行切割、焊接、打磨等作业产生的放射性微小颗粒或粉尘沉降等。

根据放射性物质与被污染对象之间结合紧密程度可分为固定污染和松散污染两类。固定污染指放射性物质通过渗透、扩散等方式与被污染对象表面结合比较紧密，采用擦拭、清洗等方法不能有效去除的污染。如果这类污染位于设备、地面、墙壁等物体上，对人体的影响主要是外照射。松散污染指放射性物质与被污染对象之间结合不紧密，采用擦拭、清洗等方法即可有效去除的污染，这类污染很容易沾染到人体表面，是防护的重点之一。

表面放射性污染的防护措施也可分为集体防护措施和个人防护措施两类。

集体防护措施体现在设计加工和运行管理两个阶段。设计加工阶段的措施主要指采用易于去污的设计方案和工艺流程，选用表面吸附力弱、易于去污的材料等，例如，在可能产生表面放射性污染的场所，地面、墙壁及设备表面等应尽量光滑平整，表面采用吸附力弱、易于去污的材料或涂刷易于去污的油漆等，同时设计放射性物质收集装置和拦截装置，防止放射性物质外逸。运行管理阶段的措施主要指通过建立污染隔离区防止放射性污染扩散、避免交叉污染，收集和隔离因泄漏或检修产生的放射性物质等措施，例如，在可能发生或者已经发生表面放射性污染的区域周围建立隔离区，在隔离区出入口设置洗消通道和监测通道，设立专门容器收集从污染区域带出的设备、材料及人员使用过的防护用品，防止放射性物质向外扩散，并根据污染程度高低对污染区域内部划分不同级别的污染区，严格控制人员、设备、材料等从高污染级别区域向低污染级别区域转移，防止交叉污染；检修放射性设备时，应事先铺设塑料布、吸水棉或吸水纸等，以收集和隔离因泄漏或检修产生的放射性物质等措施。另外，应加强个人防护意识，如不在放射性工作场所进食、饮水、吸烟等，进行放射性作业时应戴手套、口罩和防沾染服，从放射性工作场所出来后应及时、认真进行个人洗消等。

8.1.4.3　*减少吸收和加速排出的措施*

正常情况下，放射性核素排出体外的主要通道是胃肠道（粪便）、泌尿系统（尿）、呼吸道，也可通过汗腺、唾液腺等排出一部分，不同核素的排出途径和速率与其种类、形态、入体途径和代谢特点密切相关。

胃肠道是各种核素的主要排出途径，凡经口入体的放射性核素主要由胃肠道以粪便形式排出体外，分布积聚在肝脏的核素，经胆汁排入胃肠道后，再以粪便形式排出体外，各种核素代谢过程中未被吸收部分也以粪便形式排出。

肾脏是被机体吸收的放射性核素的主要排出途径，也是入血核素的主要排出途径，以尿液的形式排出体外。

就排出核素数量而言，粪便要比尿液高得多，总体说来，粪便与尿液的放射性核素排出比例为9∶1，但与入体途径、核素种类、入体时间长短及个体代谢特点而有很大差异。

气体和挥发性核素主要经呼吸道排出体外，且排出率高，排出速度快。

为了减少放射性核素被人体吸收，必要时应采取措施加速排出放射性核素。从放射性核素的入体过程出发，可将加速排出放射性核素分为两个阶段：对尚未进入人体生理循环系统的放射性核素，加速排出的主要目的是减少人体对放射性核素的吸收；对已经进入人体生理循环系统的放射性核素，采取加速排出的措施。

这些措施的效果主要取决于开始采取措施的时机，一般来说越早越好。如果放射性核素多数尚停留在最初污染部位，则减少吸收的措施将起很大作用；如果核素相当部分刚刚抵达源器官，则以药物加速排出治疗效果颇佳，倘若核素污染时间已久，核素已沉积于源器官中，则加速排出药物效果甚微。

1. 减少吸收的措施

对不同的入体途径，放射性核素的沉积部位也不同，吸入途径的最初沉积部位一般是呼吸道和肺，食入途径的最初沉积部位一般指胃肠道，皮入途径的最初沉积部位一般是被污染的体表位置，需要根据沉积部位器官的特点采用相应的措施。

对吸入途径而言，放射性核素往往大量首先沉积于鼻咽腔，尽早用棉签抹拭鼻孔内的污染物，剪短鼻毛，向鼻咽腔内喷洒血管收缩剂，并用生理盐水反复清洗鼻咽腔，必要时可以辅以祛痰剂。

对食入途径而言，如果放射性核素尚在口腔，可用生理盐水或自来水含漱，再辅以牙刷清洁；如果放射性核素已进入胃部，可采取手指等引吐，或者用药物催吐，必要时用温水或生理盐水洗胃，同时可以服用沉淀剂或缓泻剂，但不可使用促进放射性核素溶解和吸收的酸性溶液。

对皮入途径而言，应及时用肥皂水清洗沾染处，如果发生皮肤创伤，应使用生理盐水冲洗伤口，必要时采取扩创，促进伤口出血，阻止静脉回流。

2. 加速排出的措施

当错过采取减少吸收措施的最佳时机，放射性核素入体时间较长、已进入人体生理循环系统时，应根据摄入放射性核素的种类和形态，针对性地采取加速排出的措施。加速排出的措施主要有服用络合剂、服用稳定核素竞争置换、影响人体新陈代谢等。

络合剂与放射性核素结合生成不溶的络合物，在减缓放射性核素在人体内循环的同时加速排出体外，早期EDTA使用较多，后来被DTPA取代，成为广谱的促排药物，氨羧型螯合剂对镧系元素（^{140}La、^{144}Ce、^{147}Pm等）、锕系元素（^{239}Pu、^{241}Am、^{252}Cf、^{242}Cm、^{232}Th）、^{90}Y、^{60}Co、^{59}Fe等都有较好促排效果。络合剂的选择和使用应根据入体放射性核素的特点进行针对性地确定，不能一概而论。

服用稳定核素竞争置换是指利用稳定元素占据入体放射性核素可能占据的位置，从而加速放射性核素排出体外，如事先服用一定量的稳定碘占据甲状腺，放射性的^{131}I就不能进入甲状腺了，服用稳定性铯盐可加速^{137}Cs排出。

影响人体代谢是指服用药物、激素或者控制膳食，加速某些元素的代谢。如服用脱钙药物，可加速锶、钡、镭等亲骨性放射性核素从人体排出。

8.1.5 核动力舰船内照射特点与防护

相比陆地核电厂、研究堆、核技术应用等场所相比，核动力舰船的内照射情况更为复杂，很多问题如非放射性的有害气体、空间限制、缺乏阳光和新鲜食物等在陆地上是不存在的，因而防护的难度更大一些。核动力舰船工作人员的工作和休息均在反应堆附近，主要环境特点有：(1) 舱室空间狭窄，工作、生活、休息条件比陆地核电厂工作人员差得多。(2) 内部大气环境是人工制造的，且无法通风，虽配备有害气体消除装置，但长期在水下航行，有害气体以及放射性气体和气溶胶还是会逐渐累积，对工作人员产生双重伤害。(3) 机器设备振动、噪声，缺乏阳光和新鲜食物，都会对工作人员的生理和心理产生不利影响。(4) 长时间在密闭空间工作，会对工作人员的心理情绪产生重大影响，进而影响生理健康，因而核动力舰船的内照射防护就显得比陆地上更为重要。以下仅简要介绍一下气载放射性的来源及防护，人造大气及有害气体等相关内容在此不作介绍。

核动力舰船气载放射性包括放射性气体和气溶胶，放射性气体主要来源于核材料裂变产生的惰性气体，主要是氪、氙等，还包括气态碘，放射性气溶胶主要来源于冷却剂腐蚀活化产物通过跑冒滴漏方式逸出并在空气中形成气溶胶，再通过缝隙或不严密处扩散到邻近舱室，对工作人员形成内照射污染。

从防护方式看，核动力舰船的内照射防护有集体防护和个人防护两大类。

集体防护是指对设备或系统采取一定措施，防止或减少放射性气体和气溶胶进入工作人员工作区域，截断放射性物质进入人体的途径或者降低摄入放射性物质的量。具体措施有以下几种：

1. 堆舱负压

堆舱内配备一套气体抽取和高压贮存系统，即堆舱负压系统，主要包括负压机、高压贮气罐及管道阀门和仪表等。负压机以一定流量从堆舱抽取气体充入高压贮气罐，直至堆舱气压低于邻近舱室一定值，然后停止工作，放射性气体和气溶胶则在高压贮气罐内自然衰变，这样就能够防止堆舱的放射性气体和气溶胶通过扩散方式向邻近舱室转移，高压贮气瓶贮存一定周期或达到一定压力后向舰船外部释放。

2. 净化

主要有气溶胶净化器和除碘滤器等，过滤或吸附堆舱内的放射性气溶胶和碘等，以降低堆舱内的气载放射性水平。

3. 舱室排风

发现舱室气载放射性水平偏高时，首先应多专业联合排查原因，消除泄漏或释放根源。为防止放射性物质在舱室内持续积累和升高，可短时间开启舱室向外部排风的系统，迅速降低舱室放射性水平。

4. 反应堆除气

由于堆芯的强辐照，冷却剂可能发生辐射分解，产生多种气体，尤其是氢气，影响舰船安全，因此，可以采取稳压器喷淋降低运行压力等方法使辐射产生的气体从液态冷却剂转移到稳压器气腔部分，然后再通过相应的管道阀门排出舱外，以降低可能进入堆舱的放射性。

核动力舰船内照射的个人防护措施与陆地核电厂基本是一样的，主要是戴手套口罩、穿防沾染服、戴呼吸面具等。

8.2 内照射剂量估算

外照射剂量在许多情形下可以直接计算，也可以直接测量，而且精确度也较高，但内照射剂量一般来说是很难进行准确测量的。为了评价内照射的影响，必须开展内照射剂量计算，但开展剂量计算的先决条件是获知放射性核素的种类、活度等信息和剂量照射模型。对内照射而言，人体放射性核素的活度通常是未知的，除了自然衰变外，还参与人体生理循环，在人体组织器官中的分布是不断变化的，因此内照射剂量计算非常复杂，除外照射涉及的剂量模型等问题外，还涉及人体不同组织器官系统循环的生物动力学模型问题。由于生物动力学模型和参数等具有较大的不确定度，且个体之间的差别可能很大，有些参数甚至是通过动物实验获取的，因而内照射剂量计算的不确定度很大，一般称作内照射剂量估算。

内照射剂量估算的基本思路是通过直接测量特定组织器官的放射性、间接测量人体排泄物的放射性水平或工作场所的放射性污染水平等，借助胃肠道和呼吸系统的人体生物动力学模型反演得到不同组织器官沉积的放射性核素的量，依据一定的剂量照射模型，估算内照射剂量，进而评价内照射危害。以下先介绍几个基本概念，然后介绍人体代谢模型，最后再介绍剂量估算方法，形成完整的内照射剂量估算过程。

8.2.1 内照射剂量估算涉及的基本概念

1. 摄入（intake）

摄入表示放射性核素进入人体的过程，主要摄入途径有吸入、食入和皮入，但并不包括放射性核素在人体内部的吸收和代谢。摄入量表示某一事件中或某一段时间内摄入放射性核素的活度。

2. 吸收量（uptake）

吸收量表示摄入人体且进入人体循环系统的放射性核素的量。

3. 含量（content）

某一生物学腔室中放射性素的量。与此相对应的有周身含量和全身含量两个术语。

周身含量（systemic content 或 systemic body content）指进入人体体液的放射性素的量，不包括呼吸道和胃肠道内放射性核素。全身含量（whole body content）则包括周身含量、呼吸道和胃肠道内放射性素的含量。

4. 年摄入量限值 ALI（annual limit of intake）

放射性核素的摄入量会直接影响人体的内照射剂量，职业工作人员摄入一定活度的某种核素后接受的内照射剂量达到职业照射的年有效剂量限值，那么这一活度称为该核素的年摄入量限值，单位为放射性活度的单位，贝可（Bq）。核素的种类不同，衰变发生的射线种类和能谱不同，在人体内的沉积和代谢规律不同，因而产生的生物效应也不同，所以每种核素的年摄入量限值也不同，而且可能相差数倍甚至几个数量级。ICRP 第 133 号出版物给出了职业工作人员的放射性核素的摄入量限值的具体数值。

5. 导出空气浓度 DAC（derived air concentration）

实际工作中有许多测量结果并不能直接用剂量率表示，因而不能直接与剂量限值相关联，不利于辐射防护管理。例如，空气中放射性气溶胶浓度与剂量率之间的关系很复杂，为减少测量结果的评价工作量，采用一定模式导出一个供监测结果比较的限值，称作导出限值。导出空气浓度就是用于管理和评价空气中放射性气溶胶浓度的一个导出限值，与年摄入量限值直接关联。每种放射性核素的导出空气浓度不同，其定义为某种放射性核素的年摄入量限值除以职业工作人员一年工作时间吸入的空气体积所得的商，可用式（8-1）表示，单位为 Bq/m^3。

$$\mathrm{DAC}=\mathrm{ALI}/V \tag{8-1}$$

式中：V 为工作人员一年内职业工作时间内吸入的空气体积，按照每年 50 周、每周 5 天、每天工作 8 h，共 2 000 h，每小时在现场工作时吸入的空气量 1 200 L 计算，共 $2.4\times10^3\ m^3$，其中，每小时吸入的空气量是按一般涉核岗位轻体力劳动条件计算的。如果工作时间和工作强度等条件有明显差别，可以根据实际情况对吸入的空气体积加以修正。

依据 ICRP 出版物给出的年摄入量限值和式（8-1），可以计算出放射性核素的导出空气浓度，作为现场辐射防护管理的参照依据。

6. 剂量系数（dose coefficient）

通过吸入或食入途径吸收 1 Bq 的某种核素对人体所产生的待积当量剂量或待积有效剂量，对成年人而言，照射时间均假定为 50 年。根据摄入途径的区别，剂量系数可分为吸入剂量系数和食入剂量系数。ICRP 第 60 号出版物给出了针对随机性效应的年摄入量限值 ALI，因此有效剂量的剂量系数等于年有效剂量限值除以 ALI 所得的商，不同类别人群的常见核素的剂量系数详见 ICRP 的第 67 号、69 号、71 号和 72 号出版物。

7. 有效半衰期

放射性核素入体后，因自然衰变和生理代谢而不断减少，由于自然衰变而减少的规律用放射性核素的半衰期表征，称为放射性半衰期或物理半衰期，记作 T_r，对应的衰变常数称作放射性衰变常数或物理衰变常数，记作 λ_r；由于生理代谢而减少的规律用生物半排期或生物半廓清期表征，记作 T_b，对应的常数称作生物排出常数或生物廓清常数，记作 λ_b。入体放射性核素由于自然衰变和生理代谢共同作用而减少的规律用有效半衰期表征，指入体放射性核素由于生物代谢和放射性衰变的共同作用减少一半所需的时间，一般用 T_e 表示，对应的常数称作有效排出常数，记作 λ_e。它们之间的关系为

$$\lambda_e=\lambda_r+\lambda_b$$

$$\frac{1}{T_e}=\frac{1}{T_r}+\frac{1}{T_b}\qquad T_e=\frac{T_r\cdot T_b}{T_r+T_b}$$

8. 活度中值空气动力学直径（AMAD）

活度中值空气动力学直径（AMAD）用于评价放射性气溶胶粒子在呼吸系统的沉积特性。由于放射性气溶胶粒子的密度和直径大小不一，其粒径大小成连续的谱分布，不能用

统一的参数表征，不便于描述放射性核素在呼吸系统各部分的沉积，为此首先定义空气动力学直径：当某个气溶胶粒子在空气中沉降时的滑流末速度与密度为 1 g/cm^3 的球在相同空气动力学条件下沉降时的滑流末速度相等时，则该球体的直径称作该气溶胶粒子的空气动力学直径。若某一放射性气溶胶样品中大于和小于某一空气动力学直径的粒子活度各占总活度的一半，则此直径称为此样品的活度中值空气动力学直径（AMAD）。

9. 参考人（reference man）

不同人群的解剖学特征、生理学特征和新陈代谢特征之间存在很大差异，对辐射防护评价带来不便，为此 ICRP 在第 23 号出版物中定义了参考人的概念来描述人类的特征，代表广大范围内的人类平均的特征，用于计算和对比内照射危害。参考人就是基于辐射防护目的的人体解剖学、生理学、新陈代谢等数据所定义的一种假想的人体模型，其主要参数可以代表某一类人群，包括主要组织器官的质量、呼吸标准、水平衡、呼吸道代谢模型、胃肠道代谢模型等，以方便估算内照射剂量和评估内照射危害。ICRP 参考人的主要组织器官的质量、呼吸标准、水平衡分别见表 8-1、表 8-2 和表 8-3。需要说明的是，不同人群的参数存在一定差异，一般在 5%~10%内，但有些情形下个别指标可能差异较大。为此，国际上先后建立了欧洲、北美、亚洲等人群的参考人模型。

表 8-1　内照射剂量估算中考虑的主要组织器官的质量

源器官	质量/g	靶器官	质量/g
卵巢	11	卵巢	11
睾丸	35	睾丸	35
肌肉	28 000	肌肉	28 000
红骨髓	1 500	红骨髓	1 500
肺	1 000	肺	1 000
甲状腺	20	甲状腺	20
胃内容物	250	骨表面	120
小肠内容物	400	胃壁	150
上段大肠内容物	220	小肠壁	640
下段大肠内容物	135	上段大肠壁	210
肾	310	下段大肠壁	160
肝	1 800	肾	310
胰	100	肝	1 800
皮质骨	4 000	胰	100
小梁骨	1 000	皮肤	2 600
皮肤	2 600	脾	180
脾	180	胸腺	20
肾上腺	14	子宫	80
膀胱内容物	200	肾上腺	14
全身	70 000	膀胱壁	45

表 8-2　参考人的呼吸标准

总的肺容量/L	5.6
肺活量/L	4.3
每分钟吸入的空气量/（L/min）	
休息时	7.5
轻体力劳动时	20
参考人一天吸入的空气量	
8 h 轻体力劳动/L	9 600
8 h 非职业性活动/L	9 600
8 h 休息/L	3 600
总计/L	2.28×10^4
参考人一年工作时间吸入的空气总量/m^3	2.4×10^3

注：参考人的职业照射时间按每年 50 周、每周 5 天、每天 8 h 共 2 000 h 计算

表 8-3　参考人的水平衡

摄入/（mL/d）		排出/（mL/d）	
总的液体摄入	1 950	尿	1 400
食物中水	700	粪中	100
食物氧化	350	觉察不到的损耗	850
		汗	650
总计	3 000	总计	3 000

注：参考人全身总水量约 4.2×10^4 g

8.2.2　内照射剂量估算使用的代谢模型

入体放射性核素在体内的代谢规律非常复杂，为计算方便起见，一般将主要组织器官进行适当简化，将每个组织器官看成一个或多个腔室，放射性核素在各个腔室沉积或转移，沉积、转移系数与放射性核素、腔室种类等因素密切相关，由此建立数学模型用来描述放射性核素在体内各组织器官的沉积与转移。一般来说，根据这些模型计算得到的剂量，基本能够满足辐射防护的目的的需要。模型中假设放射性核素在某一腔室中是均匀分布的，且具有相同的转移特性，一个组织或器官可以是一个单独的腔室，也可以根据需要划分成多个腔室。在某个腔室中，放射性核素的衰减服从一阶动力学规律。因此，一种核素在任何器官或组织中的滞留，通常可由指数函数、幂函数等的代数表达式描述。

一般情况下，人体摄入放射性物质的最主要途径是吸入，食入方式摄入放射性物质仅在事故或意外时才会发生，而皮入方式摄入放射性物质更为罕见，相关研究较少。以下先简要介绍放射性核素在人体内部的转移和沉积以及排出的基本过程，再分别介绍呼吸道代谢模型和胃肠道代谢模型。

8.2.2.1　放射性核素的转移、沉积与排出

放射性核素被吸入或食入后，将以一定的速率衰变和向体液转移，其速率由放射性衰变常数及呼吸系统和胃肠道中不同腔室的生物半排常数决定。然后，放射性核素由体液向身体不同器官和组织转移，其转移过程可用图 8-1 表示。

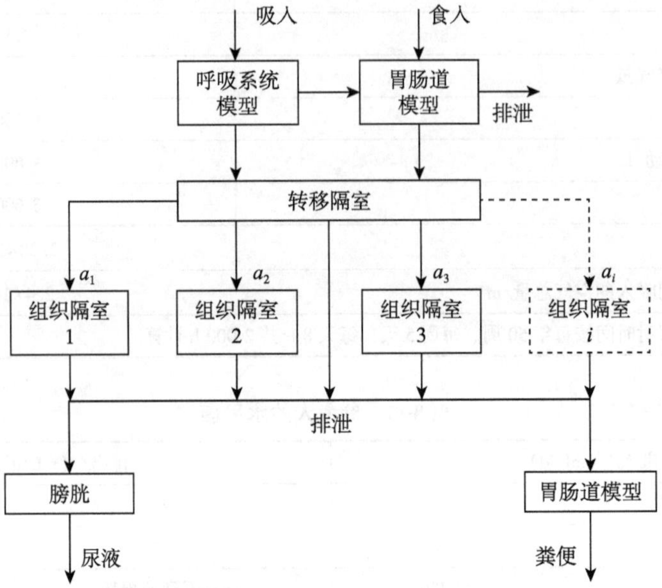

图 8-1　放射性核素在人体内部的转移、沉积及排出过程

体液是人体放射性核素由一个部位转移到另一个部位的主要中转站，体液中放射性核素的一部分通过肾、肝、肠、皮肤、汗或肺排出，一部分将沉积在该核素所亲和的那些器官或组织中（例如，碘主要沉积在甲状腺，钚主要沉积在骨和肝中）。但也有一些放射性物质是全身均匀分布的，如氚水、铯和钋的化合物等。

人体放射性核素可以通过呼气、汗液、尿液和粪便等几条途径排出体外。

体内沉积的铀、钍衰变时产生的氡，以及 $^{14}CO_2$，呼出是重要的排出途径，体液中的放射性核素有一部分将通过汗液排出。通过尿液排出的放射性核素只可能来自体液，而粪便中的放射性物质可分为两部分：一部分来自食入或吸入（因呼吸道纤毛运动将放射性物质转移至咽喉，而后又咽入胃肠道）放射性物质中未被体液吸收而直接经粪排出的放射性物质，另一部分则是被吸收后通过胆汁又重新进入胃肠道的放射性物质。由此可见，人体排泄物中的放射性核素是人体摄入放射性核素后的产物。因此，通过测定人体摄入放射性核素后各时刻放射性核素的排出速率，可以推算出放射性核素的吸收量、摄入量和对人体产生的剂量。

8.2.2.2　呼吸系统代谢模型

截至目前，ICRP 先后推荐发布过三种呼吸系统代谢模型，分别是 1960 年第 2 号出版物模型、1979 年第 30 号出版物模型和 1994 年第 66 号出版物模型。

1. 1960 年第 2 号出版物呼吸系统代谢模型

1960 年第 2 号出版物的呼吸系统代谢模型是一个双腔室模型，如图 8-2 所示，仅包

括上呼吸道和下呼吸道两个腔室，只考虑下呼吸道向上呼道和体液以及上呼吸道向胃肠道的单向转移，其转移和沉积参数如表 8-4 所示。

表 8-4 双腔室模型转换和沉积参数

	转移性化合物/%	非转移性化合物/%
呼出部分	25	25
沉积在上呼吸道后咽入胃肠道	50	50+12.5
沉积在肺内部	25（进入体液）	12.5

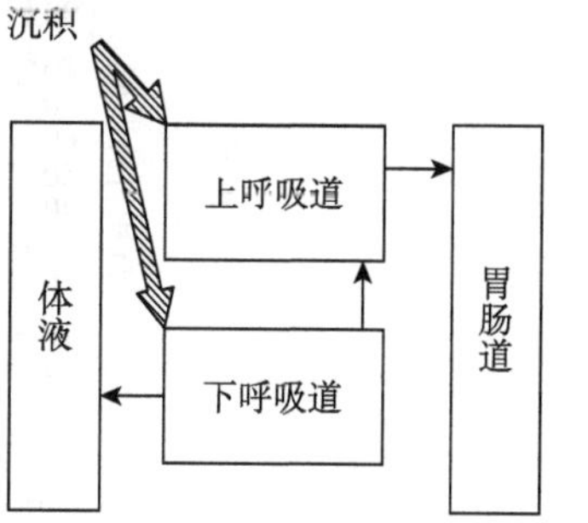

图 8-2 双腔室模型

在双腔室模型中，吸入气溶胶（包括可转移性和不转移性化合物）的 50%沉积在上呼吸道，25%被呼出，25%滞留在肺中。对可溶性粒子来说，假定滞留在肺中的全部（即 25%）被吸收和转移到体内其他组织；对于难溶性物质来说，肺中沉积的一半（即 12.5%）被排出，剩下的一半（即 12.5%）滞留沉积在肺中。这个模型相对较为简单，手工计算就能够轻松完成。

2. 1979 年第 30 号出版物呼吸系统代谢模型

1979 年第 30 号出版物的呼吸系统代谢模型变得复杂起来，将呼吸道分为三大部分：鼻咽区（N-P）、气管-支气管区（T-B）及肺区（P）。

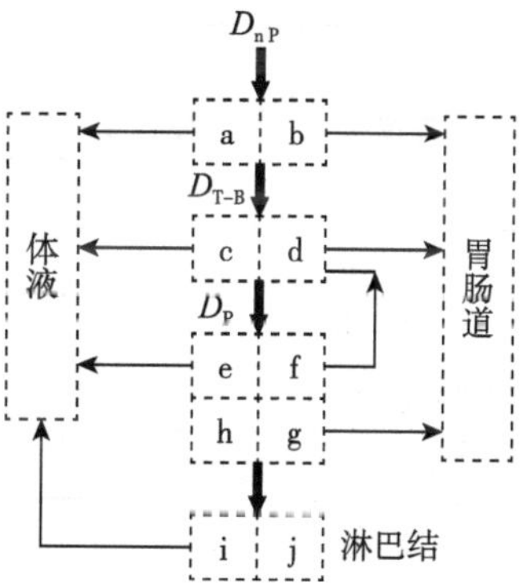

图 8-3 ICRP 第 30 号出版物呼吸系统代谢模型

为更加细致地描述放射性核素在呼吸道的转移和沉积，ICPR 第 30 号模型将鼻咽区细分为 a、b 两个腔室，将气管-支气管区细分为 c、d 两个腔室，将肺区细分为 e、f、g、h 四个腔室，每个腔室与邻近腔室之间的转移途径如图 8-3 所示。a、c、e 三个腔室与摄入放射性核素向体液的转移相关联，b、d、g 三个腔室与摄入放射性核素向胃肠道的转移相关联，进入 f 腔室的放射性核素将有部分重新回到 d 腔室，进入 g 腔室的放射性核素将有部分进入胃肠道，进入 h 腔室的放射性核素将有部分进入淋巴结的 i、j 两个腔室。进入淋巴结 j 腔室的那部分放射性核素长期滞留，进入淋巴结 i 腔室的那部分放射性核素则有一部分将进入体液。ICRP 第 30 号出版物呼吸系统代谢模型需要若干方程才能求解，手工求解比较困难，一般需要借助计算机程序才能完成。

不同粒径的气溶胶粒子在呼吸道不同区的沉积份额不同，如图 8-4 所示。由图 8-4 可见，AMAD 越大，被鼻咽区截留的份额越大，在肺区的沉积份额越小，AMAD 越小，在肺区的沉积份额越高。AMAD 在 0.2~10 μm 范围内变化时，在气管-支气管区沉积份额基本不变。如果通过测量获知气溶胶粒径分布，可从图 8-4 查询得到。在气溶胶粒度大小无法获知时，可以假定其活度中值半径为 1 μm。

为方便定量描述不同性质放射性核素在呼吸道中的转移与沉积，将放射性核素根据半廓清期的长短分为三类：半廓清期小于 10 天的划为 D 类，半廓清期界于 10 天至 100 天的划为 W 类，半廓清期大于 100 天的划为 Y 类。人体放射性核素中的每类放射性核素在呼吸道不同区域的半廓清期 T 和廓清份额（即从本腔室排出的份额）F 与核素的化学形态等因素密切相关，具体数值如表 8-5 所示。需要注意的是，表 8-5 中的第 1 列数据是气溶胶粒子的 AMAD 为 1 μm 时的沉积份额，即 AMAD 为 1 μm 的气溶胶粒子，在鼻咽区沉积的百分比为 30%，在气管-支气管区沉积的百分比为 8%，而在肺区沉积的百分比为 25%，这些数据可从图 8-4 中横坐标取 1 μm 时对应的三条曲线的纵坐标。

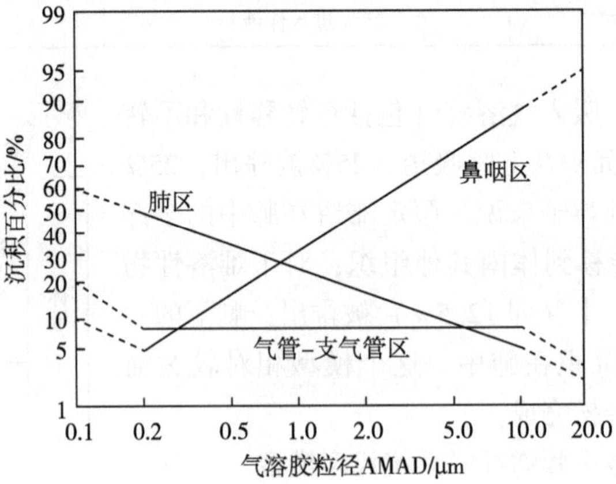

图 8-4　不同 AMAD 气溶胶粒子在呼吸道不同区域的沉积份额

表 8-5　呼吸系统代谢廓清参数

部位	腔室代号	放射性核素类别					
		D		W		Y	
		T/d	F	T/d	F	T/d	F
鼻咽区	a	0.01	0.5	0.01	0.1	0.01	0.01
(D_{N-P}=0.30)	b	0.01	0.5	0.40	0.9	0.40	0.99
气管-支气管区	c	0.01	0.95	0.01	0.5	0.01	0.01
(D_{T-B}=0.08)	d	0.2	0.05	0.2	0.5	0.2	0.99
肺区	e	0.5	0.8	50	0.15	500	0.05
(D_P=0.25)	f	不适用	不适用	1.0	0.4	1.0	0.4
	g	不适用	不适用	50	0.4	500	0.4
	h	0.5	0.2	50	0.05	500	0.15
淋巴结	i	0.5	1.0	50	1.0	1 000	0.9
	j	不适用	不适用	不适用	不适用	∞	0.1

3. 1994 年第 66 号出版物呼吸系统代谢模型

ICRP 第 30 号出版物呼吸系统代谢模型可用于计算不同核素的职业年摄入量限值 ALI，而且为内照射剂量控制奠定了基础，但它仅能用于计算肺的平均剂量，实际情况下沉积在肺部的放射性核素不可能是均匀分布的，而且肺部的不同区域对辐射的敏感度是有明显差异的。

在第 30 号出版物呼吸系统代谢模型的基础上，1994 年 ICRP 发布第 66 号出版物呼吸系统代谢模型，可以成功应对这些问题。新模型考虑了不同组织辐射敏感度的差异，能够用于计算呼吸系统某一特定组织的剂量，这才具有生物学意义；新模型不仅可以处理气溶胶，还可处理气体和蒸汽产生的剂量贡献；新模型还考虑了吸烟、空气污染、呼吸疾病等因素。

新模型将呼吸系统分为 4 个区域：（1）鼻咽区（ET，亦称胸外区），由前鼻通道（ET_1）和后鼻通道、咽、喉（三者合并为 ET_2）等组成；（2）支气管区（BB），由气管和支气管等组成，在此区域沉积的物质主要通过纤毛廓清；（3）细支气管区（bb），由细支气管和终末细支气管等组成；（4）肺泡间质区（AI），由肺泡小管和小泡等组成，图 8-5 非常直观、细致地给出了这一模型的结构组成与分区。ICRP 第 66 号出版物呼吸系统模型可用于计算第 60 号出版物推荐的辐射防护安全基本标准中的吸入剂量系数（即吸入单位活度的某种放射性核素对各器官产生的剂量）。

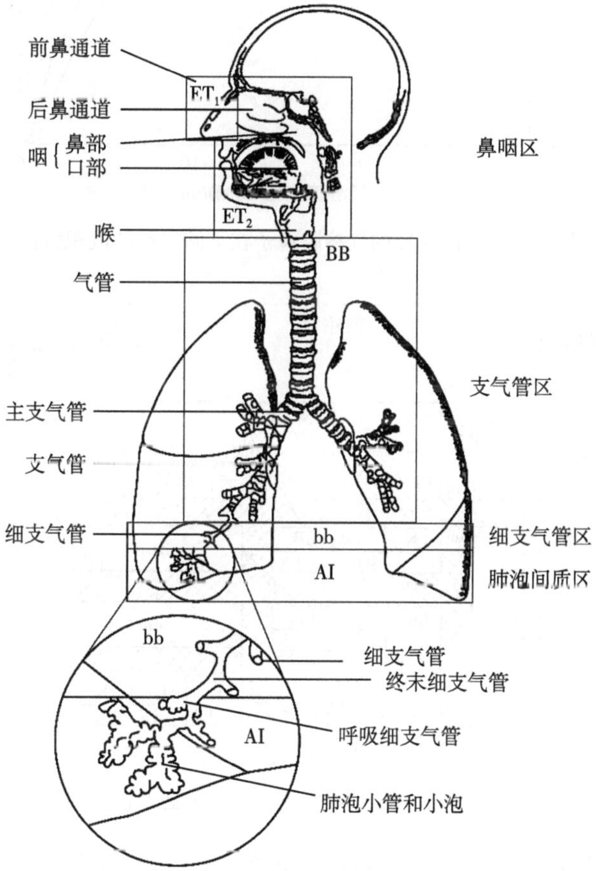

图 8-5 ICRP 第 66 号出版物呼吸系统模型分区

不同粒径的气溶胶粒子在 ICRP 第 66 号出版物呼吸系统模型不同区域的沉积份额如图 8-6 所示，其变化规律比 ICRP 第 30 号出版物吸呼系统模型的线性变化规律（见图 8-4）要复杂得多。图 8-7 则给出了模型的分区及各区之间转移廓清的方向和转移廓清常数（箭头边的数字，单位为 d^{-1}）的参考值，其中 LN 表示淋巴组织，LN_{ET}表示与鼻咽区 ET 相联系的淋巴组织，LN_{TH}表示与支气管 BB、细支气管区 bb 及肺泡间质区 AI 相联系的淋巴组织。

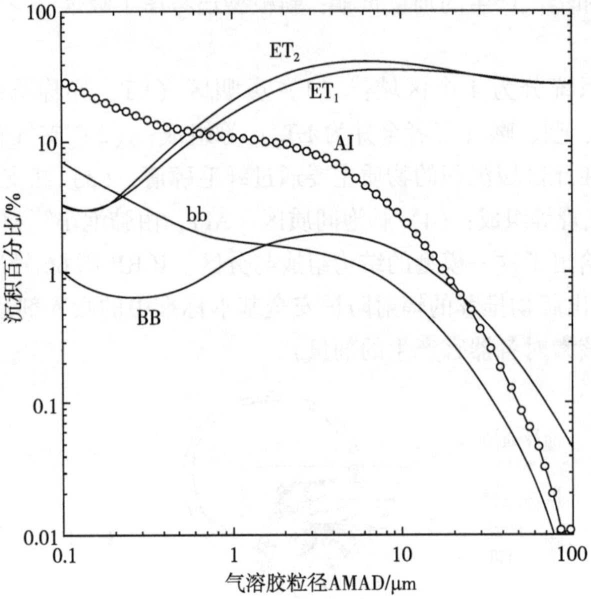

图 8-6　不同粒径的气溶胶粒子在不同区域的沉积特性

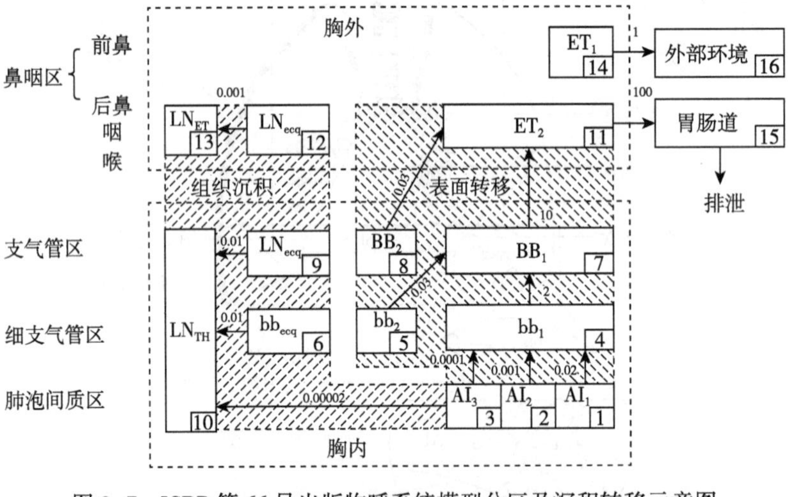

图 8-7　ICRP 第 66 号出版物呼系统模型分区及沉积转移示意图

在新模型中，放射性物质在每一腔室中的廓清与吸收看作是竞争过程，且随时间而变化的。通常将粒子在呼吸系统的输运视为与粒子尺寸和材料无关，但与沉积区域有关。由于不同的廓清转移过程的速度差别可能十分显著，通常将某一区域内与时间相关的过程分解为三个子区对待，以方便建模计算。例如，AI 区分为 AI_1、AI_2 和 AI_3，代表三种不同的生物半排期廓清转移到 bb_1 子区。

应该注意的是，由于不同年龄、不同性别以及职业工作人员和公众的转移廓清系数均不相同，所以此图中的数值仅为参考值，需要根据具体对象选择或确定。由于模型十分复杂，必须借助计算机及专用软件才能够计算。

8.2.2.3 胃肠道代谢模型

相比呼吸系统代谢模型，胃肠道的代谢模型要简单得多，ICRP 第 30 号出版物将胃肠道代谢模型分为胃、小肠、上段大肠和下段大肠四个腔室，且放射性物质的转移是单向的，如图 8-8 所示。表 8-6 给出了标准成年人的胃肠道代谢模型的相关参数的参考值，包括腔壁质量、腔室内容物的质量、放射性物质的平均停留以及在该腔室中的生物廓清常数。可以看出，放射性物质在胃肠道的胃、小肠、上段大肠及下段大肠的平均停留时间分别为 1 h、4 h、13 h 和 24 h，通常认为这些数值与具体的放射性物质种类无关。从上至下，各腔室的生物廓清常数是快速减少的，说明放射性物质在后面腔室的累积量要远大于前面，尤其是上段大肠和下段大肠。放射性物质只有通过胃肠道的小肠部分才能进入体液，其生物廓清常数与具体的放射性种类和形态有关，进入体液的比例 f 取决于 λ_{SI} 和 λ_B 的相对大小，即 $f=\lambda_B/(\lambda_B+\lambda_{SI})$。

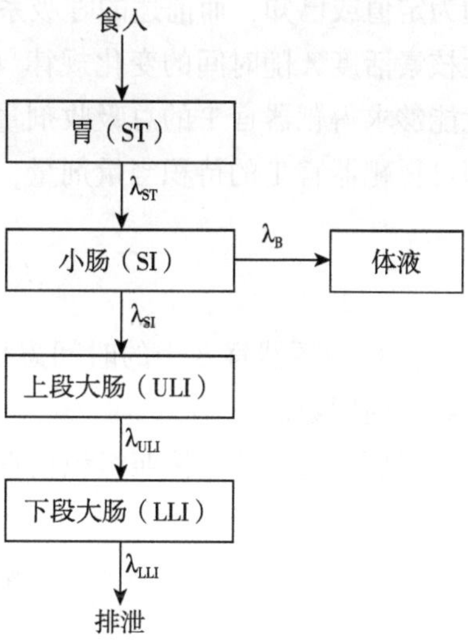

图 8-8 ICRP 胃肠道模型

表 8-6 ICRP 胃肠道模型相关参数

分区	壁的质量/g	内容物质量/g	平均停留时间/h	生物廓清常数 λ/d^{-1}
胃（ST）	150	250	1	24
小肠（SI）	640	400	4	6
上段大肠（ULI）	210	220	13	1.8
下段大肠（LLI）	160	135	24	1

ICRP 尚未正式发布新的胃肠道代谢模型，但拟采取研究文献提出的口腔、食道、胃、小肠、大肠、直肠和肛管。与旧模型相比，它更多地根据生理学特征，考虑了在小肠以外的其他库室的吸收，还考虑了有关物质通过胃肠道的各部分转移的新资料，包括与年龄和性别相关的差异，以及疾病对这些参数的影响。

8.2.2.4 内照射剂量估算方法

内照射剂量计算也可参照外照射剂量计算方法，假设人体某组织器官（以下称作源器官 S）的放射性核素活度为 A，对附近的组织器官（以下称作靶器官 T，也包括其自身）产生的吸收剂量率 $\dot{D}$ 为

$$\dot{D}=\frac{kA\sum_i n_i E_i \omega_i}{m} \tag{8-2}$$

式中：n_i 为发射射线能量为 E_i 的分支比；ω_i 为受照射器官吸收该射线能量的比例；m 为

靶器官 T 的质量；k 为单位转换系数。

但一般关心的是总吸收剂量，式（8-2）中仅活度 A 为随时间发生变化的变量，其余均为定值或已知，而前述的呼吸系统和胃肠道代谢模型就可以给出人体组织某器官中放射性核素活度 A 随时间的变化规律（当然还要考虑物理自然衰变）。因此，前后结合起来，就能够求得靶器官 T 的总吸收剂量，考虑辐射品质因数 Q 并将所有源器官的贡献求和后即可得靶器官 T 的待积当量剂量，即

$$H_{50,\ \mathrm{T}} = \sum_{\mathrm{S}} \frac{kA_c \sum_i n_i E_i \omega_i Q_i}{m} \tag{8-3}$$

式中：A_c 为源器官 S 中的时间累积活度，可视为源器官 S 中的活度对时间的积分，Q_i 为辐射品质因数。

对所有组织器官按照组织权重因子进行加权求和后，即可得待积有效剂量。

8.3 内照射监测

内照射主要通过呼吸吸入、口腔食入、皮肤进入等三种方式摄入放射性核素，从而对人体产生照射。相比个人外照射监测而言，个人内照射监测要复杂得多，从监测方式上可分为直接测量法和间接测量法两种。

直接测量是指直接对摄入放射性物质人员的身体某部位或器官，或全身进行的辐射测量，可以快速、方便地测量出体内或某些组织器官的放射性活度，从而有助于识别放射性物质的摄入方式。由于摄入人体的放射性核素释放的射线必须要穿透人体才能够被探测到，因此这种方法仅适用于人体摄入 γ 放射性核素或高能 β 放射性核素的情形，如果人体摄入的是 α 放射性核素或低能 β 放射性核素，直接测量法就难以胜任或者根本无法进行。通常情况下，吸入内照射是最主要的途径，肺和甲状腺是放射性核素沉积的最主要的器官。

综合考虑能量探测下限、探测效率等多方面因素的影响，直接测量法一般是将探测器紧贴身体的位置，所用探测器多为探测效率较高的闪烁探测器或半导体探测器。另一方面，为降低环境本底的影响，探测装置及被测人员一般安排在单独的屏蔽装置或加强屏蔽的房间内。直接测量法能够对肺、甲状腺等重要器官沉积的放射性核素进行测量，且能识别核素种类，测得摄入量，且基本不受人体新陈代谢的影响，但单次测量时间通常较长（一般在数小时），测量仪器昂贵，测量条件也比较苛刻。

间接测量则是对人体的尿液和粪便等生物样品或工作场所气体或表面污染样品等进行的辐射测量，再通过人体生理代谢模型反演出人体摄入的放射性核素的量以及在身体各器官沉积的放射性核素的量。间接测量人体排泄物的方法可以通过采样制样方式对样品进行浓集，测量比较灵敏、准确，探测下限比较低，但最终结果受人体代谢模型及相关参数的影响。通过间接测量工作场所气载放射性浓度，结合工作次数及呼吸速率、呼吸时间等参数，可以估算出吸入放射性核素的量。但由于气载放射性物质的粒度大小对其呼吸系统中的沉积和吸收特性影响很大，因而会对最终的内照射剂量估算产生很大影响。

8.3.1　直接测量法

直接测量法对射线发射种类和能量有一定要求，可用于发射特征 X 射线、γ 射线、高能 β 射线或正电子的放射性核素测量。

8.3.1.1　测量几何条件

测量几何条件对直接测量法的精确度影响显著，尤其是全身放射性测量，而且要对探测器和探测对象（人体或组织器官）进行必要的屏蔽，以减小外界电离辐射的干扰，提高测量效率，缩短测量时间。

进行全身计数测量时，可以采用多种几何测量条件，如图 8-9 所示。静态测量方法配备一个或多个探测器；也可以采用扫描探测方法，移动测量对象（人体）或移动探测器，如图 8-9 所示。测量时，测量对象一般为直立或平面仰卧，或者躺在斜椅或躺在具有一定弧度的床上。

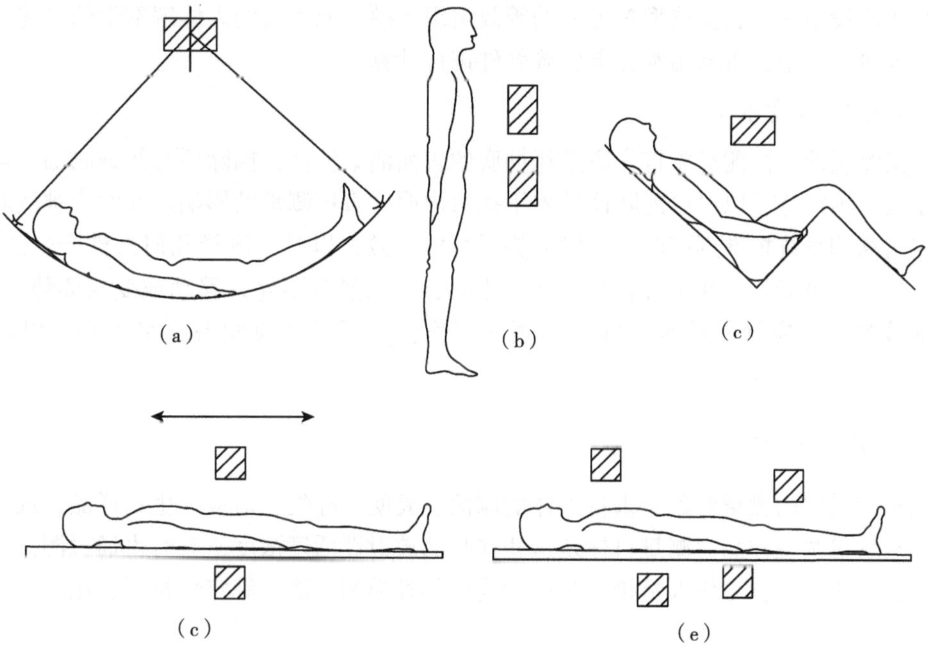

图 8-9　直接测量法的测量几何条件示意图

(a) 圆弧；(b) 站立；(c) 躺椅；(d) 平躺扫描；(e) 平躺静止。

8.3.1.2　辐射探测系统

由于一般条件下人体摄入的放射性核素的总量不会太大，进入人体后在各组织器官之间转移沉积，导致其分布更加分散，对探测系统的灵敏度要求更高，使测量变得更为困难。无机闪烁探测器具有较高的原子序数和密度，具有较高的探测效率，最早用于内照射直接测量。但由于闪烁探测器的分辨率不佳，难以分辨发射能谱较为复杂的放射性核素。随着材料和工艺的进步，半导体探测器的灵敏体积可以做得很大，探测效率得以大幅提高，令人诟病的传统液氮冷却技术也被电致冷技术等取代，凭借与生俱来的优秀能量分辨能力，在内照射直接测量领域的应用越来越广泛。

能够在室温条件下工作的化合物半导体探测器如碲化镉 CdTe、碲锌镉 CdZnTe 等，由于其尺寸可以做得很小（典型平面尺寸为 10 mm 大小，厚度仅 2 mm 左右），后续电子学线路也可以做得十分紧凑，在探测局部伤口等特殊场合具有特别优势。

除了辐射探测系统的特殊性之外，直接测量法的一大难点在于本底测量，由于摄入的放射性核素的活度一般不高，可能比本底高不了多少。直接测量的本底来源主要有以下几个方面：(1) 周围环境的天然本底辐射；(2) 被测对象体内的天然放射性核素；(3) 探测装置和屏蔽等的放射性杂质等。较为理想的方法是寻找与被测对象在性别、身高、体重甚至饮食习惯相近的未受到内照射污染的对象进行本底测量，而且要与被测对象的几何条件相同，最好是在被测对象受到内照射污染前进行本底测量，但这些都是非常难做到的，通常情况下制作一个具有代表性的体模代替实际人体。

直接测量法的另一难点是难以进行可信、可靠、准确的效率刻度，根本原因也是很难找到一个与被测对象在几何特征、放射性核素分布等关键因素相近的对象，通常也是在必要的简化假设条件下制作典型参考人的等效组织体模，或者借助人体解剖学信息建立数字化人体剂量学模型，再采用蒙特卡罗等软件进行计算。

8.3.1.3 注意事项

直接测量前，被测对象首先应进行彻底的表面沾染洗消，摘除所有佩戴物品，包括眼镜、手表、项链等，以尽可能降低外界干扰对内照射直接测量的影响。同时，被测对象的姿势应与探测系统校准刻度时的体模姿势尽可能一致，以减小测量几何条件产生的误差。由于测量时间可能长达几十分钟甚至几个小时，而测量时不允许移动或变换姿势，因此，测量前被测对象应做好饮水、排泄等预备工作，必要时还应配备联络工具，以备不时之需。

8.3.2 间接测量法

间接测量法的测量对象是来自人体的尿液、粪便、呼气、血液等生物样品，或者工作场所的空气等物理样品，测量目标是这些样品的放射性活度浓度，有时也通过测量工作场所表面污染水平评价工作人员摄入放射性物质的种类和可能性等定性指标，用于定量评价则存在较大的不确定性。

间接测量法的测量核素对象不仅包括发射 γ 射线的核素，也包括不能发射较强贯穿辐射而被体外探测器有效探测的核素，最典型的核素是氚。

间接测量法最常用的生物样品是尿液和粪便，某些特殊情况下也可用呼气、血液或其他样品，例如，鼻涕和擦鼻物样品，可快速提供吸入混合物中放射性核素的某些重要的基本特征，但只能作为定量测量放射性物质摄入量的补充。

生物样品的选择不仅取决于摄入途径和排出途径，还要考虑收集、制备、测量分析与评价难易程度等因素。

由于氚被摄入体内后易转化为氚化水（HTO），随人体系统循环而在全身均匀分布，氚化水在尿液中的浓度与其在体液中的浓度是相同的，因而能够用尿液中的氚浓度估算体内氚的含量及其剂量率贡献，基本与人体生物代谢模型无关。尿样易于收集、制备和测量分析，而且能够提供那些容易转移到血液的放射性核素的摄入量信息，目前已有专门批量测量尿样中氚浓度的低本底液闪计数器。

粪便样品能提供不溶性或难溶性放射性物质的摄入量信息，主要包括部分水和经胃肠道输运后未被吸收的物质，还包括从肺部廓清转移至胃肠道的不溶物等。由于不溶性放射性物质在粪便中和在各组织器官中的沉积量有很大区别，而且每次排泄的粪便的数量以及成分变化很大，与饮食直接相关，因而很难将粪便的放射性活度与组织器官的沉积量直接关联，但能够通过摄入放射性核素后几天内粪便的总活度估算摄入的不溶性放射性物质的总量。

思考题

1. 简述内照射定义和特点，以及放射性物质进入人体内的途径。
2. 内照射对人体的危害与哪些因素有关？
3. 简述内照射防护的基本原则和方法？
4. 内照射防护的基本措施有哪些？
5. 核动力舰船的内照射与核电厂有哪些不同？有哪些不同的防护措施？
6. 简述工作场所空气放射性污染防护的方法。
7. 体内放射性核素减少的速率用什么物理量来描述？它的物理意义是什么？
8. 什么叫活度中值空气动力学直径？
9. 何谓参考人？主要包括哪些参数？
10. ICRP 第 30 号和第 66 号出版物的呼吸系统代谢模型各有何特点？
11. 内照射监测有哪两种方法？各有何优缺点？
12. 内照射监测中的直接测量法有何先决条件？对探测器有哪些要求？
13. 内照射监测中的间接测量法的测量对象主要是什么？对应采用什么测量方法？

第9章 核辐射探测器与测量方法

核辐射看不见、摸不着，必须借助特定的仪器才能加以测量。为了保证伴有辐射照射的实践活动中工艺设备的正常运行和相关人员的安全健康，必须进行必要和充分的核辐射测量和监测，以检验相关防护措施是否充分、防护标准的执行是否满足相关要求，也有助于尽早发现事故苗头，以便及时采取措施，阻止事态恶化。核辐射测量和监测的对象和涵义很广，可大致分为对辐射源、辐射场进行的辐射测量和对受照者的剂量测量，前者主要包括辐射源的活度或强度及其空间分布、能谱分布、射线发射方向、放射性物质的活度浓度、表面放射性水平等，后者主要包括照射量、比释动能、吸收剂量、剂量当量等，其目的是测量或推算出核辐射能量在受照者中的沉积或吸收，用于评价核辐射对受照者产生的损伤或危害风险。

核辐射测量是指根据待测对象的特点和测量目的，借助相应的核辐射探测器，设计或采用合适的测量方法，通过采集和处理分析待测对象发射的射线与核辐射探测器作用产生的信号，获取待测对象的能量或能谱、活度或强度等核辐射信息。核辐射测量侧重的是核辐射探测器、测量方法及信号处理分析，落脚点在探测器、测量方法和技术等方面。核辐射监测则指采用经过校准刻度且在有效期内的核辐射测量仪器或装置，按照经过相关部门审定批准的技术规范或标准，对核设施或核活动及其相关的人员和环境等进行的核辐射测量，旨在获取核动力装置或关键部件的微小泄漏或破损、放射性场所的辐射场、人员受照剂量、环境辐射、放射性物质的正常排放或事故释放等信息。

本章首先介绍核能与核技术应用最为广泛的几类核辐射探测器的原理和特性，再介绍 α 和 β 源活度测量、γ 能谱测量、中子测量等核辐射测量方法，以及测量数据的涨落、本底、低放射性水平测量等核辐射测量特有的问题。

9.1 核辐射探测器

本质上讲，核辐射探测器就是一种传感器，其基本功能是将核辐射的信息转换为另一种易于测量的信号，最主要的部分是与核辐射发生相互作用的那部分材料或器件，以下统称探测器的灵敏介质。

由于测量对象种类及能量、测量目标等不同，核辐射探测器的种类也十分多样，可以从不同角度对其进行分类。

根据探测器灵敏介质的不同，探测器可以分为气体探测器、闪烁体探测器、半导体探测器、热释光探测器等几种。根据工作机制机理的不同，核辐射探测器可以分为基于电离的探测器、基于闪烁发光的探测器、基于核反应的探测器、基于热效应的探测器、基于化学反应的探测器、基于径迹的探测器及其他等类型。灵敏介质类型相同的探测器，可能使用不同的工作机制机理。

基于电离的探测器，主要是利用电场收集核辐射使探测介质的原子或分子发生电离后产生的电荷而将核辐射的能量转换为易于测量和控制的电信号，从而实现对核辐射的测量。

基于闪烁发光的探测器则是利用核辐射与某些荧光物质发生作用后产生的光子而将核辐射的能量转换为光信号，进而再利用光电转换器件将光信号转换为易于测量和控制的电信号，从而实现对核辐射的测量。

基于核反应的探测器首先使核辐射与某种物质发生核反应（包括诱发裂变等），再通过测量核反应产生的次级射线或粒子产生的电信号或光信号，间接实现对核辐射的测量。

基于热效应的探测器通过测量探测器灵敏介质吸收核辐射能量损失后导致的微小温度变化实现核辐射测量，只适用于极强辐射照射的情形。

基于化学变化的探测器通过测量某些化学反应受辐射照射后化学反应过程或产物的变化量实现核辐射测量，同样只适用于极强辐射照射的情形。

基于径迹的探测器通过测量核辐射在探测灵敏介质中产生的径迹特征（如径迹数量、长度、粗细、分支等）实现对核辐射的测量。

其中前三种可以在线实时测量，后三种一般需要经过较长时间或经过人工再次处理和分析后才能获取核辐射的信息，一般仅能用于离线测量。

以下主要对辐射监测工作中常见的气体探测器、闪烁探测器、半导体探测器、热释光探测器等的原理、特性及应用进行简单介绍。

9.1.1 气体探测器

气体探测器是以气体作为工作介质的一类探测器，但可能会利用不同的工作机理，比如基于电离作用的电离室、正比计数器和盖革-米勒计数管（后文简称盖革计数管或G-M计数管），基于核反应和电离作用的用于探测中子的硼电离室或硼裂变室等。

气体探测器应包括工作气体、阴极和阳极（或正电极和负电极）和气体腔室等组成部分，通过在阴极和阳极之间施加一定大小的直流电压，形成一定强度的电场，驱使核辐射与工作气体作用产生的正离子和负电子分别向阴极和阳极运动，从而在外电路形成电信号。根据探测器的结构形式，可以将气体探测器分为平行板、圆柱形、球形等。

由于核辐射使探测器灵敏介质电离所产生的电荷的数量很少，正负电荷还可能发生复合或者电荷被灵敏介质捕获，因而在外电路产生的信号幅度很小，很容易被内部和外界的干扰或噪声影响甚至淹没，对后续电路的各方面要求很高。为从根本上克服这一缺点，可以增大施加在阳极和阴极之间的电场强度，将核辐射产生的电离电荷相互复合的概率和被介质捕获的概率降低至可以忽略的水平，而且电离电荷在电场中被加速获得足够的能量，甚至可以产生新的电离电荷，称作电荷增殖，这样就增加了在外电路产生的信号幅度，但电子学噪声并没有被放大。由于气体探测器具有结构简单、环境适应性好、经济性好等优点，因而在辐射监测中得到广泛应用。

探测器阴极和阳极之间的电场强度不同，探测器收集到的电荷数与核辐射在灵敏介质中电离产生的电荷数之间的关系也不同，据此可以将探测器的工作范围划分为复合区、饱和区、正比区、有限正比区、G-M 区和连续放电区。工作在复合区的探测器的电场强度较小，不足以完全克服正负电荷相互复合和被气体分子捕获，收集到的电荷数 N 小于核辐射产生的电离电荷数 N_0，但随着电场强度的增加，N 逐渐增加直到与 N_0 基本相等，并在一定的范围内不再随电场强度增加而变化，此时探测器就进入了饱和区。随着电场强度进一步增加，核辐射电离产生的电子或离子从电场中获得足够的能量，甚至可以使气体发生电离，导致 N 大于 N_0，且电场强度在一定范围内 N 与 N_0 成正比，此时探测器进入正比区。当电场强度进一步增加，N 与 N_0 的相对关系已偏离线性区，这一区域称作有限正比区。若电场强度进一步增加，电荷增殖足够多，产生的空间电荷效应抵消外部施加的电场，导致无法产生进一步的电荷增殖，此时产生的总的电荷数 N 与入射核辐射直接产生的电子离子对数基本无关，主要取决于探测器结构和高压，这一区域称为盖革-米勒区或 G-M 区。如果电场强度再继续增加，可能发生气体连续放电并伴有光产生，这一区域称为连续放电区。

核能与核技术应用场合的辐射监测广泛应用的电离室、正比计数器和 G-M 计数管分别工作在饱和区、正比区和 G-M 区。

9.1.1.1 电离室

电离室工作时的电场强度大小基本克服正负电荷之间的复合和气体分子对电荷的捕获，但是不足以使入射核辐射直接产生的电子和离子产生电荷增殖，因此收集到的电荷数与核辐射在灵敏体积内电离产生的离子对数基本相等。

电离室有两种工作方式，一种是测量单个射线或粒子产生的电离电荷，一个粒子产生一个脉冲信号，称之为脉冲电离室，另一种是测量一定周期内大量射线或粒子产生的电离电荷的平均贡献，许多粒子产生的脉冲信号相互叠加，输出信号是围绕平均值上下波动的电流信号，称之为电流电离室。由于电离室没有电荷增殖，工作电压波动对输出信号幅度影响可以忽略，因而性能稳定可靠，尤其是电流电离室适应恶劣环境能力强，常用于室外环境、放射性工作场所、反应堆及厂房等。

电离室探测灵敏介质一般是惰性气体中掺杂少量的多原子气体，加入多原子气体主要目的是提升电离室工作的稳定性。惰性气体主要采用氩气、氙气等，多原子气体常用二氧化碳、甲烷、丙烷等，气体的混合比例不同，性能参数也不同。有时通过充入数倍于标准大气压的气体增加气体的密度，以提高电离室的探测效率。由于需要对工作气体进行密封，电离室气体腔室的室壁多为具有较高强度的金属或合金材料，因而电离室一般只能测量穿透能力较强的中子或 γ 射线，不能用于测量 α 射线或 β 射线。γ 射线穿透电离室的室壁后与封闭在腔室内的气体分子发生相互作用，产生电离电荷并被电极收集，在外电路形成电信号。

用于测量中子的电离室，必须解决两个问题：一是如何使其对中子灵敏，二是如何消除或降低环境 γ 射线的影响。例如测量反应堆压力容器外的中子时，为了消除反应堆裂变产生的极强的 γ 射线的影响，一般使用两个电离室，第一个是普通的电流电离室，第二个电离室与第一个电离室的尺寸和填充气体的成分和气压完全相同，只是在室壁上喷涂一定厚度的对中子灵敏的材料（例如含硼材料或者易裂变材料）。第一个电离室只对γ射线灵敏，第二个电离室不仅对γ射线灵敏，而且对中子灵敏，通过设计使两个电离室的输出电流信号的流动方向相反，则γ射线在两个电离室中产生的信号相互抵消，只有中子产生的信号能够有效输出，从而实现在强γ背景下对中子的测量。

9.1.1.2 正比计数器

正比计数器与电离室的基本结构类似，以圆柱形居多，也有鼓形或球形的。正比计数器工作在正比区，发生了电荷增殖，相比电离室而言，收集到的电荷数增加了很多倍，因而输出信号中包含的电荷数大得多（通常在2~4个数量级），但电子学噪声并没有同步放大，而且可以通过适当的结构形式和材料，使核辐射穿过探测器的管壁损失的能量尽可能少，或者将待测对象直接置入探测器内部，因而正比计数器可以用于测量穿透能力弱或能量较低的核辐射，如α射线、β射线和低能X射线。

BF_3 正比计数管和 ^3He 正比计数管是中子测量场合常用的探测器，如反应堆压力容器外围中子注量率测量、反应堆或中子源附近区域中子剂量测量等，工作气体中含有对慢中子比较灵敏的成分（^{10}B 和 ^3He），中子与这些原子核发生核反应，产生重带电粒子，这些重带电粒子再使气体发生电离生成电子离子对，在一定电场强度下发生线性关系的电荷增殖，这些电荷被收集后产生输出信号。

9.1.1.3 G-M计数管

G-M计数管工作在盖革-米勒区，多用于测量α射线、β射线、X射线和γ射线，相比于电离室和正比计数器，其输出信号幅度很大（通常可达百mV量级甚至更高），信噪比高，抗干扰能力强，因而对后续电子学部分要求不高，但其输出幅度大小与射线能量无关，不可用于测量能谱。由于G-M计数管结构简单，价格低，输出信号幅度大，环境适应性强，广泛应用于放射性场所的区域辐射监测、室内外的辐射环境监测等场合的固定式在线连续监测系统以及便携式辐射测量仪表，如反应堆厂房、核动力舰船反应堆舱内外及核电厂内部和外部周边的γ剂量率测量等。

9.1.2 闪烁探测器

虽然气体探测器具有诸多优点，但有一个共同的且难以克服的固有缺点，探测灵敏介质为气体，密度很小，比通常的液体或固体要小2个数量级以上，导致探测效率较低。闪烁探测器以闪烁体为探测灵敏介质，其物理状态多为固体或液体，探测效率显著增加，而且可以根据需要制备成所需要的体积和形状，价格不高。此外，闪烁探测器还具有一定的能量分辨能力，响应速度快，在辐射监测、医学影像、安检、工业CT等行业领域得到广泛应用。

闪烁探测器通常由闪烁体及光学收集系统、光电倍增管及高压模块、核电子学模块及数据采集分析模块等组成。闪烁体的主要功能是将入射核辐射能量转换为一定能量的低能光子（通常在可见光波段附近），光学收集系统的主要功能是将闪烁体产生的光子尽可能多地传送到后面的光电转换及倍增器件。光电倍增管是一个内部真空的光敏器件，其主要功能是光电转换和电子倍增，前者是将光学收集系统传送的光子通过光电效应等途径转换为光电子，而后者是指光电子依次撞向多个施加不断升高的工作电压的电极（称作倍增极），每撞击一个倍增极，电子数量就会发生倍增。通过设置恰当的倍增极数量及工作电压配置，可以实现电子数目的线性倍增，总的倍增系数可达4~7个数量级。核电子学模块则实现信号放大、滤波成形、无效或干扰信号剔除等功能，数据采集分析模块是通过一定的物理关系模型或算法将获取的电信号转换为待测的辐射物理量，从而实现辐射测量的目的。

常用的闪烁体主要有NaI（Tl）闪烁体、$LaBr_3$（Ce）闪烁体、ZnS（Ag）闪烁体、塑料闪烁体、载硼（或锂）玻璃闪烁体、液体闪烁体等。NaI（Tl）闪烁体和$LaBr_3$（Ce）闪烁体通常用于测量γ射线，NaI（Tl）闪烁体经济性较好，但能量分辨能力较差，$LaBr_3$（Ce）闪烁体能量分辨能力较好，但价格较贵；塑料闪烁体可测量β射线和γ射线，易于加工成各种所需的形状，价格较低，在核电厂人员通道沾染检查、安检、环境级辐射监测等场合应用较多。由于低能β射线（几keV至几十keV）的穿透能力较弱，发射体与探测器之间的空气、探测器的外壳或入射窗等可能将其吸收，因此对于仅发射低能β射线的核素如^{3}H、^{14}C等，比较可行的思路是将待测对象制备成合适的形态与探测器灵敏介质混合，放射性核素发射的射线直接作用于灵敏介质，回避了空气、探测器外壳或入射窗的吸收问题。通过选择合适类型的闪烁体或在闪烁体中加入某种试剂后，可有效溶解许多类型的样品，实现对低能β放射性核素的测量。ZnS（Ag）闪烁体对α射线的灵敏度很高，但对β射线和γ射线灵敏度小许多，因而可以比较容易将β射线和γ射线甄别掉，所以特别适于探测α射线。

由于中子与大多数原子核发生核反应的截面都很小，仅与^{10}B、^{6}Li、^{3}He及In、Cd、Gd等核素或元素发生核反应的截面较大，因此通常需要在探测器灵敏介质中掺入这些核素或元素，但由于中子与In、Cd、Gd三种元素的同位素原子核发生核反应时会伴随产生较强的γ射线，实际核辐射测量的应用中通常采用^{10}B、^{6}Li、^{3}He。载硼（或锂）玻璃闪烁体或载硼（或锂）液体闪烁体用于探测中子，由于中子与硼或锂发生核反应的截面在低能时较大、但随着中子能量增加而迅速减小，因此这些探测器主要用于慢中子测量，如果在闪烁体外围布置恰当结构和厚度的慢化体，也可以用于探测中能中子或快中子。

9.1.3 半导体探测器

闪烁探测器虽然克服了气体探测器探测效率较低的问题，但能量分辨能力不强，半导体探测器应运而生。半导体探测器的工作原理与气体探测器类似，也是通过测量核辐射的电离效应产生的电荷实现测量目的，不同的是探测介质更换为半导体材料，电离产生的电荷不是电子离子对，而是电子空穴对。由于半导体材料的平均电离能比气体小一个数量级，相同的能量沉积产生的电荷数多得多，统计涨落大大减小，因而其能量分辨能力显著提升，而且半导体材料的密度比气体大得多，因而探测效率也明显提高。半导体探测器所用的灵敏介质材料不仅仅局限于硅、锗等常规半导体，也有碲锌镉、碘化汞等化合物半导体材料。

但半导体探测器本身也存在一些气体探测器和闪烁探测器所没有的新问题，一是需要大幅提高探测器的工作高压，才能有效收集电离产生的电子和空穴，二是施加工作高压后流过半导体材料的静态电流（无核辐射入射时）较大，需要低温使用。另一方面，半导体材料的探测灵敏区域的有效尺寸较难做得较大或者成本很高，半导体材料内部排列十分规则整齐的晶格对辐射也比较敏感，接受一定量的核辐射照射后，其性能可能明显下降。因此，半导体探测器的环境适应能力比气体探测器和闪烁探测器差许多。

半导体探测器灵敏材料结构主要有平面型、圆柱型和井型等几种，平面型半导体探测器的探测灵敏区厚度较薄，通常仅百 μm 量级，主要用于测量 α 射线、β 射线、X 射线和低能 γ 射线，表面放射性污染和放射性气溶胶等常采用平面型半导体探测器，由于不需要施加特别高的工作电压，工作时的静态电流较小，可以在常温下工作，而且具有比闪烁探测器更好的能量分辨率。圆柱型半导体探测器的探测灵敏体积可以做得较大，以高纯锗半导体探测器为主，其探测效率较高，能量分辨率很高，可以胜任复杂 γ 放射性核素组成的样品分析测量，如水、空气等环境介质以及生物样品，反应堆回路水等的放射性测量，但不宜直接用于测量反应堆一回路水等放射性很强的样品。

高纯锗半导体探测器需要在零下两百摄氏度左右的低温环境下才能正常工作，长期工作时对环境温度和湿度也有较高要求，一般还在探测器周围设置较厚的铅屏蔽，以减少环境辐射的影响，传统的冷却方式通常采用液氮，由于液氮会缓慢蒸发，一个液氮罐装满后仅能使用半月左右就必须补充更换，否则高纯锗探测器无法正常工作，甚至损坏，因而使用非常不便，因此高纯锗半导体探测器多用于实验室测量分析。由于电致冷技术的快速发展，电致冷装置可以达到液氮冷却温度的要求，可以长期连续工作，无需考虑经常更换液氮的问题，十分方便，因此传统的液氮罐逐渐被各种类型的电致冷装置替代，其体积重量也大幅减小，出现了单人可以携带使用的高纯锗谱仪，极大地拓宽了高纯锗探测器的应用场景。井型半导体探测器可以将样品置于“内部”（实际是放置在特意构造成的井型结构的井底，并非在探测器灵敏介质的内部），可显著提高探测器的几何效率，通常用于极低放射性样品的测量。

9.1.4 热释光探测器

热释光探测器主要用于测量放射性场所作业人员的受照剂量，以评价其受照后的健康安全风险。热释光探测器由热释光剂量片和热释光剂量仪两部分组成，热释光剂量片可以视作探测器的灵敏介质，体积小重量轻，一般仅毫米量级，而且不需外接电源即可工作；热释光剂量仪为测量装置，由加热装置、光电倍增管、测量和显示部件等组成，需要外接电源才能工作。实际使用时分为两步：第一步是作业人员进入放射性工作场所时将热释光剂量片佩戴在适当部位，射线与热释光剂量片发生相互作用，产生的电子空穴对被热释光剂量片材料的特定能级所捕获，相当于射线能量沉积在热释光剂量片中，沉积能量的大小体现了作业人员佩戴部位的受照剂量；第二步是定期或任务完成后放射性工作场所作业人员将热释光剂量片交回，专门测量人员将其放入热释光剂量仪，通过加热使热释光剂量片中被捕获的电子和空穴受激发，其在退激发时释放出光子，光子进入光电倍增管后完成光电转换和电子倍增，进而输出信号供后续电路测量。因此，与前述几类探测器能够在线实时输出测量信号的情形不同，热释光探测器不能在线输出信号，但用于累积剂量测量时，比普通在线式辐射测量仪表更准确可靠，因而采用热释光探测器测量外照射累积剂量成为当前的一种标准技术规范。

通过调整改变热释光剂量片的材料组分，热释光探测器可分别用于测量 β 射线或 γ 射线、中子射线产生的剂量等。

9.2 核辐射测量方法

核辐射探测器只是将入射粒子在探测器灵敏体积中的沉积能量转换为电信号（少数为其他形式的信号），但人们需要的是测量点的放射性剂量水平、放射性表面污染或空气污染水平，或被测对象所含放射性物质的种类和数量等信息，这就必须应用相应的核辐射测量方法，才能将核辐射探测器的输出信号转换为人们所需要的辐射相关的物理量信息。以下仅简要介绍核装备辐射防护相关领域经常涉及的活度测量、能谱测量等核辐射测量方法，高能或粒子物理、医学等领域的核辐射测量方法请参阅相关文献。

9.2.1 α 和 β 活度测量方法

粗略地讲，放射源的 α 活度（β 活度）是指放射源在单位时间内发生 α 衰变（β 衰变）的次数，核辐射探测器单位时间内输出的脉冲数目（计数率）就能够直接反映活度大小，理想情况下计数率与放射源的活度保持线性关系，比例系数就是核辐射探测器的探测效率，即放射源发射一个 α 或 β 粒子后核辐射探测器输出一个脉冲的概率，用公式表示为

$$\varepsilon = \frac{\text{探测输出脉冲的计数率}}{\text{放射源单位时间内放出的 }\alpha\text{ 或 }\beta\text{ 粒子数}} \tag{9-1}$$

探测效率与很多因素有关，一是探测器种类、材料、结构、尺寸等，二是放射源的材质、尺寸、厚度、密度等，三是探测器放射源之间的距离和相对位置等，精确的测量要求考虑样品本身的自吸收和散射，探测器工作电压、输出信号堆积、性能参数漂移等许多因素的影响。

探测效率的绝对测量十分复杂，对人员和仪器、场地要求很高，需要由具有一定资质的计量检定机构实施。除仪器出厂或重大维修后或定期校准时需要在计量检定机构进行绝对测量获得探测效率外，平时工作中的活度测量均使用相对测量法，但必须保证测量条件与检定校准时的测量条件基本一致，在此前提下，探测器的输出计数率除以计量检定机构提供的探测效率，就得到待测样品的活度。

由于测量环境（如墙壁、地面、空气等）不可避免地存在一定量的放射性物质，甚至测量装置本身也含有微量的放射性物质，这些都会对放射性测量产生额外的干扰和影响。为将这种干扰和影响降低到可以接受的水平，通常的作法是采用一定厚度和结构的屏蔽体将探测器和被测对象包围起来，对外界发射的射线予以减弱和吸收，这在被测对象放射性较弱或测量精度较高时是必不可少的。

图 9-1 给出了一种常见的 α 活度或 β 活度测量装置的结构示意图。由于 α 粒子和 β 粒子的穿透能力较弱，实际测量时一般将含有 α 或 β 放射性核素的待测对象如水、空气、

生物等通过蒸发、抽气过滤、碳化等方式制备成厚度较薄的均匀样品，以减少样品本身对粒子的吸收（尤其是α粒子）。

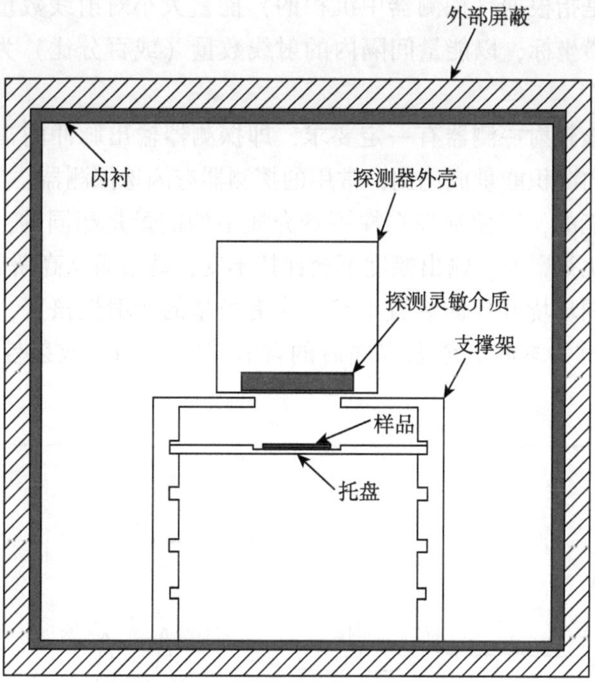

图 9-1 α、β 活度测量装置结构示意图

测量α活度时，样品应尽量薄，而且尽量靠近探测器，有时甚至还要将测量装置内部抽真空，以减少样品与探测器之间空气层的吸收。

测量α或β粒子时，探测器的外壳和入射窗（死层或非灵敏区）要尽可能薄，以减小吸收，尤其是测量α粒子时，常用的探测器主要有使用云母或铍作为窗材料的气体探测器、大面积半导体探测器（如金硅面垒半导体探测器和平面钝化离子注入半导体探测器等），有时甚至将样品置于探测器灵敏体积内部，如流气式正比计数器等。

测量β活度时，由于β粒子的穿透力比α粒子强许多，样品自吸收的影响不像α粒子那么严重，样品厚度要求不一定很高，但有时为了消除厚度不同导致自吸收不同带来的额外误差而规定样品必须达到某一厚度（饱和厚度）。但是，β粒子与材料发生作用时散射比较严重，因此样品应离探测器远一些，探测装置内部应空旷一些。另外，由于β粒子与高原子序数材料发生作用时会产生穿透能力比β粒子强得多的轫致辐射，托盘和支架应尽量使用聚乙烯、铝等轻原子序数的材料。为进一步降低这方面的影响，屏蔽的内衬一般也用聚乙烯材料。

9.2.2 γ能谱测量

现在发现的 2 000 多种放射性核素中，绝大部分衰变时会放出γ射线。由于γ射线穿透能力强，测量γ比测量α和β要容易方便得多，不用考虑样品的自吸收、空气层的吸收，只有在能量很低时才需要考虑探测外壳的减弱吸收作用。最重要的是，放射性核素衰

变产生的 γ 射线是单能的，通过测量 γ 射线能量可以反推出核素种类，因此 γ 能谱测量得到广泛应用。

所谓的能谱，是指根据（探测器中沉积的）能量大小对射线数量进行统计所得的结果，如果以能量为横坐标，以能量间隔内的射线数量（或百分比）为纵坐标，就得到能谱图。

测量 γ 能谱的核辐射探测器有一定要求，即探测器输出脉冲的幅度与入射 γ 射线在探测器灵敏介质中的沉积能量成比例，常用的探测器有闪烁探测器、半导体探测器等。虽然入射 γ 射线是单能的，即使损失在探测器介质中的能量是相同的，但由于微观过程的随机性、噪声和干扰等影响，输出幅度不会保持不变，通常服从高斯分布。另外，即使没有放射性样品，周围环境和探测装置本身也含有微量的放射性核素，因而探测器也会输出信号，这类信号称为本底。考虑本底后的含有 ^{137}Cs 和 ^{60}Co 放射性样品的 γ 能谱示意如图 9-2 所示。

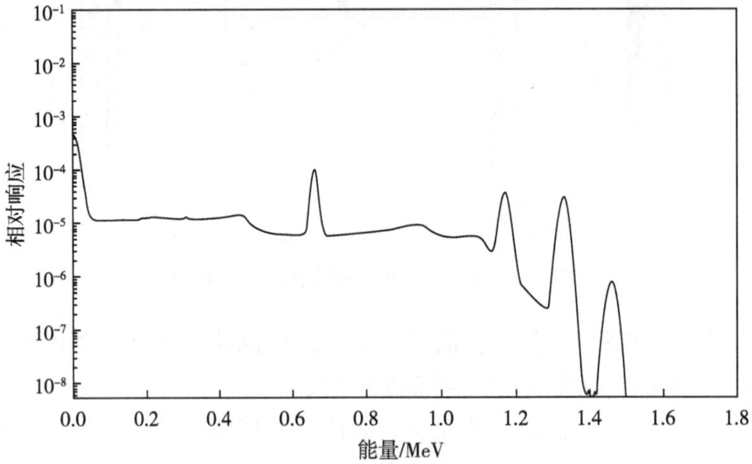

图 9-2　含有 ^{137}Cs 和 ^{60}Co 的放射性样品的 γ 能谱图

图 9-2 中，有几个比周围明显高出的山峰形的突起，称作特征能量全能峰。全能峰顶点对应的横坐标为 γ 射线的能量，通过与放射性核素数据库查找比对可以确定放射性核素的种类。全能峰曲线、左边界、右边界和横坐标围起来的封闭图形的面积 S 扣除左右边界之间的本底贡献 B 之后代表测量时间 t 内这个特征能量 γ 射线的发射数量，除以对应核素发射此特征能量 γ 射线的分支比 η 和探测装置的探测效率 ε，就可反推出待测样品中的发射该特征能量射线的核素的活度，用公式表示为

$$A = \frac{(S - B)}{t \cdot \varepsilon \cdot \eta} \tag{9-2}$$

与 α 和 β 活度测量类似，γ 能谱测量装置绝对探测效率的校准也需要经有资质的机构实施。γ 能谱测量装置对待测样品的探测效率与样品的材质、密度和几何结构尺寸，发射 γ 射线能量大小，探测器外壳材质和厚度等有关，应用时必须根据实际需求进行考虑。开展 γ 能谱测量分析时，也应保证测量样品的材质、密度，盛装样品的容器的材质、几何结构尺寸，样品与探测器的距离等测量条件与绝对效率校准时保持基本一致。

9.2.3 中子测量

中子测量都是通过测量中子与物质发生碰撞、吸收、核反应、裂变等相互作用时产生的次级射线粒子的种类、数量、能量、角度等信息而间接实现的。与 α、β 和 γ 射线相比，中子与物质发生相互作用的反应截面小得多，总体上随中子能量增加而减小，但在局部能量区间存在所谓的共振区，即在此能量区间内反应截面大小发生剧烈变化，这一点与 α、β 和 γ 射线也存在很大的不同。中子与不同物质的发生相互作用的反应截面差别很大，基本没有规律可循，除^{6}Li、^{3}He、^{10}B 和镉、钐、钆、铪等少数核素和元素外，中子与大部分物质发生相互作用的截面都很小。中子与物质发生非弹性散射时，还会产生多种能量的 γ 射线，以上这些特点决定了中子测量的复杂性和难度远远超过 α、β 和 γ 射线。

根据待测对象或辐射场的中子能量的不同以及测量目的，通常采用不同的测量方式。对于中高能中子，可以采用含氢丰富的材料作为探测器灵敏介质，通过测量中子与氢原子核发生碰撞的次级产物（质子）等实现对中子的测量；也可以利用中子能使铀等核素发生裂变的特性，通过测量裂变产生的重粒子等实现对中子的测量。对于低能中子，可以采用富含^{6}Li、^{3}He、^{10}B 等核素的材料作为探测器灵敏介质，通过测量中子与这些核素发生核反应产生的质子、α 粒子等次级重粒子等实现对中子的测量，这几种方法都可以实现中子的实时测量。有时还利用中子使某些物质发生活化的特性，先将该物质放入辐射场照射一段时间后再取出，通过测量被中子活化的物质的 β 或 γ 放射性而实现对中子的测量，这种方法可以避免辐射场中 γ 射线的影响，但不能实现中子的实时测量。

通常的现实是待测对象或辐射场的中子能量可能涵盖好几个数量级，因此需要实现在线实时测量的中子测量装置一般在探测器外围包裹一定厚度的慢化吸收材料，使中子能量降低，增加探测器灵敏介质与慢化后的中子发生核反应的截面，因此探测器灵敏介质通常包括^{6}Li、^{3}He、^{10}B 等，如^{6}LiF 闪烁体或玻璃、^{3}He 气体、$^{10}BF_3$ 气体、含硼涂层等。

中子探测装置对不同能量中子的探测效率不同，这一点与 γ 射线类似，但许多情况下，如中子被物质吸收后产生的次级粒子在探测器中的能量沉积与入射中子能量并不存在固定关系，因而探测器的输出脉冲幅度不能反映入射中子的能量，这一点与 γ 射线能谱测量完全不同。入射中子的能量必须结合探测器外围的慢化材料种类、厚度、结合等进行比较复杂的计算才能得到，中子能量的测量精度远低于 γ 能谱测量。

9.3 核辐射测量的一些特殊问题

核辐射测量与其他物理量测量一样，有一些共性的要求，但由于核辐射存在一些有别于其他物理量的特性，其测量也有一些特殊问题，以下仅简要阐述核辐射测量中的涨落、本底、低放射性水平测量和低能射线测量等有别于其他物理量测量的方面。

测量质量、长度、温度等物理量时，如果待测对象不变，测量装置和测量条件也不变，排除人为因素后，进行多次测量的结果也不会变化，或者只在很小的范围内变化，可以记为 $x\pm\Delta x$，Δx 为最大变化范围，可称为误差限。但核辐射测量则不同，即使待测对象、测量装置、测量条件等都没有变化，多次测量的结果也不相同，围绕某个值上下波动涨落，而且波动变化范围很大，多次测量的结果服从高斯分布。虽然核辐射测量结果形式上也可以表示为 $x\pm\Delta x$，其中 Δx 为标准偏差，但意义完全不同，它表示的是真值落在 $x\pm\Delta x$ 区间的概率是68.3%。测量结果的变化范围与其出现的概率相关，测量值偏离 x 越近，出现的概率越大，测量值偏离 x 越远，出现的概率越小，例如，测量值超出 $x\pm3\Delta x$ 区间的概率小于0.3%。

测量质量、长度、温度等物理量时，除去测量准备时间，增加真正用于测量的时间并不会提高测量精度。但核辐射测量不同，测量时间越长，有效计数越多，相对波动涨落越小，最终的测量值的误差越小。因此，进行核辐射测量时，一般要求进行多次测量，不仅需要给出平均值，还要给出标准偏差和相对标准偏差。有时为了达到一定的测量精度，测量时间必须达到相应的时长。

另一方面，与质量、长度、温度等物理量测量不同的是，除了应设法降低噪声、内外干扰等因素影响外，核辐射测量还要考虑高能宇宙射线、周围环境和探测装置本身所含有的微量放射性物质的影响，它们也会引起探测器的响应，即探测装置的本底，并且混在待测样品产生的输出信号中，通常情况下还难以区分，这是所有核辐射测量都需要面临的一个问题。一个直观且有效的方法是分别测量本底和样品，再从样品的测量值中扣除本底的贡献，这有点类似于物体质量称量时的去皮。

但应该注意的是，本底测量其实也是放射性测量，测量结果也同样存在波动，在待测对象放射性水平较低时，甚至可能发生本底测量值高于样品测量值的情况，此时如果只是简单地扣除本底，将得到待测样品含有的放射性为负值，这显然是错误的。有时待测样品本身不含额外的放射性，但由于本底和样品测量值都存在涨落，也可能得出待测样品存在额外放射性的错误结论。

为了应对这些问题，除了增加本底测量时间减小本底的相对涨落外，还可以采取措施降低本底，如测量装置各部件选用放射性杂质含量低的材料，加装或加厚外部屏蔽或其他物理方法，减少本底的绝对影响，但这不可能完全避免这些问题的发生，还必须给出这些问题发生的概率，以便对测量结果进行评估。

有些放射性核素发射射线的能量特别低，穿透力很弱，即使将其紧贴探测器外壳表面，探测器也很难产生有效响应。目前的思路是将含有这些发射低能射线的放射性核素的待测对象置于探测器的灵敏介质内部，或者干脆与灵敏介质混合在一起（液体闪烁探测器等），这样就避免了样品本身的自吸收、空气层的吸收以及探测器外壳及入射窗等的吸收。即便如此，由于射线能量很低，很多时候能量还是从零开始连续分布的（如 ^{3}H、^{14}C 等），探测器的部分输出信号在幅度方面无法与噪声和内外部干扰进行区分，需要采取一些特别的处理方法。

思考题

1. 通常使用的气体探测器有哪几种类型？产生相同的射线能量沉积时，哪一种探测器的输出信号包含的电荷最少？哪一种最多？

2. 探测 α 射线、β 射线、γ 射线和中子时，可以分别采用哪种闪烁探测器？

3. 高纯锗半导体探测器的主要优缺点是什么？
4. 热释光探测器主要由哪两部分组成？其功能分别是什么？
5. α 或 β 活度测量时，在哪些需要特别注意的问题？
6. γ 能谱中，特征能量与什么对应？如何从能谱中获得放射性核素活度？
7. 中子测量与 γ 测量有哪些相同点和不同点？
8. 与质量、长度、温度等物理的测量相比，核辐射测量有哪些特殊问题需要考虑？
9. 核辐射测量的本底主要有哪些来源？有哪些基本方法可以减小其影响？

第10章 核动力舰船辐射监测

运用前面介绍的核辐射探测器和核辐射测量方法，可以获知某个待测对象所含核辐射的种类、能量或活度等信息，但实际工作中人们更想实时获得关心或感兴趣的某个空间区域的外照射水平、表面污染水平或介质的活度浓度及其随时间的变化等，并从中分析寻找趋势和规律，为装置运行安全、人员健康等提供数据支撑，这类直接与实际应用紧密关联的核辐射测量和数据处理活动，通常称为辐射监测。因此，辐射监测的涵义更为宽泛，不仅包括对可能包含放射性物质的对象所实施的核辐射测量，还包括对测量结果的分析、解释和评价，以及监测方案的制定、监测质量的保证等。

辐射监测是监督和检查核动力装置、核设施、核技术利用射线装置或放射源等运行安全的关键和必要手段，通过辐射监测可检验和评价防护设施的屏蔽效能；由于放射性测量相比常规物理量的测量要灵敏许多，因此辐射监测成为系统设备运行工艺安全的前沿哨兵和预警雷达，对于预防事故、及时发现事故苗头，及早采取措施阻止事故发生发展或减缓事故后果具有重要作用。辐射监测信息和数据是估计和评价工作人员遭受辐射伤害的重要资料，是放射诊断、判断病情及医学治疗、核或辐射事故防护行动决策及事故后果评价的重要依据。因此，辐射监测是保障设备工艺安全、人员辐射安全健康及环境辐射安全的重要手段。

根据监测对象的不同，辐射监测可分为以下几类：

（1）工艺辐射监测：为保证核动力装置、核设施等的安全运行，及时发现破损泄漏、辐射水平超标等隐患苗头，对某些重要和关键设备系统及空间所进行的辐射监测。

（2）工作场所监测（对核电厂等而言）：对核动力舰船而言通常称为舱室辐射监测，主要是对人员可能经常进出的放射性工作场所进行的辐射监测，以保证工作人员接受的辐射水平不超过规定值。

（3）个人剂量监测：为保证工作人员的辐射安全，对相关工作人员个人所受照射剂量进行的辐射监测，包括外照射剂量和内照射剂量。

（4）辐射环境监测（经常也称作环境辐射监测）：为评价核动力装置、核设施、核技术利用射线装置或放射源长期运行对周边环境的辐射影响，对周边一定范围内的空气、水、土壤、动植物等的放射性进行的辐射监测。

（5）应急辐射监测：发生放射性物质向外部环境大量释放的核或辐射事故时，对事故对象、有关人员、周边环境等进行的辐射监测，根据事故发展阶段的不同，可分为早期和中后期应急辐射监测。

虽然核动力舰船与核电厂的辐射源均源于核反应堆，但由于两者在运行环境、运行特性、资源条件和使命任务等诸多方面存在很大差异，导致两者的辐射监测也存在较大差异，本章主要介绍核动力舰船及配套的放射性废物接收、贮存和处理等核设施相关的工艺辐射监测、舱室辐射监测、个人剂量监测、应急辐射监测等内容。

10.1 概述

为保护核动力舰船反应堆舱内的设备、仪器仪表和工作人员接受的辐射照射低于相关限值，保证设备、仪器仪表的正常运行和人员健康，核动力舰船设置了反应堆和堆舱辐射屏蔽、堆舱负压系统、堆舱空气净化等辐射防护硬件设施设备。但这些设施设备是否完整、性能是否达到设计标准，运行是否正常，需要进行实时在线监测。为及早发现舰船核动力装置核或辐射事故的苗头，检验和评价舰船辐射防护设施的有效性，为科学决策并采取措施避免事故发生或减缓事故后果提供必要的信息支持和依据，保障工作人员的健康和核动力装置的运行安全，需要对核动力装置重要关键设备系统、堆舱及邻近区域、工作人员、军港营区及周边环境进行辐射监测。

长期工作在高温高压强辐射的恶劣环境条件下，核反应堆燃料元件及其包壳、蒸汽发生器传热管、设备管道阀门等的性能不可避免地会逐渐降低，可能发生轻微破损或泄漏，甚至破口等核事件或事故。一般情况下，这些核事件或事故发生前伴随有一定征兆，某些特征或参数会出现一些细微的变化并缓慢发展，通过这些监测这些特征或参数的异常变化就能够及早发现，以便及时采取应对措施，阻止事故的进一步发展或缓解事故的程度和危害。核动力装置发生轻微泄漏时，其温度、压力、液位等热工参数的变化幅度很小，通常需要数小时甚至更长时间才能出现操作人员可察觉的变化。但这些参数即使是正常条件下稳态运行时也可能会发生一定幅度的无规律波动，从而掩盖了轻微泄漏产生的变化，因此无法在更早时间发现事故苗头。但放射性则非常不同，即使只有很少量的放射性物质泄漏到设备或管道外部，就可能引起附近相关区域的辐射场尤其是空气放射性水平发生明显变化，因此核电厂和核动力舰船均通过测量辐射场或放射性的变化来监测核动力装置的运行安全隐患或事故征兆，这类保障运行安全的辐射监测称为工艺辐射监测，主要包括燃料元件包壳破损监测、蒸发器泄漏监测等。

平时训练或执行任务期间，核动力舰船工作人员的工作、生活和休息等活动均在舰船上，为保障人员安全，必须对辐射水平较高、变化较大或可能遭受放射性污染的区域的外照射辐射水平、空气放射性水平及表面放射性水平进行监测。这类对工作人员可能经常进出或接近的场所的辐射监测称为舱室辐射监测，主要包括舱室中子辐射监测、舱室 γ 辐射监测、舱室空气放射性监测等，舱室地面、舱壁或设备的表面放射性主要通过便携式表面污染监测仪进行监测。

核动力舰船工作人员根据工作性质和任务的不同，可能接受的辐射照射剂量差别很大，根据国家和军队有关法规标准，应对放射性职业工作人员进行个人剂量监测和评价，主要是可能需要进入堆舱或取样间等辐射水平很高的区域的核动力一回路专业、核防护专业、取样化验专业人员等，另外还包括需要进入堆舱进行检修的相关人员。

核动力装置和核设施必然会产生一定数量的各类放射性废物，也会向环境排放一部分放射性物质，依据国家和军队法规标准规定，必须对军港、码头、营区及周边一定范围内的区域进行辐射监测，以评价核动力装置和核设施运行对人员和环境产生的辐射安全风险，这类为保障营区官兵及周边群众和环境安全的辐射监测，称为辐射环境监测。

10.2 工艺辐射监测

为保障核动力装置的安全运行，必须设置充分和必要的压力、温度、流量、液位等热工参数测量点，但与核辐射测量信号相比，反应堆稳态运行时这些热工参数的变化一般较为缓慢，相应的传感器不够灵敏，加之实际运行时还存在一定幅度的波动，使得工作人员更加难以及时发现参数的缓慢而微小的变化。实际工作实践也表明，设备或管路的微小破损或渗漏等运行事件或事故导致热工参数的变化幅度很小且十分缓慢，工作人员发现时该事件可能已经发生了数小时、数十小时甚至更长时间，因而无法及时有效地开展预防和控制措施。另一方面，核动力舰船与核电厂满功率稳态运行不同，需要经常变工况运行，许多热工参数变化幅度较大，可能完全淹没微量破损泄漏等原因产生的变化，导致依赖热工参数的变化发现运行安全隐患更加困难。

相反，设备或管路的微小破损或渗漏可能导致附近的核辐射测量信号立刻发生能够明显观察得到的变化，甚至是数倍的变化或更大幅度的变化，工作人员能够及时发现，为及时采取措施争取宝贵的时间。因此，无论是核电厂还是核动力舰船，对关键安全设备或对象均设计了必要和合理的核辐射监测设备，由于这些监测设备主要目的是及时发现核动力装置的运行安全隐患，因而通常被称为工艺辐射监测系统。由于核动力装置布局、运行条件和工况的差异较大，核动力舰船的应急资源少得多，其工艺辐射监测系统通常比核电厂考虑得更加充分一些。

核动力舰船的工艺辐射监测系统通常包括燃料元件包壳破损监测、蒸发器泄漏监测、设备冷却水污染监测等项目。

10.2.1 元件包壳破损监测

燃料芯块、燃料元件包壳、一回路压力边界、反应堆厂房（核电厂）或反应堆舱（核动力舰船）等构成压水反应堆安全纵深防御的屏障。正常情况下，绝大部分裂变产物包容在燃料芯块中，少量气态和挥发性较强的裂变产物如氪、溴、碘、氙等逸出燃料芯块，被束缚在元件包壳与燃料芯块之间的缝隙中。燃料元件包壳厚度仅 1 mm 左右，包壳材质及加工、检测工艺很难保证堆芯内数万根燃料元件长期在高温高压强辐射的极端恶劣条件下工作不产生缺陷或不发生破损。一旦发生破损，氪、溴、碘、氙等裂变产物将进入一回路冷却剂，使一回路系统设备及反应堆厂房或反应堆舱的放射性水平上升，对人员辐射安全和健康造成威胁，尤其是核动力舰船，与反应堆舱相距最近的工作岗位不过几米，休息区最远也仅有几十米，而且存在堆舱放射性气体外逸到工作和生活舱室的可能。因此，对核动力舰船而言，及早发现燃料元件包壳破损，及时采取有效应对措施，降低辐射带来的风险，具有极端重要的价值和意义。

根据反应堆是否处于运行状态或是否需要将燃料元件从堆芯取出，燃料元件包壳破损监测方法可分为离线监测（异位监测）与在线监测（就地监测）两大类。

异位监测通常在反应堆停堆检修期间或乏燃料贮存于水池期间进行，一般是将燃料元件从堆芯卸出后暂存于水池中，通过改变燃料元件贮存容器中包壳内外环境的温度或压力，使裂变产物从包壳破损处逸出，测量从燃料元件贮存容器中抽取气体的放射性水平或核素，从而实现对元件包壳是否破损进行判定或对破损量进行评估，以便对发生破损的组件单独贮存或处理，以保障贮存期间或转运过程中的辐射安全，主要有啜吸检漏等方法。由于此时燃料元件已从堆芯卸出，可以就某一组燃料组件进行单独的破损检测，而且干扰因素要比装载在堆芯内部时小得多，因而可以在某种程度上实现包壳破损的定量检测。

就地监测一般在反应堆运行期间进行，通过对一回路冷却剂放射性水平的高低或所含放射性核素的种类等来判别包壳是否发生破损，其主要目的是及时发现破损，以便采取应对措施。根据取样和测量方法的不同又可分为就地在线监测和就地取样监测两种，就地在线监测是指反应堆在运行状态条件下探测装置靠近冷却剂流过的管道进行直接测量的方法，就地取样监测是指在反应堆在运行状态条件下从管道中取出一定量的冷却剂后进行制样和放射性测量的方法。由于反应堆运行时一回路冷却剂放射性核素来源极其复杂，既有氮、氧、钴、锰、铁等活化产物或腐蚀活化产物，在包壳发生破损时还有氪、溴、碘、氙等裂变产物，这些核素在冷却剂中的含量与反应堆运行历史、腐蚀情况等有关，且一回路系统设备和管道布置纵横交错，尤其是核动力舰船堆舱空间狭窄，相互之间影响十分复杂，且各种核素在冷却剂中迁移、净化、沉积的规律也不相同，因此从目前实际应用角度出发，就地在线监测和就地取样监测方法不能对包壳破损的大小进行定量测量，只能定性测量，其主要优点在于能够及时发现破损，而不是定量测量。

以下仅介绍就地监测中的就地在线监测方法和就地取样监测方法。

10.2.1.1 就地在线监测

（一）原理与方法

无论是核动力舰船还是核电厂，燃料元件包壳破损就地在线监测一般都是从一回路冷却剂主回路或相关回路引出一个支路，在该支路某节点设计一个或多个测量池，将核辐射探测器置于该测量池中（由于冷却剂处于高温高压状态，核辐射探测器一般不与冷却剂发生直接接触），测量该测量池的中子注量率、γ 剂量率水平或 γ 能谱，通过中子注量率水平、放射性水平的高低或识别的 γ 放射性核素等，或者通过抽取相关空间区域的空气后测量其气载放射性水平，判断燃料元件包壳是否发生破损。为了提高元件包壳破损报警的可信度和可靠性，通常综合评判中子注量率、γ 射线总计数或核素识别等信息后给出报警信息，而不是单纯依赖中子或 γ 测量中的某一种信息。

元件包壳破损监测需要克服许多困难，发生燃料元件包壳破损时，冷却剂中既有发射中子和 γ 射线的冷却剂本体活化产物、腐蚀活化产物，也有发射中子和 γ 射线的裂变产物，而测量目标是测量裂变产物，因此必须设法消除或降低活化产物等干扰因素的影响。首先是源项十分复杂，燃料元件包壳发生破损时，进入冷却剂的氪、溴、碘、氙等裂变产物将与冷却剂中早就存在的氮、氧、钴、锰、铁等活化产物或腐蚀产物共存，各种核素的特征能量相互交错，其中冷却剂本体活化核素^{16}N不但放射性活度浓度高，发射的γ射线能量也很高，对其他核素的测量构成了巨大干扰，因此对一回路冷却剂中的裂变产物和活化产物进行有效区分测量是一项十分复杂的工作。第二，核辐射探测器对中子和γ射线均会产生一定的响应信号，尤其是对中子敏感的核辐射探测器也对γ射线敏感，必须进行有效甄别。第三，对核动力舰船而言，核辐射测量装置只能布置在反应堆舱或邻近区域，有许多影响和干扰因素无法回避：反应堆堆芯链式裂变反应时释放的瞬发中子和瞬发γ射线等的影响，堆舱内纵横交错的放射性设备管路内部源项之间的相互影响，设备或管路局部放射性核素的沉积、冷却剂主泵状态变化导致冷却剂内悬浮态腐蚀产物的分布变化等对测量造成的干扰。

对压水堆而言，燃料元件包壳破损后较易且较多进入冷却剂的裂变产物主要有主要有氪、溴、碘、氙、铯等，有些核素既能够发射缓发中子，也能发射γ射线或其他射线。对发射缓发中子的先驱核素，一般可根据其发射中子的半衰期长短将其划分为若干组，表10-1给出了^{235}U热中子诱发裂变后所产生缓发中子的相关信息，最后一列的份额指该组缓发中子占全部瞬发中子和缓发中子数量之和的百分比。

表10-1　^{235}U热中子诱发裂变缓发中子分组信息

组别	半衰期/s	平均寿命/s	产额/（n/裂变）	份额/%
1	55.72	78.64	0.000 52	0.021 5
2	22.72	31.51	0.003 46	0.142 4
3	6.22	8.66	0.003 10	0.127 4
4	2.30	3.22	0.006 24	0.256 8
5	0.610	0.716	0.001 82	0.074 8
6	0.230	0.258	0.000 66	0.027 3
合计			0.015 8	0.65

累积产额较大、较易通过燃料元件包壳破损处进入冷却剂的放射性核素的主要辐射特性如表10-2所示。

表10-2　^{235}U热中子诱发裂变产生的主要裂变气体核素和挥发性核素的主要辐射特性

核素	半衰期	累积产额/%	主要γ射线能量/keV（强度/%）
^{83}Br	2.40 h	0.536	529.64（1.2）
^{84}Br	31.76 min	0.984	881.6（41.6）1 897.6（14.56）3 927.5（6.78）
^{86}Br	55.1 s	1.87	1 564.8（62）2 751.4（18.8）1 361.6（11.5）1 389.8（12.1）
^{87}Br	55.68 s	2.032	1 419.7（22）1 476.1（7.9）1 577.6（6）
^{88}Br	16.29 s	1.778	775.28（61.66）802.14（12.85）
^{89}Br	4.34 s	1.084	775.3（13.6）1 097.82（6.4）953.53（4.5）997.93（4.5）
^{83m}Kr	1.83 h	0.536	9.396（4.9）
^{85m}Kr	4.48 h	1.289	151.2（75）304.87（14.0）
^{85}Kr	10.78 a	0.283	513.997（0.434）

续表

核素	半衰期	累积产额/%	主要γ射线能量/keV（强度/%）
^{87}Kr	76.3 min	2.555	402.587（50）845.43（7.3）1 740.52（2.04）2 011.88（2.88）2 554.8（9.2）
^{88}Kr	2.84 h	3.548	196.301（26.0）834.83（13.0）1 529.77（10.9） 2 195.842（13.2）2 392.1（34.6）
^{131}I	8.02 d	2.887	284.305（6.14）364.489（81.7）636.989（7.17）
^{132}I	2.30 h	4.307	522.65（16.0）630.19（13.3）667.71（98.7） 772.6（75.6）954.55（17.6）1 398.57（7.01）
^{133}I	20.8 h	6.689	529.872（87）
^{134}I	52.5 min	7.821	595.362（11.1）621.79（10.6）847.03（95.4） 884.09（64.9）1 072.55（14.9）
^{135}I	6.57 h	6.312	1 131.511（22.6）1 260.409（28.7）1 457.56（8.7） 1 678.027（9.6）1 791.196（7.72）
^{137}I			
^{133m}Xe	2.19 d	0.195	233.221（10.0）
^{133}Xe	5.24 d	6.691	80.997（38.0）
^{135m}Xe	15.29 min	1.107	526.561（80.0）
^{135}Xe	9.14 h	6.570	249.794（90）
^{138}Xe	14.1 min	6.290	258.411（31.5）434.56（20.3）1 768.26（16.7）2 015.82（12.3）
^{137}Cs	30.02 a	6.18	661.657（84.99）

如3.3所述，压水反应堆运行时冷却剂中放射性活度占绝对主导地位是^{16}N和^{17}N两种核素，其他如钴、锰、铁等腐蚀活化产物可不予考虑。幸运的是，氪、氙、碘等气态或挥发性较强、且产额较高的裂变产物半衰期多在分钟、小时量级或更长，而^{16}N和^{17}N的半衰期分别为7.13 s和4.14 s，远小于氪、氙、碘等裂变产物。因此，可以充分利用氪、氙、碘等裂变产物和冷却剂本体活化产物半衰期之间的巨大差异，在将冷却剂送入到核辐射探测装置进行测量之前，将取样管道特意延长，使^{16}N和^{17}N得以充分衰变，其活度大大衰减，而裂变产物虽有衰减，但相对少得多，从而可以显著降低^{16}N和^{17}N的影响，提高测量的准确性和可靠性。

（二）监测系统布局与组成

燃料元件包壳破损监测系统的一般工艺流程如图10-1所示，为满足探测装置工作温度要求，在送入探测装置取样池之前必须对冷却剂进行充分冷却。

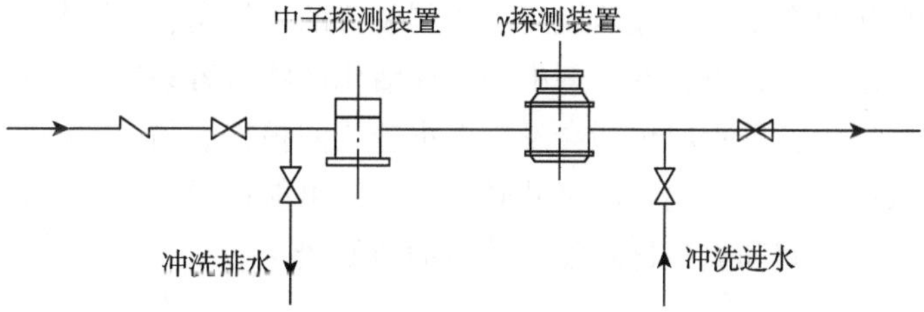

图10-1 燃料元件包壳破损监测系统工艺流程示意图

出于在线实时测量的需要，探测装置测量池中的冷却剂必须是实时流动更新的，但探测装置一般不能直接与冷却剂直接接触，可以采用多种方法达到这些基本要求。

许多场合采用螺旋式的取样管路，管道加工成螺旋式结构，冷却剂在管道中动态流动，探测装置置于螺旋结构中心，如图 10-2 所示。为降低反应堆压力容器、蒸汽发生器、冷却剂主管道等周围强辐射设备发射射线的干扰，条件允许时，燃料元件包壳破损监测装置一般布置在稍远的区域甚至单独的房间，并且外部布置一定厚度的屏蔽，以尽量降低探测下限，提高测量灵敏度。此处的屏蔽，应根据探测器的不同而确定，如果是 γ 探测器，屏蔽材料应选择铅等高原子序数材料，如果是中子探测器，其屏蔽要复杂一些，一般需要在外层布置慢化层，内层布置吸收层，以尽量减小外部中子对中子探测器的影响。

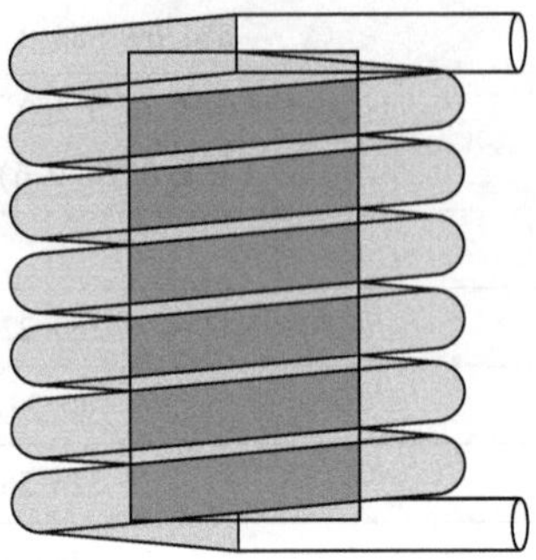

图 10-2　螺旋管式取样方式示意图

螺旋管式取样结构具有诸多优点，一是能够使更多的冷却剂发射的射线能够射入探测装置，提高了测量灵敏度，在此种条件下探测装置效率一般通过蒙特卡罗方法等进行模拟计算，再通过实验进行一定的验证；二是取样管的螺旋弯曲直径相对可以做得较小，装置的外部屏蔽尺寸和重量相应减小，有利于装置的轻量化。但螺旋管式取样结构也有一些问题，相对于直线式管道而言，长期运行之后，螺旋式取样管道更容易导致冷却剂中的腐蚀活化产物等沉积在管道中，其发射的数目众多的 γ 射线对缓发中子的测量造成极大干扰，尤其是一回路冷却剂水质控制得不太理想时更是如此，可能造成误报警。因此，为减小管道中不断沉积的腐蚀活化产物对测量的影响，一般在取样系统中设置一个冲洗支路，如图 10-1 所示，需要时关闭正常取样测量时的阀门，引入流速或压力更大的水源对螺旋管路进行反冲洗，将沉积在螺旋取样管道内壁表面的腐蚀产物清除一部分，以降低对测量的干扰。

图 10-3 所示的燃料元件破损监测装置采用了另外一种取样方式和探测器布局，取样器位于测量装置的轴中心位置，在某一径向距离处中心对称布置多支中子计数管，相当于探测器将待测对象包裹在中心，显著提高了探测装置的立体角，从而提高探测装置的探测灵敏度。但在这种取样方式下，冷却剂中的腐蚀活化产物也容易在取样容器中沉积，且不易清洗，造成本底升高，严重时可能会发生误报警或假报警。另一方面，监测装置的取样和探测器布局方式决定了装置的屏蔽尺寸必然增大，可能造成监测装置整体的体积和重量较大，不一定适合对空间和重量比较敏感的核动力舰船。

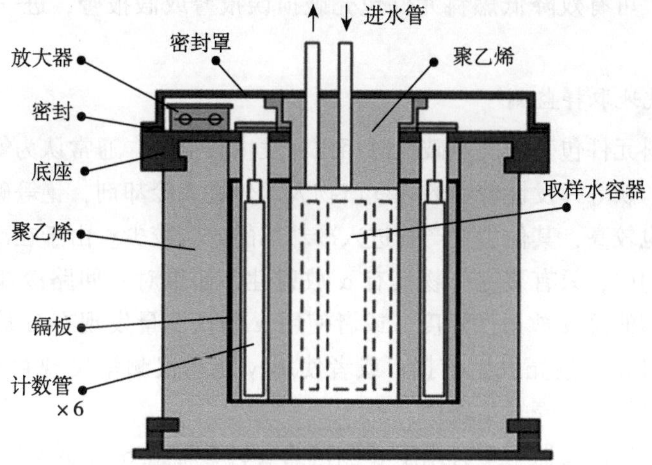

图 10-3 燃料元件破损监测装置示意图

图 10-4 给出了一种直接式取样示意图，探测装置直接对准包含待测冷却剂的管道。这种取样方式能够很大程度上缓解螺旋式取样测量池中腐蚀活化产物积累的问题，但需要安装准直器以准确确定立体角，探测器与冷却剂管道也不能距离太近，立体角比螺旋管式取样方式小得多，因此对探测器的探测效率提出了更高的要求。另一方面，这种方式一般是直接测量主管道冷却剂，为降低测量本底和测量下限，所需屏蔽厚度可能比螺旋式取样方式大一些，而且探测装置直接靠近冷却剂管道，对探测装置的环境适应性提出了更高的要求。同时屏蔽还要将整个管道包裹起来（图 10-4 中未画出），以减小其他管道或容器内放射性物质发射的射线干扰，因而尺寸重量可能更大。

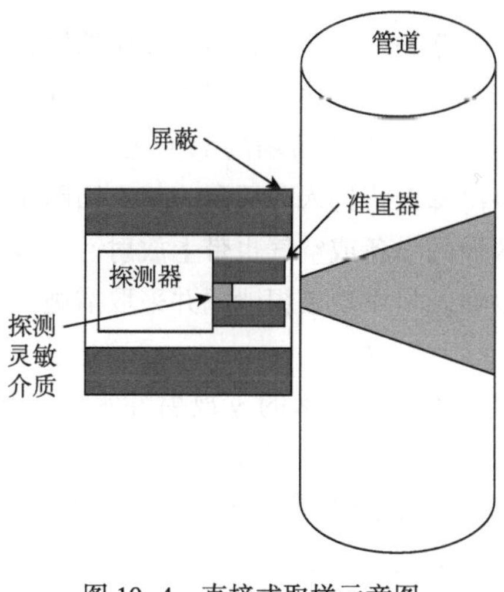

图 10-4 直接式取样示意图

除了对冷却剂中的缓发中子、裂变产物 γ 射线强度或核素进行在线测量或分析外，对核电厂安全壳或舰船核反应堆舱等空间或区域的放射性气体或气溶胶等气载放射性水平或能谱进行测量，也可以作为燃料元件包壳破损监测的补充或辅助监测手段。冷却剂缓发中子监测、γ 射线强度或能谱测量和气载放射性监测，三管齐下，形成所谓的燃料元件破损监测的三元法，可有效降低燃料元件包壳破损误报警或假报警，进一步提高监测的可靠性。

10.2.1.2 就地取样监测

与反应堆燃料元件包壳未发生破损时相比，发生破损时，通常认为氪、氙等裂变气体全部进入冷却剂，碘等挥发性较强的裂变产物大部分进入冷却剂，铯等碱金属裂变产物进入冷却剂的比例也较高，其他裂变产物进入冷却剂的比例较少。由于在冷却剂中的裂变产物和各种活化产物中，只有裂变产物具有 α 放射性，如果对一回路冷却剂取样测量后发现其具有超过预期的总 α 放射性活度，或者使用 α 谱仪测量发现有 α 放射性核素，则可以基本判断有燃料元件包壳发生破损；或者使用 γ 能谱仪测量发现存在裂变产物核素，也可以判断有燃料元件包壳发生破损。

取样监测所使用的仪器主要有用于 α 测量的 α 计数器或 α/β 低本底测量仪、α 谱仪，或用于 γ 测量的 γ 谱仪。

与就地在线监测相比，就地取样监测受到的干扰因素少且干扰力弱，具有很高的可信度。但是，从取样、制样到物理测量给出结果，周期较长，部分半衰期较短的核素的数量已发生很大变化，不同核素在取样制样过程中的损失有很大的不同，需要进行比较复杂的校正才能获得比较准确的结果，而且会产生一定量的放射性废水。对核动力舰船而言，制样过程中会有部分放射性液滴或蒸汽进入工作舱室，对工作舱室空气造成放射性污染，一般仅在就地在线监测发现异常时才进行取样监测，对燃料元件包壳是否破损进行排除或确认。

10.2.2 蒸汽发生器泄漏监测

蒸汽发生器是反应堆一回路和二回路进行热量交换的媒介，也是将一回路冷却剂和二回路水隔离的实体屏障。蒸汽发生器传热管的工作环境非常恶劣，尤其是弯曲部位的水力条件更为恶劣，是一回路压力边界最为薄弱的部位之一。一旦蒸汽发生器传热管发生破损，带有强放射性的一回路冷却剂将进入二回路，使二回路水和蒸汽也带有放射性，从而可能使堆舱或安全壳以外区域的设备或空气也带上放射性，因而必须对蒸汽发生器传热管的完整性进行实时监测，以便及早发现破损泄漏并采取措施，防止对人员安全和健康造成额外的危害。

早期主要通过监测蒸汽发生器排污水的 γ 放射性水平实现对蒸汽发生器传热管破损的判断，其缺点是不能及时发现破损，也很难对破损进行定量测量，后来出现了通过直接测量二回路蒸汽中 ^{16}N 的放射性活度浓度判断蒸汽发生器传热管完整性的方法，而且还可对传热管的破损情况进行定量测量，逐步得到推广应用。

10.2.2.1 蒸汽发生器排污水放射性监测方法

蒸汽发生器传热管发生破损后，一回路冷却剂中的 ^{16}N、^{17}N、^{19}O 等固有活化核素和 ^{51}Cr、^{54}Mn、^{56}Mn、^{24}Na 等腐蚀产物和杂质活化核素将进入二回路水，一部分保留在水中，一部分被蒸汽带走，冷凝后可能又重新进入水中，因此，二回路水的放射性将有一定程度的提高，尤其是蒸汽发生器排污水中的积累量会更多，通过测量排污水的 γ 放射性水平，可以判断蒸汽发生器传热管是否发生了破损。通常是从蒸汽发生器排污水管道引出一个小的支路到带有外部铅屏蔽的 γ 探测装置，通过如图 10-2 所示的结构形式或其他结构形式形成测量池，实现对 γ 放射性的测量。

这种方法的实现相对比较容易，但由于二回路水总量很大，加之蒸汽发生器传热管破损的发生发展是一个比较缓慢的过程，而且放射性在蒸汽发生器排污水中的积累有一个较长的过程，因此这种方法很难及时发现破损，也难以建立放射性水平与破损当量之间的定量关系，在早期应用较多，后来逐渐被新的方法替代，或者仅作为一种辅助方法。

10.2.2.2 二回路蒸汽 ^{16}N 放射性活度浓度监测方法

相对于冷却剂中的其他核素而言，^{16}N 的放射性活度浓度比其他核素高得多，且其能量高于 6 MeV，不易受其他核素的影响，因而选择 ^{16}N 作为判断蒸汽发生器传热管是否发生破损的标志核素是十分有利的，但要求探测装置具有一定的核素识别能力。

用于探测二回路蒸汽 ^{16}N 的探测装置多采用闪烁探测器，如 NaI（Tl）探测器或 $LaBr_3$（Ce）探测器等。为提高探测效率，探测装置不宜距离蒸汽管道太远，此时探测装置所在位置的温度一般较高，因此，除了需要设计外部屏蔽以降低来自反应堆的干扰辐射外，还需要设计专门的隔热层。为了提高核素能量分辨的可靠性和稳定性，一般还需要增加稳峰措施，增设温度传感器，并在探测装置内部安装一个活度很小的 ^{241}Am 作为校准放射源，利用其发射的某一特征能量的射线作为标准，自动调整高压或测量电路的放大倍数，以补偿温度变化对能谱测量带来的影响。

根据反应堆和一回路系统设计参数，可以计算出冷却剂沿一回路流动一周所需时间和压力容器出口处 ^{16}N 的活度浓度，进而得到冷却剂从压力容器出口流动至蒸汽发生器传热管不同位置所需要的时间及该处 ^{16}N 的活度浓度。通过二回路蒸汽 ^{16}N 的探测装置测得的 ^{16}N 的活度浓度，可以反推出蒸汽发生器传热管破损后一回路冷却剂向二回路泄漏的泄漏率，甚至大致推断出传热管的破损位置。

假设压力容器出口处 ^{16}N 的活度浓度为 A_V（单位为 Bq/m^3），冷却剂从压力容器出口到蒸汽发生器传热管的流动时间为 t（单位为 s），一回路冷却剂通过蒸汽发生器传热管破损处向二回路泄漏的泄漏率为 r（单位为 kg/h），一回路冷却剂的质量密度为 ρ_1（单位为 kg/m^3），则单位时间泄漏到二回路中的 ^{16}N 为 $(A_V/\rho_1) \cdot e^{-\lambda t} \cdot r$。

假设泄漏到二回路的 ^{16}N 全部进入二回路蒸汽，二回路蒸汽流量为 Q（单位为 kg/h），二回路蒸汽密度为 ρ_2（单位为 kg/m^3），^{16}N 探测装置在安装位置处对 ^{16}N 的源探测效率为 ε（单位为（1/s）/（Bq/m^3）），测量所得计数率为 n（单位为 1/s），则有

$$(A_V/\rho_1) \cdot e^{-\lambda t} \cdot r = (n/\varepsilon) \cdot (Q/\rho_2) \tag{10-1}$$

可得泄漏率 r：

$$r = (n/\varepsilon) \cdot (\rho_1/\rho_2) \cdot (Q/A_V) e^{\lambda t} \tag{10-2}$$

由于 ^{16}N 是冷却剂中的 ^{16}O 流经堆芯被中子活化产生的，且其半衰期仅 7.13 s，因而其在冷却剂中的活度浓度与反应堆核功率大小及其变化过程密切相关，几乎可以认为是跟随反应堆功率实时变化的。泄漏到二回路中的 ^{16}N 也并非全部进入二回路蒸汽，有一部分将滞留在二回路水中，而且二回路蒸汽流量也可能是动态变化的，式（10-2）并未考虑这些

因素。对于长期稳定运行的核电厂而言，可以不考虑反应堆核功率和二回路蒸汽流量的影响，但对于工况变化十分频繁的核动力舰船而言，却是无法回避的问题。

10.2.3 设备冷却水污染监测

为保证正常运行，一回路系统有许多设备需要进行冷却，正常情况下用于冷却设备的冷却水是不带放射性的。这些设备本身是一回路系统的压力边界，如果与冷却水的隔离边界发生破损，一回路系统带放射性的冷却剂必然会进入冷却水，从而使冷却水的放射性水平增高。因此，可以通过测量冷却水的放射性水平，间接判断一回路压力边界是否发生了破坏。

由于需要冷却的一回路系统设备众多，不可能对每个设备的冷却水进行独立的测量，一般是在冷却水系统的总进口或总出口处设置探测装置。因此，这种方法无法确定到底是哪台设备的冷却水压力边界发生了破损，而且由于设备的冷却水均汇总到总管，发生破损设备的冷却水将与其他未发生破损设备的冷却水混合，降低了冷却水的放射性水平或放射性浓度，不利于提高测量灵敏度。因而这种方法多用作定性测量，或作为其他方法的一种补充，或与其他方法联合起来使用。

从工程实际看，设备冷却水压力边界的破坏程度的发展过程一般是十分缓慢的，由此进入冷却水系统的一回路冷却剂数量很小，因而对用于监测设备冷却水的放射性水平或放射性浓度的测量装置的灵敏度要求很高。这就要求采用探测效率高的探测装置，同时设法增加探测器对待测对象即取样的冷却水所张的立体角。另一方面，为及时发现设备冷却水系统压力边界的破损，要求测量装置能够在线实时测量并实时给出测量结果。综合考虑多方面的因素，设备冷却水污染监测系统的测量装置通常也采用类似图 10-2 的螺旋管采样方式，探测器布置在螺旋管中轴线上，探测器对冷却水张开的立体角比图 10-4 的方式更大，从而获得更高的探测效率，便于更早发现冷却水系统压力边界的破损。

10.3 舱室辐射监测

核动力舰船的舱室辐射监测与核电厂的工作场所辐射监测的功能类似，用于对全船、重点是核反应堆舱及周边人员经常经过或停留的区域进行在线连续监测或定期不定期巡测，主要区域包括堆舱前隔壁舱、堆舱后隔壁舱、屏蔽走廊、一次仪表间、取样间等。

舱室辐射监测的主要监测项目有外照射剂量率监测、空气污染监测、表面污染监测等，其中外照射剂量率监测和空气污染监测以固定式在线连续监测为主，辅以巡回监测，而表面污染监测则为巡回监测。舱室辐射监测系统一般由舱室 γ 辐射监测系统、舱室中子辐射监测系统和空气污染监测系统等组成。

舱室 γ 辐射监测系统测量的项目是舱室空间某处的 γ 外照剂量率，不需要水或气体采样系统，由若干台 γ 探测装置及相应的信号处理、显示仪表等组成，探测装置所使用的核辐射探测元件主要为 GM 计数管等。

中子辐射监测系统测量的项目是舱室空间某处的中子周围剂量当量率，由若干台生物等效中子探测装置及信号处理、显示仪表等组成，不需要水或气体采样系统。生物等效中子探测装置的核辐射探测元件为 BF_3 正比计数管或 ^{3}He 正比计数管，由于 ^{10}B 和 ^{3}He 与热中子的反应截面较大，因此外围包裹有聚乙烯等材料对入射中子进行慢化，改善能量响应性能。

空气污染监测系统测量的目标是某一舱室区域的空气放射性活度浓度，包括放射性气体、放射性气溶胶和 ^{131}I，基本思路是从某处抽取气体经滤纸过滤后截留气溶胶微粒等，或者采用活性炭材料等吸附碘，或者使气体直接动态流经探测器所在区域，核辐射探测器贴近滤纸或吸附材料，探测其发射的 α 或 β 粒子，根据计数率、取样流量、探测效率等计算得到空气放射性气溶胶浓度，主要由取样系统、探测装置及信号处理和显示仪表等组成，取样系统主要包括抽气泵、流量和压力传感器、管道、阀门等组成。空气污染监测系统对于核动力一回路系统设备或管道等的微量泄漏十分敏感，经常是核动力一回路压力边界发生泄漏时的最早发出报警的系统。由于它测量的空气中的放射性活度浓度，因而不能定位发生泄漏的位置。

10.4　个人剂量监测

个人剂量监测是指对从事放射性相关工作的职业工作人员个体所受辐射照射进行的监测，包括个人外照射监测和个人内照射监测，用于估算受照射组织器官的当量剂量和受照射人员的有效剂量，为个人辐射健康安全评估，工作场所的辐射安全防护措施和辐射监测工作的改进提供依据。

10.4.1　监测对象的分类

除了核动力装置运行控制、监测、维修、退役等经常进入有一定辐射水平或污染水平的工作场所工作的人员外，大量管理保障服务人员也会因职责工作需要而接受一定的照射。由于人员数量庞大，各类人员所受照射水平存在较大差异，多数人员因工作所接受的照射很小，如果对所有人员均进行个人剂量监测，将耗费大量的时间、人力和物力成本，与所获信息的价值并不相称。从辐射防护最优化的角度出发，也没有必要对所有人员进行个人剂量监测，只需要对经常在控制区工作或受照剂量可能较高且达到某一数值以上的人员进行个人剂量监测；对受照剂量较小、不大可能超过某一数值的人员，只需对其工作场所的辐射水平进行监测，结合在放射性场所的工作时间等信息，即可估算其所受照射的大致范围。

GB 18871—2002 规定，对于任何在控制区工作的工作人员，或有时进入控制区工作并可能受到显著职业照射的工作人员，或者其职业照射剂量可能大于 5 mSv/a 的工作人员，应当进行个人剂量监测。GB 18871—2002 推荐在条件允许的情况下，应对所有接受职业照射的人员进行个人剂量监测，但对每年受照剂量不可能大于 1 mSv 的人员，可不必进行个人剂量监测。

根据核动力舰船工作人员职责使命的不同以及正常情况下可能接受剂量大小的不同，宜将工作人员分为二类：第一类人员是每年接受照射剂量可能大于 5 mSv 的人员，主要包括核动力一回路操纵员、一回路水质检测人员、辐射监测人员及机电部门有关人员，以及经常进入堆舱进行仪表和机电设备维修等保障工作人员；第二类是在辐射场所或周边工作的、预计每年受照剂量低于 5 mSv 但可能高于 1 mSv 的工作人员；第三类人员是一般不进入辐射场所的相关保障人员，或偶尔进入辐射场所去现场指导、检查、参观等人员，这类人员预计每年受照剂量不大可能超过 1 mSv。

对第一类人员，应当实行基于个人剂量监测的职业照射评价；条件允许时，对第二类人员可实行基于个人剂量监测或辐射工作场所监测的职业照射评价；对第三类人员，可不进行个人剂量监测，一般仅需根据工作场所监测、个人工作时间等信息进行职业照射评价。

在对人员进行初步分类的同时，应根据工作场所辐射水平的高低与变化及潜在照射的可能性与大小，确定个人剂量监测的类型、项目、周期或频度及不确定度等要求；对于可能受到内照射（主要是吸入途径引起的）的工作人员，应安排相应的内照射监测，为内照射评价提供所需的摄入量或待积当量剂量数据，也可验证工作场所防护措施的有效性是否满足要求。

10.4.2 个人外照射监测

个人外照射监测是利用佩戴在个人身体适当部位的剂量监测仪表进行的辐射测量，并对结果进行必要的阐述或解释，以评价外照射剂量的影响。

10.4.2.1 监测方案

个人外照射的监测方案包括监测对象与监测周期，剂量计的选择与佩戴等内容。

（一）监测对象与监测周期

核动力舰船个人外照射剂量监测的对象，可以参照 10.4.1 节给出的基本原则予以初步确定，也可以根据实际情况加以修改或补充。

由于核动力舰船反应堆间断、变工况运行以及计划修理、临抢修等与核电厂有很大的不同，核动力舰船的个人外照射剂量监测的周期并非固定不变，应综合考虑监测对象、核反应堆运行状况、任务周期等各方面因素予以确定，可以暂定每季度进行一次，也可根据任务需要进行调整，如执行一次远航任务后或某次重大修理任务后单独进行一次。

（二）个人剂量计的选择与佩戴

按照测量原理方法的不同，用于个人外照射监测的测量仪可分为主动式个人剂量仪（Active Personal Dosimeter）和被动式个人剂量仪（Passive Personal Dosimeter）两种。

主动式个人剂量仪能够在线给出剂量或剂量率读数，并能在剂量（率）超标时发出报警信号，因此有时也被称作电子式个人剂量计或直读式个人剂量计。

被动式个人剂量仪无法在线给出读数，一般仅能存储电离辐射照射的某些信息，还需要通过专门仪器测量后才能给出剂量值，而且仅能得到累积剂量的信息，也无法在发生剂量（率）超标时发出报警信号，常用的主要有胶片剂量计、热释光剂量计等。但被动式个人剂量仪辐射敏感材料的组织等效性能较好，因此其能量响应特性较好一些，而且被动式个人剂量仪可以同时使用分别对不同类型电离辐射敏感的多种材料（剂量片），因此可以同时测量多种类型电离辐射产生的个人剂量。

对各种常见的电离辐射，均有与之相适应的被动式个人剂量仪可以完成个人外照射监测。对于贯穿能力较强的 X 或 γ 射线，主动式个人剂量仪比较容易实现，有许多商用的主动式个人剂量仪。但对其他类型的辐射，如中子、低能 X 射线、β 射线等，主动式个人剂量仪则要困难一些，直到近些年来才出现可用于中子个人剂量测量的主动式中子个人剂量监测仪、一体化中子/γ 个人剂量监测仪等主动式个人剂量仪，如 MGP 公司的 DMC2000GN 等。

个人剂量计的选择，取决于监测目的与评价方法，主要从监测结果实时性要求、工作场所辐射水平及其变化、剂量（率）范围、能量响应特性要求等方面进行考虑。例如，对于仅有 X/γ 射线或 β 射线的场合，应选择能够给出体表和固定深度（一般约 10 mm）剂量当量数据的剂量计，有许多主动式个人剂量计和被动式个人剂量计均能满足要求；而对于含有中子、β、X/γ 等多种类型射线、且能量范围较宽时的场合，一般情况下，一台主动式个人剂量计较难满足要求，而被动式个人剂量计可以方便地配置对多种类型辐射敏感的剂量测量材料元件，实现同时测量较宽能量范围内的多种电离辐射的剂量，因而更为适合复杂辐射场的情形。在辐射水平可能较高或变化幅度较大的场合，至少应佩戴一台主动式个人剂量计，以便在剂量或剂量率超标时发出报警信号，提醒工作人员采取撤离、轮换等防护措施，防止受到过量照射。

10. 4. 2. 2　测量数据的评价

由 4. 4 节可知，个人剂量当量 $H_p(d)$ 是对人体定义的，由于辐射在人体内的散射以及与人体的相互作用（会受到物质组分和照射几何条件等的影响），$H_p(d)$ 可能会因人而异。即使对于给定的个人，$H_p(d)$ 也会因照射位置的不同而变化，因此，对佩戴在身体某部位的个人剂量计的测量数据，必须进行适当的转换和计算（即对个人剂量计进行刻度），才能得到当量剂量和有效剂量等防护量的数值。

个人剂量计的刻度，一般是采用 ICRU 球或 ICRU 平板替代人体，近似模拟个人剂量计佩戴在人体的受照射条件（包括辐射场射线的能量分布和角分布等），在此条件下计算得到的防护量 $H_{防护}$ 与个人剂量计读数 $H_{实用}$ 之间的比值，即 $R = H_{防护}/H_{实用}$，即为个人剂量计的刻度系数。一般情况下，R 值应小于 1，即实用量比防护量要大，以保证实用量是对防护量的偏高的保守估计。由于个人剂量计的刻度系数仅能代表刻度时照射条件下个人剂量计的响应性能，而实际测量中的照射条件可能与刻度时的照射条件存在很大差别，因而不能将刻度后个人剂量计的读数直接视为防护量的大小，但从辐射防护管理实际的角度考虑，两者的相对差别大小是可以接受的，可将个人剂量计的读数近似为防护量的大小。

10. 4. 3　个人内照射监测

按照相关国家标准和国家军用标准，应对相关职业工作人员进行内照射监测。对核动力舰船的运行、维修和退役等环节而言，需要进行个人内照射监测的对象主要是 10. 4. 1 节对核动力舰船工作人员进行分类的第一类人员，主要包括核动力一回路操纵员、一回路水质检测人员、辐射监测人员及机电部门有关人员，以及经常进入堆舱进行仪表和机电设备维修等保障工作人员。另外，对参与核事故应急救援、进入气载放射性浓度较高场所且可能过量吸入放射性物质的人员，也应及时进行个人内照射监测。

个人内照射的监测方法采用 8.3 节所述直接测量法或间接测量法。

10.5 应急辐射监测

应急辐射监测是在发生放射性物质向外部环境释放的事故后实施的辐射监测，其目的是尽可能及时和详细地获取关于事故对环境及公众可能带来的辐射影响方面的测量数据，以便为防护行动决策和环境后果评价提供技术和数据支持。

10.5.1 应急辐射监测的目的和任务

由于事故类型、事故阶段以及关注点的不同，应急辐射监测的目的可能侧重于以下某一点或某几点：

（1）提供有关事故所造成的辐射与污染水平、范围、持续时间等数据，以便为决策者根据操作干预水平采取防护行动和进行干预提供支持；

（2）为事故分级提供信息；

（3）为应急工作人员防护提供信息支持；

（4）验证补救措施（如去污等）的效能，为防止污染扩散提供支持。

对于核动力舰船而言，应急辐射监测焦点在于早期阶段，主要指有可能使核动力舰船内部和外部人员受到照射时起，直至放射性物质事故大规模释放基本结束的这段时间，此阶段的主要危险来自烟羽及其沉积到地面、皮肤、衣服上的放射性核素产生的外照射和吸入产生的内照射。在事故早期阶段，要进行充分而可靠的场外监测是困难的，甚至是不可能的。因此早期阶段的防护行动决策主要依据发生核事故时相应的气象及估算或假设的事故源项，再通过扩散和沉积模式以及剂量计算模式来估算对人员的照射。因此早期应急辐射监测的目的主要是通过烟羽监测及在离释放点不太远的距离范围内的测量结果，对评价模式计算结果进行某些验证和校正，以提高早期防护决策的置信度。

早期阶段的应急辐射监测的任务主要是追踪烟羽测量，其次是在离释放点不太远的距离范围内，获取场外地面沉积污染、剂量率和空气样污染监测数据，主要包括：

（1）烟羽位置、尺度、走向，关键核素与放射性浓度以及 γ 辐射水平随时间和空间的变化；

（2）地面沉积导致的表面污染、外照射剂量率；

（3）近地面空气中放射性气体、气溶胶和微尘的浓度，以及主要放射性核素的种类；

（4）烟羽应急区应急人员、撤离人员及物品等的表面污染。

10.5.2 应急辐射监测的要求和方法

总体而言，应急辐射监测应特别注意以下几点要求：

（1）足够的测量速度；

（2）必要的测量代表性和精度；

（3）应尽可能注意测量值的时空分布及其与释放源项的相关性。

应急辐射监测系统和设备的设计应考虑以下几个原则：

（1）兼容性——与常规辐射监测系统积极兼容；

（2）适用性——能适应应急辐射监测工作的需要；

（3）适度性——性能指标的扩展和监测点或监测仪器的增设要适度，不能过于严苛。

常用的监测方法主要有固定辐射监测站网、航空辐射监测、车载辐射监测、船载辐射监测、移动实验室分析等几种。

10.5.2.1　固定辐射监测站网

固定辐射监测站对于应急监测数据的获取十分重要，可以是永久性设置的，平时用作常规监测，也可以临时紧急设置。固定监测站应当设置在能够提供代表该区域总体情况的测量结果的地点，因此应当设置在平坦处，远离树木和其他建筑物。

固定监测站内，应设置能连续监测剂量率或辐射场的探测器，如GM计数管、高压电离室或闪烁探测器等。监测数据应可自动记录，最好能通过无线方式发送到应急控制中心。同时，有些站内还应设置空气取样装置，通过适当的滤材和吸附剂来收集微粒或可挥发物质；有些站内还应设置雨水收集器和大气沉降盘，视情设置气象观测设备，用以测量典型高度处的风向、风速和温度等参数，这对于补充和完善事故后果评价的气象观测系统是有意义的。

在监测站内还应设置一些被动式剂量计，如热释光剂量片等，一般安装在离地1.5 m的地方，用以记录γ和β-γ累积剂量，并根据需要更换，以测量事故不同阶段的累积剂量。

10.5.2.2　航空辐射监测

此处的航空辐射监测一般指用中、低速的有人或无人飞机装载航空辐射巡测设备，查明空中和地面的剂量率及判定烟羽影响范围。由于航空辐射监测可快速测量很大范围的地区，对及时追踪和确定放射性烟羽的信息是非常有用的。航空辐射监测所携带的辐射监测设备必须具备快速的响应速度，通常使用大体积的闪烁探测器或高纯锗探测器。由于烟羽在垂直方向和水平方向不断随着距离而扩散，因此，飞机必须在不同高度和不同方向角上进行测量，以确定烟羽的走向、扩散区域、放射性水平和主要核素组成，同时还可确定放射性释放的开始和终止时刻。

10.5.2.3　车载辐射监测

车载辐射监测是陆地进行辐射巡测最有效的方式，车载辐射监测设备主要包括以下几种：

（1）测量γ辐射和测量β-γ辐射的监测仪；

（2）γ谱仪；

（3）大流量空气取样设备；

（4）收集食物、水、植物和其他环境样品的容器；

（5）个人防护设备和个人剂量计；

为保障完成辐射监测任务，实施车载辐射监测的车辆还应配备卫星定位系统、气象参数测量仪、数据采集与传输系统、通信指挥器材等设备。

10.5.2.4 船载辐射监测

船载辐射监测的主要目的在于从水面获取放射性烟羽的有关信息，同时测定水体的污染情况，以便为采取必要的防护措施提供依据。为防止测量人员受到过多的照射，应使用快速机动船只。

与陆地车载监测相比，船载监测所需要进行的测量数目较少，但用于辐射测量或相关其他用途的设备大致相同。在测量辐射场分布的同时，还应测定水域内的风向、风速、水流方向和速度等参数，并收集一定数量的水样或相关样品，以便为估算放射性物质在水体中的扩散或防护决策提供依据。

10.5.2.5 移动实验室分析

移动实验室分析是为了弥补现场巡测无法对土壤、空气、水等介质的放射性活度浓度进行有效测量等不足而设置的，可设计为集装箱式，配备的辐射测量仪器至少应包括γ能谱仪、低本底α/β计数器及快速制样设备等，必要时可以配备液体闪烁计数器等。为防止样品制备环节对辐射测量仪器产生放射性污染，移动实验室的样品制备区域应配备专门独立的通风柜，并采取单独设置或空间隔离等方式与测量区分开。移动实验室分析与后方实验室分析的定位不同，前者追求的首要目标是快速获取测量结果，测量结果的精度倒在其次，但后者追求的是测量精度。移动实验室应具备以下功能：

（1）各种环境样品的快速前处理和样品制备；

（2）典型核素的放化分析；

（3）样品能谱分析（主要是γ谱分析，有时也需进行α谱分析）；

（4）样品的放射性活度浓度测量。

思考题

1. 辐射监测的作用和地位是什么？
2. 工艺辐射监测的作用是什么？主要包括哪些系统？
3. 反应堆燃料元件包壳破损监测系统的原理是什么？主要有哪些组成部分？
4. 蒸汽发生器传热管破损监测有哪些监测方法？各有何优缺点？
5. 舱室辐射监测主要有哪些监测项目？各采用什么方式进行监测？
6. 什么是个人剂量监测？包括哪两部分？其目的是什么？
7. 根据监测方式的不同，个人剂量计可以分为哪两类？各有何优缺点？
8. 个人剂量计的选择应考虑哪些因素？
9. 个人内照射监测有哪些方法？各有何优缺点？

第11章 核动力舰船辐射防护

IAEA 就核电厂的设计、调试和运行及退役过程中的安全问题等发布了一系列出版物，虽然核动力舰船反应堆与核电厂反应堆的辐射防护有许多类似之处，但也有诸多不同之处。核电厂需要特别选址，工作平台为陆地，一般长时间满功率运行，工作人员距离反应堆较远，而核动力舰船反应堆运行在海上浮动平台，会发生横摇和纵倾，经常变工况运行，工作人员的工作、生活及休息距离反应堆很近（几米至几十米），且可能还要经常穿过屏蔽走廊。核动力舰船自身要具有一定的放射性废物收集贮存和处理能力，还要求母港具备放射性废物的接收、处理、处置等相关的设施设备；对于核动力舰船而言，还需考虑反应堆泄漏辐射产生暴露行踪的问题。以下主要就与核动力舰船辐射防护紧密相关的问题展开讨论。

11.1 概述

除了普通舰船存在的消防损管、机械和电子故障等导致的安全问题外，由于采用核反应堆作为动力来源，核动力舰船还面临一类特殊和重要的安全问题——核与辐射安全，本书仅关注辐射安全及其防护。必须采取合理可行的措施保障核动力装置的工艺辐射安全，保证工作人员的健康和安全，免受或少受辐射照射的危害，控制放射性物质向环境的释放，使之满足相关法律法规要求。这些措施既包括设计建造阶段的辐射屏蔽、辐射监测系统、放射性设备的优化布局、堆舱负压系统、放射性气溶胶净化装置等手段和措施的论证与试验，也包括运行、维修、退役阶段的辐射防护监测、个人剂量监测、个人防护用品、放射性废物收集处理、辐射防护安全管理等，任何一个阶段或环节都是保证核动力舰船辐射安全的不可或缺的要素，以下仅从设计建造、运行、维修、退役、核与辐射应急过程中与辐射防护密切相关的方面作简要介绍。

11.2 设计建造过程中的辐射防护

设计建造阶段是保证核动力舰船辐射安全的首要和根本环节，设计建造过程中辐射防护工作的根本目的是：降低堆舱内部空间和邻近舱室的辐射水平，防止或减少放射性气体和气溶胶进入其他有人舱室，保证个人受照剂量不得超过国家和军队相关标准或规定的限值，同时充分考虑辐射防护最优化原则，保障设备的运行安全和人员的辐射健康安全。

核反应堆是一个巨大的辐射源，仅仅依靠距离防护、时间防护和佩戴个人防护用品等防护手段是远远不够的，必须从辐射屏蔽、辐射监测、堆舱负压、放射性气溶胶装置、放射性设备布局等多方面着手，才能够达到辐射防护的基本目标要求。

11.2.1 辐射屏蔽

核动力舰船辐射屏蔽是指在反应堆、舱室隔壁、强放射性设备局部或需要重点防护局部空间等部位，按照一定顺序和厚度布置能够有效屏蔽中子和 γ 的材料，使堆舱内部空间及邻近空间的辐射水平低于相关标准规定的限值。

辐射屏蔽的基本目标：

（1）确保工作人员接受的外照射剂量低于相应的规定限值。

（2）确保反应堆压力容器等部件在整个寿期内所受的辐射损伤低于规定限值。

（3）确保由于核辐射所引起的各种材料的温升、温度梯度及热应力均低于相应的规定值。

根据防护部位和目的的不同，一般将核动力装置的辐射屏蔽分为一次屏蔽、二次屏蔽和局部屏蔽。

11.2.1.1 辐射屏蔽设计

辐射屏蔽设计是根据反应堆设计基准条件下辐射源的强度、空间分布、发射角度等信息，以相关区域的剂量限值为基本目标，选择合适的屏蔽材料，设计恰当排列和厚度的屏蔽层，在保证人员辐射健康安全和设备工艺辐射安全的基础上，努力做到合理可行尽量低，使辐射屏蔽体积小、重量轻，辐射屏蔽结构可靠、耐久、安全。

辐射屏蔽设计的要求主要：

（1）辐射屏蔽结构应满足规定载荷条件下的强度和刚度要求。

（2）应根据辐射源的特点，结合结构和屏蔽计算选择合适屏蔽材料。

（3）屏蔽体不同屏蔽材料层的布置和各层的最小厚度应根据屏蔽设计计算和结构的可实现性确定。

（4）停堆后表面仍有较强放射性的设备及部位应设置局部屏蔽体。

（5）在满足辐射安全要求的前提下，应综合考虑反应堆一次屏蔽和二次屏蔽的设计，尽量减小屏蔽体体积、减轻屏蔽体重量。

（6）在规定的舰船横倾和摇摆范围内，屏蔽结构应能保证完整性和稳定性。

（7）屏蔽结构的布置应便于反应堆的换料、设备的检修及在役检查。

（8）辐射屏蔽设计应考虑屏蔽体自重、自身及相关系统的热膨胀及工作时产生的应力、设备振动等因素对屏蔽体和屏蔽结构工作的影响。

（9）辐射屏蔽设计应与核动力装置的系统、设备布置和结构设计协调进行，确保设计的屏蔽体合理、有效、可靠。

（一）设计限值的确定

要使辐射屏蔽能够满足运行使用的安全要求，必须首先根据反应堆最大额定运行功率及基准事故工况、设备舱室布局、工作人员工作区域和工作时间（年最大出航次数、出航时间、工作岗位等）等多方面因素，按照国家和军队相关标准或规定要求，根据工作人员受照剂量限值、工作人员停留时间长短、辐射水平高低等因素，对各区域进行辐射防护等级划分，即辐射防护分区，确定各分区的辐射水平设计限值，一般以最恶劣的情况（如反应堆燃耗末期满功率运行等）为设计输入条件。

根据 GB 18871—2002 要求，可将放射性工作场所分为控制区和监督区两大类，还可根据需要将控制区细分为若干子区。与陆地核电厂相比，由于核动力舰船空间限制和设备布置高度集中，也有很大差别，因此核动力舰船堆舱及邻近舱室的辐射防护分区有很大的不同。由于不同用途和类别的舰船的舱室结构存在较大差异，辐射防护分区也有所不同，对应的辐射水平设计限值也不相同，在此不详细叙述。

（二）屏蔽材料的选择

核反应堆屏蔽材料的选取，需要考虑多方面的因素，首要的当然是材料的屏蔽性能，但同时也要综合考虑物理性能、化学性能、力学性能、机械强度和加工工艺、经济性等多方面因素。

从屏蔽性能角度考虑，屏蔽中子效果较好的材料应具有轻元素（主要是氢）含量较高、含有热中子反应截面较高且产生的次级射线能量和份额小的核素等性质，满足前一条件的材料主要有水、重水、石蜡、聚乙烯、石墨、混凝土等，满足后一条件的核素主要有硼-10、锂-6 等；屏蔽 γ 射线效果较高的材料应具有原子序数高、密度大等特点，满足这一条件的材料主要有铅、铁、钨、重混凝土等。近年来，出现了含有多种不同有效成分的新型复合屏蔽材料，如硼聚乙烯、铅硼聚乙烯、硼钢、铝基含硼材料、掺杂稀有金属的屏蔽材料等，具有既能屏蔽中子、又能屏蔽 γ 射线的性能，但必须根据目标空间处的中子与 γ 射线的能谱以及相对强度等具体情况调整相应成分的含量，才能达到较好的屏蔽效果，同时又最大限度地减小屏蔽材料的重量和体积。

核动力舰船辐射屏蔽选用屏蔽材料时，除了要求具有良好的屏蔽防护性能、产生的次级辐射影响小之外，还要求屏蔽材料具有稳定的化学性质，不会因受热或辐照等因素产生有毒有害或有异味的气体；同时能够耐受一定温度，防止因某些事件或事故导致堆舱内温度过高发生软化、形变或释放有害气体；另外，屏蔽材料的加工工艺或现场安装工艺要考虑核动力舰船空间狭小、通排风不畅等特殊情况。除此之外，屏蔽结构设计和施工还应考虑舰船摇摆、纵倾和大型设备如一回路冷却剂泵、主气轮机及螺旋桨等运行时产生的振动影响，这一问题是陆上核电厂不必面对的。

陆上核电厂空间不受限制，且考虑到经济性，辐射屏蔽材料可以采用铅、铁、水、（含硼）聚乙烯及混凝土等在内的多种材料，而核动力舰船由于动力、机动性和空间等要求和限制，多采用铅、铁、水、（含硼或含铅）聚乙烯等材料，一般很少采用经济性较好但占用较多空间、且需要较多施工工序、较长施工周期的混凝土材料。

由于辐射源较强，辐射屏蔽的重量相当大，通常占到核动力舰船排水量相当可观的比例，影响舰船机动性等指标，因此要求采用屏蔽性能更好、体积重量更小的屏蔽材料以及通过优化屏蔽设计、提高辐射防护管理效能等方法措施，在满足屏蔽防护要求的基础上，尽量减轻辐射屏蔽的重量。

11.2.1.2　一次屏蔽

一次屏蔽是指对反应堆本体的屏蔽，包括堆侧屏蔽、堆底屏蔽和堆顶屏蔽等部分，一次屏蔽的屏蔽效果直接影响反应堆运行和停堆后堆舱空间的辐射水平，很大程度上也决定了进入堆舱进行紧急抢修人员的受照剂量，对停堆后进入堆舱进行设备检修人员的受照剂量也有很大影响，同时也直接关系到二次屏蔽的厚度。

核动力舰船反应堆一次屏蔽设计应达到的基本目标：

（1）一次屏蔽外表面的中子和 γ 射线注量率低于规定的限值。

（2）一次屏蔽应能屏蔽来自反应堆芯的 γ 射线和中子辐射，使其减弱到与反应堆冷却剂系统的辐射水平相当。

（3）一次屏蔽还应确保在反应堆停堆后的一定时期内，允许检修人员进入堆舱进行必要的检修。

（4）一次屏蔽计算应给出压力容器进出口管道孔缝的辐射漏束，为局部散射屏蔽和二次屏蔽提供依据。

与陆地核电厂反应堆一次屏蔽类似，核动力舰船反应堆一次屏蔽的堆侧屏蔽大致采用钢-水-钢-硼聚乙烯的基本屏蔽结构，反应堆支撑裙、压力容器本身、围板、吊篮，压力容器内的冷却剂等也是一次屏蔽的一部分。由于反应堆运行时堆芯释放出的数量极为庞大、能量较高的中子和 γ 射线，从反应堆支撑裙开始往堆芯内部的各设备或部件受到的辐照非常强，因此要求这些材料受到强辐射照射后的机械强度和韧性等参数不能低于安全限值要求，否则将影响反应堆的安全运行。当然，由于这些设备或部件所处位置的中子通量密度有较大差别，对其耐辐照性能的要求也不同，必须经辐射照射、进行有关性能测试后并满足国家相应的标准规定方可选用。另一方面，堆芯释放出来的中子和 γ 射线及其与屏蔽材料作用生成的次级产物将能量损失在一次屏蔽结构材料中，引起结构材料的温度上升，因此，为保证温升不超过安全限值，一次屏蔽的水屏蔽层还需专门设置冷却系统，一般采用空心耐腐蚀金属管道，内部充以温度较低的流动水，以冷却一次屏蔽中的水屏蔽层，保证各屏蔽层的温度保持在相应的限值以内。

受空间大小和舱室结构的影响，核动力舰船反应堆一次屏蔽的堆底屏蔽相对于核电厂反应堆而言有很大的不同，主要考虑控制以下两点：一是中子与船体底部结构发生大角度反散射，导致邻近舱室空间的辐射水平大幅升高；二是堆底下方海水的活化而暴露行踪或辐射水平过高对海洋环境或生物造成影响。

堆芯上部有较厚的冷却剂，且压力容器上封头较厚，能够起到一定屏蔽作用。由于压水堆压力容器上部安装有控制棒驱动机构等，给堆顶屏蔽的设计安装产生许多制约。陆地核电厂反应堆运行时，压力容器上方不会有人员通过，也不用考虑反散射的影响，因此没有必要考虑额外的屏蔽防护，安全壳顶部能够起到足够的屏蔽防护作用。而核动力舰船反应堆顶部不但要考虑堆舱顶部船体结构的反散射，也要考虑对堆舱顶部舱室的直接照射，因而需要特别加以关注，一般需要在堆顶侧上方安装一定厚度的屏蔽材料（如含硼聚乙烯等），同时在压力容器正上方的堆舱顶部安装一定厚度的屏蔽材料（属于二次屏蔽）。

11.2.1.3 二次屏蔽

二次屏蔽主要指对堆舱各壁面的屏蔽，其目的是降低堆舱各壁面外部的辐射水平，以保证人员通过或停留时所受剂量不超过国家标准或规定的限值，以保障人员的辐射安全健康，因此，二次屏蔽有时也称作生物屏蔽。核动力舰船二次屏蔽主要包括堆舱各壁面、一次仪表间（冷却剂回路关键测点的温度、压力、流量等传感器）、取样间等部位的屏蔽，当然各部位的屏蔽材料及厚度与一次屏蔽外表面的辐射水平、二次屏蔽外表面的辐射水平设计限值等因素密切有关。

核动力舰船二次屏蔽的基本要求和目标：

（1）二次屏蔽应按等剂量原则设计，安全系数一般取2。

（2）二次屏蔽应保证人员所受的辐射剂量低于规定的限值。

（3）二次屏蔽应考虑堆舱中各主要大型设备的阴影屏蔽作用，避免二次屏蔽设计过于保守，增加二次屏蔽体积重量。

（4）二次屏蔽应保证核动力舰船的隐蔽性。

陆地核电厂和核动力舰船的反应堆二次屏蔽有许多相似之处，但因空间大小和功能及布局的差异，两者的二次屏蔽无论是材料还是布局都存在着巨大的差别。陆地核电厂因不受空间的限制，同时比较倾向于考虑经济性，二次屏蔽大量使用混凝土，而核动力舰船空间狭窄，重点考虑体积、重量对全船空间和机动性能的影响，因此二次屏蔽优先考虑选用铅、（硼）聚乙烯等屏蔽性能优异的材料。除采用的材料有较大差别外，二次屏蔽的布局也有很大差别。核动力舰船堆舱邻近空间布置有其他功能舱室、隔舱或人员通道，这些都是二次屏蔽需要考虑的问题，而陆上核电厂则基本不需要考虑此类问题。

11.2.1.4 *局部屏蔽*

局部屏蔽实质上是应用辐射防护最优化原则，花费较小的代价，对放射性较强的设备或一次屏蔽、二次屏蔽被贯穿的部位设置一定厚度的S形或类似迷宫的屏蔽，有效降低相关区域的辐射水平，主要包括净化离子交换器，压力容器主管道进出口，二次屏蔽被电缆、管道等贯穿的部位等。

净化离子交换器内的离子交换树脂截留冷却剂中的腐蚀活化产物，运行一段时间后积累的放射性很强，会明显高于邻近空间的辐射水平，将增加接近该区域人员的受照剂量，对离子交换器设置一定的局部屏蔽，付出较小的代价就能够显著降低离子交换器邻近空间的辐射水平，符合辐射防护最优化原则。

压力容器主管道进出口是堆芯中子和γ射线泄漏的最主要途径，对某些局部辐射水平的影响甚至超过堆芯本身，因此，对压力容器主管道进出口局部进行适当的屏蔽，可大大降低反应堆运行时堆舱内的辐射水平。除此之外，有时还需对压力容器主管道出口正对着的堆舱壁面二次屏蔽进行局部加强，也可算作是局部屏蔽。

由于工艺流程、功能布局的需要，许多电缆、管道等需要贯穿堆舱的某些壁面，导致这些部位成为堆舱内的射线向堆舱外泄漏的重要途径，使堆舱外的辐射水平超过设计限值，尤其是对那些贯穿直径特别大的部件，如蒸汽管道、通风管道等，多采用S形屏蔽结构进行局部屏蔽，形成类似迷宫的通道，防止射线沿直线穿透堆舱壁面及二次屏蔽。

11.2.2 辐射监测系统

如前所述，辐射监测系统包括工艺辐射监测系统、舱室辐射监测系统和个人剂量监测装备等几方面，它是保障一回路系统设备安全运行和人员健康的重要系统，尤其是固定式探测装置和管道电缆需要穿舱的探测装置，在设计阶段就必须细致考虑，否则如果在建造阶段再需要进行增加或调整，就可能与诸多关联系统的产生冲突，有时在工程上甚至根本无法实现。在设计建造阶段，主要应从监测对象与监测项目、探测装置与测量方式、测点布局、监测数据管理以及其他方面进行考虑。

11.2.2.1　监测对象与监测项目

在设计阶段，辐射监测系统首先应合理确定监测对象，能够及时反映核动力装置系统运行安全隐患和对工作人员受照剂量有重要贡献的对象，应作为重点监测对象。例如一回路水的放射性水平能够灵敏反映元件包壳的完整性和一回路系统设备的腐蚀活化情况，二回路水和二回路蒸汽的放射性水平能够反映蒸汽发生器传热管的完整性，堆舱内部设备检修经常抵达区域、屏蔽走廊和堆舱毗邻舱室等区域是工作人员受照剂量的主要贡献来源，这些对象应当作为对重点监测对象。那些可能对工作人员辐射健康安全具有一定隐患但相对而言较轻的对象，有时由于核动力舰船舱室空间、重量、资源等特殊客观条件的限制，只能通过便携式仪表巡检等方式予以监测。

监测对象确定后，科学选择监测项目也是设计阶段非常重要的一环，关系到能否达到预期目的。对于一二回路水和蒸汽、堆舱和舱室气体等流体介质的放射性测量，通常关心的是其放射性活度浓度，而不是直接产生的剂量。堆舱、屏蔽走廊和堆舱毗邻舱室等区域空间的放射性测量，通常更关心的是外照射剂量，设备表面和舱室地面的放射性测量项目为 α/β 表面污染放射性水平。个人剂量监测则通常借助热释光剂量仪、电子式个人剂量计等实现。

11.2.2.2　探测装置与测量方式

确定监测对象和选择监测项目后，辐射探测装置和测量方式方法的选取和设计，则直接关系到辐射监测系统功能和性能指标的实现程度。同样是测量一回路水和二回路水的放射性活度浓度，由于其放射性水平和温度压力的巨大差异以及布局空间和环境条件等的差别，探测装置和测量方式方法应有所区分。例如，一回路水中放射性核素种类多、活度浓度高，不但要满足正常情况下的测量要求，还要满足元件包壳发生破损时的测量要求，因而对探测装置的测量上限有一定要求，如果还要求区分核素，对探测装置的能量分辨率也将提出特殊要求；一回路水中，含有大量发射强 γ 射线的冷却剂本体活化核素 ^{16}N，需要设法采取延长取样管线等方法，以降低其对冷却剂中裂变产物和设备管道材料腐蚀活化产物测量的干扰。对二回路水而言，正常情况下其放射性就是本底水平，即使蒸汽发生器有少量传热管发生破损，二回路水中的放射性活度浓度也是很低的，因此，要求辐射探测装置具有较高的灵敏度。为降低反应堆、一回路系统设备和管路中的放射性对测量的干扰，放射性活度浓度探测装置的共同要求是需要设计额外的屏蔽，但要着重考虑安装空间、重量等限制条件，尤其是一回路水的探测装置，满足放射性设备尽量集中布置的原则，必然与其他放射性设备距离较近，需要更厚的屏蔽才能有效降低外部射线的干扰。类似的，测量堆舱内部空间辐射水平的探测装置，要求具有较高的测量上限，而测量堆舱毗邻舱室的辐射水平的探测装置，则要求具有较高的灵敏度。测量不同对象的探测装置的灵敏度和测量范围，应结合源项计算研究结果和实验测量综合确定，不宜提过高要求，一是增加成本代价，二是不一定能真正发挥效能。

测量方式通常与监测项目是密切相关的，如果要测量放射性活度浓度，为获取实时信息，必须对测量对象进行不间断采样，可以采取从测量对象引出一条小的支路进行测量，如测量一回路水和舱室气载放射性，这时可以稍微远离强放射性设备，但需要考虑采样动力源和流量调整需求，也需要考虑采样测量后被测对象的去向；也可以将探测装置靠近测量对象直接测量，如测量二回路蒸汽放射性，这时就不必考虑采样动力源和被测对象的去向，但需要额外考虑探测装置的环境适应性。如果是测量区域或空间的辐射水平，则无需考虑采样问题。

11.2.2.3 测点布局

测点布局至少包含测点数量和空间布置两方面的问题。从安全的角度看，多一些测点，能够获取更充分的监测信息，可以更全面、准确地反映辐射场的变化，为及早发现和处置隐患提供更多的时间条件，但显然这将对空间、重量、成本以及穿舱管道电缆的控制产生不利影响，因此必须综合考虑各方面的因素。在满足必要的安全条件时，应尽量控制测点数量。

在测点数量受限的前提下，测点的空间布置就显得尤为重要了。测点的空间布置应从测点的代表性、人员是否可能频繁接近或长期停留、放射性变化是否可能比较剧烈等方面考虑。如果理论研究和工程实际表明某区域放射性水平变化范围不大，那么布置一个测点就能够满足测量要求，而且具有代表性。屏蔽走廊是工作人员每天都需要经过的区域，其辐射水平变化可能比较剧烈，而且屏蔽走廊沿艏艉方向的跨度较大，毗邻反应堆，又设计有堆舱门，因此应设置多个测点，而且要同时考虑中子和 γ 射线。

11.2.2.4 监测数据管理

辐射监测系统探测装置输出的监测数据是用于判断和评价一回路系统设备工艺安全和人员辐射健康安全风险的，其管理包括显示、报警、查询和存储等。监测数据的显示和报警可采取就地显示和集中显示相结合的方式，报警还应考虑声音和灯光等多种方式，报警阈值的确定应综合考虑安全限值、理论研究计算和实际运行情况等多方面的因素。数据的查询则适宜集中方式，便于工作人员观察分析，同时应充分利用当前计算机、大数据、人工智能等新技术，分析判断各测点监测数据的变化趋势，及早发现安全隐患，发出报警信号。监测数据还应集中存储，以便日后导出，采取离线统计分析等方法，综合判断和评价工艺安全和人员健康风险。

11.2.2.5 其他需要考虑的事项

由于核动力舰船舱室空间受限，设备、管路、电缆等相互交叉，在设计阶段不可能考虑得面面俱到，许多问题只有在建造阶段才会暴露出来。核动力舰船舱室环境比核电厂等陆地核设施要恶劣许多，高温、高湿、高盐、震动等不利条件对设备的环境适应性提出更高的要求，探测装置的设计应考虑模块化、通用化、标准化要求，探测装置的安装位置应充分考虑发生故障时的维修空间，从设计、安装等多方面考虑缩短维修时间，从而减小受照剂量。

11.2.3 放射性净化装置和负压系统

堆舱内布置有许多放射性设备或管道，反应堆运行时温度和压力很高，某些设备或管道及其连接处发生少量跑冒滴漏是无法避免的，一回路冷却剂中的放射性核素也随之进入堆舱空气，产生放射性气溶胶，虽然对反应堆安全运行不会造成实质影响，但会增加堆舱空气的放射性水平；另一方面，反应堆运行时产生的大量中子，会使堆舱空气中的^{40}Ar发生活化，也会增加堆舱空气的放射性水平。如果燃料元件包壳发生微量破损，Kr、Br、Xe、I 等惰性气体或挥发性裂变产物将进入一回路冷却剂，并将从一回路压力边界不严密处进入堆舱空间，增加堆舱空气的放射性水平。由于堆舱不可能达到理想的气密要求，如果不加以控制，堆舱空气中的放射性气体和放射性气溶胶就可能通过堆舱不严密处进入邻近的有人舱室或通道，增加人员的内照射，这对通风和排风受限的核动力舰船而言，其对人员健康的影响不容忽视。另一方面，某些极端情况下需要进入堆舱紧急抢修，降低堆舱空气的放射性水平也能够减小抢修人员的内照射。

有两种基本方法可以达到上述目标：一种是增加放射性气体和放射性气溶胶过滤吸附或净化处理装置，降低堆舱空气的放射性水平，这是治本的方法，但是技术难度很大，成本代价也十分高昂；另一种是治标的方法，即阻断堆舱内的放射性气体和放射性气溶胶进入其他舱室空间的途径或降低传输效率，虽然不能从根本上消除堆舱空气放射性，但实现起来相对容易，运行成本不高，代价要低得多。

堆舱内可能产生的放射性气体中，Kr、Xe 等惰性气体占比较高，但由于惰性气体性质稳定，采用普通的化学或物理方法去除很难奏效，目前尚无成熟可靠且适合在核动力舰船上应用的方法。但正因为惰性气体性质稳定，被吸入后不会在进入人体血液循环系统或在人体某部位或器官聚积，对人体的危害相对于 Br、I 而言要小得多。而 Br、I 等挥发性气体易形成气溶胶，因一回路冷却剂跑冒滴漏释放到堆舱的腐蚀活化放射性核素一般也是形成气溶胶，在堆舱采用专用的除碘滤器或气溶胶滤器，可以有效地降低堆舱内放射性气溶胶的浓度，达到降低人员内照射的目的。

后一种方法是采取措施使堆舱气压低于堆舱邻近空间，可防止堆舱放射性气体和放射性气溶胶等进入堆舱以外的区域，实现这一功能的系统称为堆舱负压系统。

堆舱负压系统一般由抽气泵（负压机）、高压气瓶及相应的阀门、管道、传感器等组成。反应堆运行时，堆舱负压系统从堆舱抽取一定流量的空气，充入高压气瓶贮存，使堆舱空气压力低于邻近舱室一定值，防止两者之间发生自然对流，使放射性气体或放射性气溶胶等放射性物质从堆舱进入邻近舱室。由于压水堆产生的绝大多数放射性气体（主要是惰性气体）的半衰期一般不长，在高压气瓶内贮存几天后衰减得差不多了，可以在返回母港等适当时机进行处理或排放。

为保障堆舱负压系统能够正常运行，除加强贯穿堆舱舱壁的各管道、电缆及二次屏蔽等的密封性外，还应对最终流入反应堆舱底部的地漏管道设计一定高度的水封，防止堆舱内的放射性气体和气溶胶从这些途径进入其他舱室空间。

除碘滤器、气溶胶滤器、堆舱负压系统等多管齐下，可有效降低堆舱及邻近舱室空气中的放射性气体和气溶胶的浓度，减小人员内照射，保护人员健康。

11.2.4 放射性设备布局优化

核动力舰船的主要放射性设备和管道基本都集中布置在堆舱内，各设备和管道的布局需要考虑的因素很多，首先应考虑工艺流程和功能性能的实现以及必要的安全距离，其次为方便检修，还应预留必要的空间、提高可达性；同时还应力求紧凑，以缩小舱室尺度，由此减小二次屏蔽的尺寸和重量。除此之外，还需要重点考虑堆舱内放射性较强的设备和管道的合理布局，既不能使堆舱内强放射性设备过于集中，使局部区域的辐射水平过高导致人员无法接近或停留，否则发生意外或故障时人员无法进行及时有效的处置，如净化离子交换器应尽可能布置在远离人员通道，避免靠近需要人员值守或检修设备的舱壁；也不能使堆舱内的强放射性设备布置过于分散，这样虽然可能减少堆舱某壁面局部二次屏蔽的重量，但有可能增加二次屏蔽的总重量，也给二次屏蔽设计和安装带来不必要的麻烦。同时布局设计还应适当考虑对称性，减轻屏蔽、管道及支承件的重量，并尽可能降低其重心高度，保持船体左右舷的重量负荷平衡，以减小因复杂的设备布局带来的系统重心偏差，提高舰船的稳性和抗沉性。这其中有许多因素对于陆地核电厂是根本不会出现或不需考虑的，但对空间狭窄、在海面或水下运行的核动力舰船而言却是至关重要的。

11.2.5　其他措施

无论是陆地核电厂还是核动力舰船，一回路系统的腐蚀活化产物都是检修期间剂量的主要贡献来源，其中钴、锑、银等最为重要，因此，在设计建造阶段选用新材料，采用新工艺和新方法，可有效降低腐蚀活化产物产生的剂量贡献。

采用铁基堆焊合金等替代产品或材料，控制和降低堆内构件、主泵部件、阀座、蒸汽发生器传热管等设备或其部件中钴、银、锑等元素的含量，可以从根本上减少腐蚀活化产物的产生量。

蒸汽发生器采取热处理和表面抛光技术，冷态实验期间对一回路采取预氧化措施，在一回路内表面形成一层薄的氧化膜，可有效减少热态运行时腐蚀产物的产生和释放。

在一次屏蔽材料中，如果能够加入较高浓度的含硼化合物，能够大大提高对热中子的吸收能力，从而降低一次屏蔽表面的热中子注量率，减少堆舱空间的中子剂量率，也降低二次屏蔽的中子屏蔽负担。不过硼的化合物以较高的比例掺杂到现有的一次屏蔽材料中比较困难，但许多硼的化合物较易溶于水，可考虑在一次屏蔽水中添加一定浓度的可溶性含硼化合物。

11.3　运行过程中的辐射防护

设计建造环节基于辐射防护的辐射屏蔽、辐射监测系统和设备、堆舱负压系统、除碘滤器和气溶胶滤器等各种考虑和措施为辐射安全提供了基本条件保障，但运行过程中各种必要的技术手段和管理措施对于辐射安全防护也至关重要，主要包括：辐射监测与防护、辐射源项控制等，此处的运行并非单指反应堆功率运行，而是泛指反应堆功率运行、正常停堆及日常检修、坞检、紧急抢修等环节，但不包括开盖检修、反应堆换料等在内的高级别修理。

11.3.1　辐射监测与防护

与陆地核电厂不同的是，核动力舰船相关系统的工作人员既需要熟知一回路系统和设备以及与之相关的二回路系统和设备等众多舰船系统和设备，负责核反应堆的启动、运行和停堆等操作，随时关注运行状态和参数，及时发现异常并果断采取措施，又要在职掌设备发生意外或故障时进行检查和抢修，以保障反应堆的安全，这些都离不开辐射监测与防护的保障。

11.3.1.1 辐射监测

与陆地核电厂长时间额定满功率稳定运行不同，核动力舰船经常根据航行需要改变工况，使本来舱室狭窄、布局复杂的堆舱及邻近舱室空间的辐射场变化比核电厂的安全壳和相关厂房要复杂得多，因而除了要实时关注固定式探测装置的监测数据之外，还应定期或不定期地对相关区域空间的外照射水平、表面污染水平等进行巡回测量，以便及早发现异常，为采取应对措施争取时间和提供数据支持。

按照国家和军队相关标准和规定，凡是在放射性工作场所或涉及放射性操作的辐射工作，都必须事先由辐射防护工作人员进行监测或监督监测，根据辐射水平和剂量管理限值确定可停留时间或工作时间，并视情对作业人员个人受照剂量进行监测和评估，必要时应对作业现场的表面污染进行监测，确认没有发生不必要或意料之外的扩散。

当单次作业预计受照剂量可能较小时（通常不大可能超过 1 mSv，且剂量率较低、预计随空间位置或时间变化不会太大时），以现场辐射监测系统为主，同时佩戴个人剂量报警仪。

当单次作业预计受照剂量可能超过 1 mSv 但不会超过 5 mSv，且剂量率较高、预计随空间位置或时间变化可能较大时，除现场辐射监测系统和佩戴个人剂量报警仪之外，辐射防护工作人员事先还应使用便携式测量仪对相关区域的外照射剂量率、表面污染水平和气载放射性水平进行监测，依此规定作业人员的最大作业时间，并随时掌握作业人员的受照剂量，必要时要求作业人员立即退出工作场所。

当单次作业预计受照剂量可能高于 5 mSv 时，除应采取上述措施外，还应请示指挥员，经允许后方可进行作业，辐射防护工作人员必须随时跟踪和掌握作业现场的辐射场，遇到超出计划的高辐射水平时，应通知相关人员立即停止作业，并撤出现场，查明原因后再进行下一步作业。

11.3.1.2 辐射防护管理

根据国内外陆地核电厂的经验，工作人员受照剂量存在“20%—80%”规律，即 20% 的人员接受 80%的剂量，20%的工作产生 80%的剂量，核动力舰船也有类似规律，因此，只要抓住重点人群、重点工作的辐射防护工作，采取人员分类、场所分区、作业分级等方法，实施科学有效、贴近实际的辐射防护管理方法措施，就能有效降低受照剂量。

1. 场所分区

根据 GB 18871—2002，为便于辐射防护管理和职业照射控制，应将辐射工作场所进行分区管理，一般分为控制区和监督区两大类。

为控制正常工作条件下的正常照射和防止污染扩散，并预防潜在照射和限制潜在照射的范围，将需要和可能需要专门防护手段或安全措施的区域定义为控制区；将不需要专门防护手段或安全措施的区域定义为监督区，但也应经常对职业照射条件进行监督和评价。

正常条件下，除堆舱及紧邻舱室外，核动力舰船的其余舱室区域的辐射水平很低，与海洋辐射本底水平相当，比陆地上一般室内的本底还低，而且也不属于辐射工作场所，但是考虑到这些区域与反应堆距离较近以及辐射防护最优化，将核动力舰船其他区域均划作监督区对待。

为方便辐射防护管理和职业照射控制，陆地核电厂根据辐射工作场所的辐射水平，参照能源行业标准 NB/T 20185—2012，一般将控制区划分为几个级别不同的子区，即绿区、黄区、橙区和红区，并将黄区和橙区分别细划为 2 个黄区和 2 个橙区，监督区为白区，详细见表 11-1，但不同核电厂划分各控制子区的剂量率范围有一定差别。当然，辐射分区不仅要考虑外照射辐射水平，还应同时考虑表面污染水平和空气放射性水平（包括放射性气体和放射性气溶胶），尤其应关注是否含有放射性碘。一般常规工作区的非固定 β 表面污染应低于 4 Bq/cm^2，间断工作区的非固定 β 表面污染应低于 40 Bq/cm^2，限定工作区的非固定表面污染应低于 400 Bq/cm^2。

表 11-1　压水堆核电厂辐射分区

辐射工作场所		剂量率/（mSv/h）	气载放射性活度浓度	居留特征
监督区（白）		≤0.002 5	可忽略	每季度低于 500 h
控制区	常规工作区（绿）	≤0.01	≤0.1DAC	每周低于 40 h，年均低于 10 人 · 时/周
	间断工作区（黄 1）	≤0.1	≤1DAC	每周低于 4 h，年均低于 10 人 · 时/周
	限定工作区（黄 2）	≤1	≤10DAC	管理进入，年均低于 1 人 · 时/周
	高辐射区（橙 1）	≤10	—	限制进入
	特高辐射区（橙 2）	≤100	—	禁止进入
	超高辐射区（红）	>100	—	禁止进入

由于核电厂空间充裕、相应的资源充足，可对各控制子区设置醒目的标志、实体隔离屏障、冷/热更衣室、去污/洗消室、全身/手脚沾染监测仪等设施设备，为辐射防护管理和最优化提供了坚实的物质保障。

核动力舰船保障母港涉核维修、换料等区域的辐射分区可参照陆地核电厂划分，鉴于核动力舰船空间受限，舱室布局与陆地核电厂有很大差别，设备布置十分紧凑，各种资源比较紧张，许多区域兼顾多种功能，不便对控制区进一步细分，只是将堆舱毗邻通道、一次仪表间和取样间、堆舱邻近舱室隔壁附近区域等典型部位按外照射辐射水平的高低规定了每天允许通过次数或停留时间。

核动力舰船由于空间和资源受限，无法像陆地核电厂那样，设置实体隔离屏障、洗消室、全身/手脚沾染监测仪等设施设备，只能配备便携式表面污染监测仪等简单设备，更多地则需要依靠计划、准备、组织、培训等管理手段去实施辐射防护最优化，因而对相关涉核人员的辐射防护知识培训、相关技能的资质考核认定等应借鉴核电厂的经验做法，制定有别于核电厂且能够切合核动力舰船辐射场工作实际需要的计划方案，例如加强辐射防护工作人员在现场的空气放射性和设备、壁面、地面的表面污染监测与提醒，及时洗消，改进个人防护用品的使用和管理等，并在实践中不断修改完善。

在某一辐射分区中，可能存在局部很小的部位或区域辐射水平比其他区域高得多，即所谓的热点，在现场可采用鲜明的标志加以区分，帮助相关人员识别和避开，以避免不必要的照射。

应该注意的是，以上对辐射工作场所的分区是反应堆正常运行工况下的分区，如果发生辐射污染扩散事故或核事故，应根据实际情况进行调整，以能够控制和减缓事故后果及其影响为首要原则，但同时也必须采取一切可能措施保障作业人员的健康和安全。

2. 人员分类

陆地核电厂一般根据从事工作的性质、现场的辐射水平、可能接受的剂量等多方面因素，对在辐射控制区工作的人员实行辐射防护资格管理，许多核电厂实行两级辐射防护资格管理，有的则实行四级辐射防护资格管理，如秦山三期分为绿牌、黄牌、橙牌和红牌（资格从高到低），只有获得相应的资格后才能进入相应的辐射分区和从事相应的辐射工作，低级别辐射防护资格的人员不允许进入超出其资格范围的辐射分区，或从事超出其资格范围的辐射工作。

为在辐射风险和工作效能两者之间折中，取得恰当平衡，一些陆地核电厂开始倡导安全自主化管理，即辐射工作人员自己对自己的辐射安全负责，同时保证对其他相关人员的辐射安全不产生不利影响，负责人对负责项目的辐射安全负责，辐射防护人员负责监督和技术支持。但安全自主化管理的前提是相关的工作人员掌握必须的辐射防护理论专业知识技能，且经过必要的辐射安全文化培训和熏陶，具备一定的辐射安全文化意识，否则可能走向为讲究效率而忽视辐射风险的极端。

3. 作业分级

在长期的实践过程中，陆地核电厂摸索出一套行之有效的提高辐射防护管理效益的方法，可大大降低修理期间的集体剂量，作业分级是其中一项重要措施。

所谓的作业分级，综合考虑辐射风险和管理效率两方面的因素，对潜在风险较高或风险不明确的工作，根据工作人员可能受到的辐射照射剂量和潜在的辐射危害大小等因素将各种辐射工作进行分级，一般分为一级辐射工作、二级辐射工作和三级辐射工作：

一级辐射工作是指在该项工作中预计个人剂量可能超过 2 mSv，或集体剂量可能超过 15 人 · mSv 的辐射工作，或者可能存在严重松散表面污染的辐射工作等。

二级辐射工作是指主回路系统开口或相关设备维修的辐射工作，或辐射安全人员认定的辐射工作。

三级辐射工作是指除一级、二级以外的其他辐射工作。

辐射工作实行许可管理，所有辐射工作均需办理辐射工作许可证，但不同级别的辐射工作实施不同的许可管理。二级和三级辐射工作仅需报知办理辐射安全许可证，而一级辐射工作在具体实施前必须由各专业人员会同辐射防护专业人员共同进行辐射风险评估分析、评价个人可能受照剂量及制定合理可行的辐射防护安全计划和具体措施，由各专业相应级别的负责人签署后方可办理辐射工作许可证。

鉴于核动力舰船自身特点，也可将辐射工作分为三个等级：

一级辐射工作主要指反应堆停堆超过 30 min 但少于 24 h 进入堆舱进行关键设备抢修工作，或者反应堆开盖检修或换料等辐射工作。

二级辐射工作主要指反应堆停堆超过 24 h 但少于 72 h 在堆舱内的监测或检修工作，或者停堆超过 72 h，主泵、蒸发器、稳压器、净化离子交换器、阀等一回路系统关键设备或辐射水平较高设备的检修，或者一回路净化树脂排放，或者反应堆正常运行时进入一次仪表间或取样间的检修或取样工作等。

三级辐射工作主要指停堆后一次仪表间或取样间的检修或取样工作等，对于预计个人受照剂量或潜在危害很小，或者采取专门防护措施对降低辐射风险是不值得的那些辐射工作，可不必纳入作业分级范围，如正常通过堆舱毗邻通道，对堆舱以外区域进行的剂量率和表面污染巡测等，只要当事人遵守基本的安全注意事项，依靠自身掌握的辐射防护知识和技能即可避免或减少不必要的辐射照射，满足辐射防护最优化的要求。

4. 污染控制

此处污染控制包括场所污染控制和人员污染控制两方面，主要目的是将污染和污染来源控制在辐射防护措施完备的局部区域内，并对此区域的人员和设备、仪器、工具、材料等的进出实行严格管理，防止扩大污染范围或增加受照人员和剂量。

场所污染控制主要指污染控制区的人员和设备、材料等的进出控制：

（1）进入控制区之前将个人衣物存放在冷更衣室（无污染区）衣柜，根据控制区污染水平，穿戴好相应的个人防护用具。

（2）离开控制区之前应脱除个人防护用具，放到事先计划准备好的收集点，并根据作业情况进行必要的个人洗消去污，经表面污染检测仪（门式污染检测仪或便携式检测仪）测量确认洗消合格后方可进入冷更衣室穿上个人衣服。

（3）携带或运输带放射性的设备、材料等进出控制区前应经过相应管理部门的许可，并按要求包装好，且在运输过程中应加强监控与监测，防止放射性物质或材料遗漏散落，造成新的污染。

（4）充分挖掘技术防控手段和管理手段的效能，对所有从污染控制区出来的物品进行监测并做好登记，防止将从控制区带出的被污染的仪器、工具、材料等存放在非控制区厂房或办公室，扩大污染区域或增加受照人员和剂量。

人员污染控制主要指工作人员在污染区作业时，必须谨防被污染的手、工具等接触面部或其他裸露在外的身体其他部位，也应避免在脱除防护面具、防护服、防护手套等防护用具时被防护用具的污染面沾染手脚或面部。

对核动力舰船而言，由于在舰船上不具备设置冷更衣室、人员洗消室等污染控制的条件，对人员、设备、材料等进出污染控制区，必须根据实际情况制定专门的污染控制措施。例如，由于一回路取样时产生的高温蒸汽冷凝后形成含放射性的液滴、管道阀门传感器接头处的跑冒滴漏等因素导致取样间地面被污染，而且污染程度可能逐步会积累，可以定期或不定期去污，使地面污染程度保持在比较低的水平；进入取样间时应穿鞋套，出来后及时脱鞋套，并存放到专门的收集容器内，以免将取样间的地面污染扩散到舱室其他清洁区域。

5. 最优化管理

核动力舰船的辐射防护最优化管理在许多方面应学习借鉴陆地核电厂辐射防护最优化管理的先进经验，在各项涉及辐射的工作中，纠正只要个人受照剂量不超标、辐射防护最优化无关紧要的思想观念，不能将辐射防护看作是对辐射工作的约束，而应将辐射防护最优化管理看作是辐射工作的有机组成部分，把辐射防护最优化纳入辐射防护工作的计划与准备、实施与跟踪、总结与反馈等各个环节。

（1）计划与准备。

辐射工作的计划应包括辐射风险分析、应对方案和完成本工作的集体当量剂量控制目标（包括个人剂量、工作场所外照射辐射水平、空气放射性水平、表面污染水平等的控制目标）等。

辐射工作的准备应包括现场辐射防护措施的准备和技术层面的准备，辐射防护措施包括源的屏蔽、去污或通风、防护用品及废物分类收集等，技术层面包括参与辐射工作的人员组织与培训、设备仪器工装材料的准备、工作程序的准备、现场水电气的准备及工业安全措施等。实践一再表明，工作具体实施前的周密计划和充分准备可以有效地缩短工作时间，减少集体剂量，防止事故的发生或降低事故发生的概率。

（2）实施与跟踪。

在辐射工作具体实施过程中，除了利用固定式或便携式辐射监测、剂量监测系统或设备监测现场辐射水平和工作人员个人剂量外，还应跟踪辐射防护最优化计划和措施是否得到贯彻落实，以便尽早发现问题并及时纠正；同时加强信息交流和收集，根据各方面人员尤其是一线工作人员的意见建议修改完善工作程序，加强辐射防护技术措施和管理手段，降低集体剂量，提高最优化管理效能。

（3）总结与反馈。

辐射工作实施结束后，应对计划及实施情况进行分析和总结，对在实施过程中得到验证的方法措施进行挖掘总结，查找计划和准备工作与实际需要之间的差距，并反馈和充实到之后的辐射工作计划与准备工作中，主要包括：计划方案预案是否考虑了可能出现的各种情况，设备仪器工装材料准备是否充分，现场防护措施是否恰当，工作程序能否进一步优化，人员培训是否具有足够的针对性，辐射防护管理跟踪工作是否到位，工作对接协调机制是否顺畅，现场的停留时间和人员能否进一步减少，集体剂量控制目标是否实现、能否进一步降低等。

11.3.2 辐射源项控制

除了反应堆运行时产生的瞬发中子、瞬发 γ 射线外，一回路系统和设备也会产生各种辐射源，如腐蚀活化产物、放射性气体等，各种作业过程也可能产生放射性废物，或者增加污染区域，必须采取有效措施予以控制，降低人员受照剂量。

为确保反应堆的安全可靠运行，必须采取有效措施控制减缓燃料元件包壳、结构材料、泵、阀、管道等受高温高压冷却剂浸润表面的腐蚀和结垢，这也是降低冷却剂腐蚀活化产物数量、从而降低停堆后堆舱内辐射水平的有效方法之一。

水质控制的对象包括一回路冷却剂、一回路补水、一次屏蔽水、设备冷却水等，当然还包括二回路系统给水、冷凝水等，但二回路系统水质对辐射防护基本不会产生可观测的影响，因此以下仅对一回路水质控制稍作展开。

一回路系统水质控制的项目包括 pH，电导率，Cl^- 浓度，游离氧浓度，F^-、SO_4^{2-}、

NO_3^-、PO_4^{3-}、K^+、Na^+、Ca^{2+}、Mg^{2+}等常见阴阳离子浓度及设备材料所含的铁、钴、镍、锰、铬、钛、锆、铪等离子浓度。

根据核电厂和核动力舰船核动力装置的设计限值和运行经验，一回路冷却剂水质控制最主要的是pH，电导率，Cl^-浓度，游离氧浓度四项，这四项指标是控制腐蚀速率的决定性因素。从外部向一回路系统补水的水质必须更为严格，由于Cl^-没有其他产生来源，各种补水初始Cl^-浓度满足要求，后期就不会超标，因而不必对不同补水的Cl^-浓度提出更高的控制指标要求。但游离氧则不同，任何与空气接触的环节都可能增加一回路冷却剂中的游离氧含量，甚至反应堆运行时堆芯的高温高压强辐射环境也可能使冷却剂发生辐照分解，产生游离氧，从而加剧腐蚀。因此，反应堆启堆准备时，必须按照规定，向冷却剂中投加除氧剂，在一定温度下循环一定时间后取样检测达标后才能转入下一环节，否则必须查明原因，直至排除。

为保持水质指标始终满足安全运行要求，一回路系统在设计时专门增加了除盐树脂交换器和除氧树脂交换器，在反应堆运行期间，若需要向一回路补水，必须使被水流经除盐树脂交换器和除氧树脂交换器，以保证进入一回路系统的补水的电导率、游离氧含量等水质指标满足规定。同时，在反应堆运行期间，还应定期或不定期对一回路冷却剂取样，对关键指标进行化验检查，目的是尽早发现异常，以便及时采取应对措施，保证反应堆安全。

另一方面，反应堆停堆后，一般不宜排空一回路系统中的冷却剂，而应进行采取湿保养的方法，即一回路系统各设备和管道仍充满冷却剂，由于停堆后温度降低，冷却剂体积因收缩而减小，必须向一回路系统中补充适量的补水，并按规定定期取样化验，除了电导率指标可稍放宽外，pH、Cl^-浓度等控制指标保持不变。

一次屏蔽水箱中的水正常情况下不参与一回路系统循环，但在特殊条件下可能需要向一回路系统中补充，另一方面，一次屏蔽水箱所在位置中子注量率较高，若不加以控制，中子活化产生的放射性将带来新的问题。因此，必须保证一次屏蔽水的水质指标达到要求，除了在水箱箱体涂刷防腐材料，一般还需向水中投加缓蚀剂，以减缓腐蚀速率，降低一次屏蔽水箱中的电导率，保证应急使用时水质满足要求，同时也减小中子活化产生的放射性。

11.4 修理过程中的辐射防护

此处的修理，特指核动力舰船堆舱开盖检修、反应堆换料、一回路设备修理等涉及辐射防护的高等级修理。国内外核电厂的实践均表明，集体剂量的80%左右是在修理过程中产生的，而运行期间仅产生20%左右的集体剂量，对核动力舰船也有类似规律。因此，改进提高修理和退役过程中的辐射防护工作，对于降低集体剂量具有显著的作用。

在修理阶段，虽然反应堆已停堆，瞬发中子和瞬发γ射线已消失，但裂变产物的缓发γ射线一直存在，且停堆一个月后衰减变得缓慢。停堆后一回路系统冷却剂中，冷却剂本体活化核素^{16}N和^{17}N很快消失，腐蚀活化产物^{51}Cr、^{54}Mn、^{56}Mn、^{58}Co、^{60}Co、^{24}Na等变得重要，停堆时间越长，^{58}Co、^{60}Co等长半衰期腐蚀活化产物的贡献越大。正常运行时，人员不进入堆舱，这些射线对人员的影响几乎可以忽略，但修理过程，人员进入堆舱，与反应堆、一回路系统设备和管道相距不过几十厘米，甚至更少，因而尤其要加以关注。为减少修理过程中的腐蚀，一般不会将一回路冷却剂排出，但可以对一回路冷却剂进行多轮次大流量串水操作，以降低冷却剂中腐蚀活化产物的数量，从而降低堆舱内的辐射水平，减小人员受照剂量。

另一方面，反应堆长期运行过程中一回路系统压力边界的跑冒滴漏和无法完全避免的微量渗漏，会在堆舱空气中产生放射性气溶胶或微小颗粒，在设备表面或地面逐渐沉积，人员进入后会产生气流扰动而使部分已沉积的放射性物质重新进入空气。因此，进入堆舱开展修理工作前，可以先采用真空吸尘方法收集沉降在表面但结合力很弱的那部分放射性物质，再用高压气体喷射吹除方法使一部分与表面已经有一定结合力的放射性物质脱离表面，进入空气，通过堆舱通风系统将其抽出。但由于堆舱内设备、管道的布置纵横交错，空气流通不均匀，喷射吹除和通风应交替进行多次，以达到清除更多沉降在设备表面和地面的放射性物质。

蒸发器检修是人员受照剂量最大的项目之一，主要原因是蒸发器内部结构复杂，部分区域沉积的腐蚀活化产物远比其他一回路系统设备和管道多，而且难以通过系统串洗、反洗等方式加以有效清除。因此，检修前应通过加投清洗药剂等方法尽量清除蒸发器内部沉积的腐蚀活化产物，但应注意不能对蒸发器尤其是传热管的防腐性能产生不利影响。

蒸发器检修耗时最长的环节是传热管破损检测，如果采用传统方法，需要人员通过人孔进入蒸发器内部，安装检测仪器，每检查完一组传热管后，需要人员再进入蒸发器内部更换检测仪器安装位置，整个周期较长，人员受照剂量大。为减小人员受照剂量，缩短检修工期，应创新检修方式方法和工装具，研制蒸发器传热管自动检测装置。

由于堆舱和舱室空间狭窄，修理工作项目多，应事先作好计划安排，根据修理工作本身的性质和可能造成的放射性污染程度等多方面因素，综合考虑各项目的先后顺序，避免相互干扰，例如，不需拆卸设备或阀门管道、不会产生放射性污染的修理项目可以考虑安排在靠前的时间段或者安排在靠后的时间段，不与那些需要拆卸或放射性开放操作的项目相交叉。

在核动力舰船一般涉核修理过程中，不会将反应堆舱可拆板打开，所有人员和工装器材以及修理过程中产生的放射性废物都需要从堆舱屏蔽门和屏蔽走廊进出，因而必须周密细致地考虑人流和物流通道的错流使用，尤其是涉及中高放射性水平或较强放射性污染水平的部件、材料或废物，有时可以考虑采用专用的铺垫隔离或者临时去污措施，防止产生交叉污染。对于扶梯和升降口，人员上下时手、鞋都会直接接触，因此应事先采用塑料布等包扎好，防止被污染，也减少后续去污的负担。

由于反应堆舱辐射源众多，设备管道复杂，空间狭窄，不同区域的辐射水平可能相差较大，实施作业前应采用便携式辐射测量仪表对堆舱内部作业人员可能抵达的区域进行巡测，对辐射水平较高的区域采用临时的特别标志进行标识和提醒，对在这些区域实施作业的时间加以限制，从而控制人员受照剂量。同时，参加现场修理活动的人员必须佩戴具有声光报警功能的个人剂量报警仪，以便及时收到报警提醒。

11.5　退役过程中的辐射防护

此处的退役，主要指核动力舰船涉核部分的退役活动，包括乏燃料拆除、压力容器拆除、一回路系统设备和管道拆除、一次屏蔽材料拆除、其他带放射性物项拆除及堆舱去污等。

核动力舰船退役是一项极其复杂的系统工程，涉及面广，在开始退役作业前，应作好充分的退役作业方案论证与设计，预估退役作业各阶段环节可能产生的核与辐射安全风险，制定作业内容步骤，制定辐射防护措施与要求，作好相应的安全预案，准备工装器材；作业人员要经过辐射防护培训，具备上岗资格，对工作场所和作业人员实施必要和充分的辐射监测等，达到尽量降低核与辐射安全风险、降低人员受照射剂量、减少放射性废物的产生量和向环境的排放量等目标。除了普通舰船退役涉及的一般和共有安全问题外，核动力舰船退役还涉及核与辐射安全问题，其中乏燃料卸料与贮存、放射性物项拆除等需要特别予以关注。

乏燃料拆除是核动力舰船退役工程最重要的涉核活动之一，反应堆换料包括乏燃料拆除和装料两个步骤，其中乏燃料拆除过程中的辐射水平远高于装料过程，而且从反应堆卸出乏燃料和乏燃料贮存时还要考虑反应性变化产生的核安全问题，以下仅就乏燃料拆除和贮存涉及的比较重要但有别于一般涉核活动的辐射防护问题进行简要讨论，在前一节修理过程中已涉及的辐射防护问题不再赘述。

11.5.1　防护分区与通道设计

由于乏燃料拆除和吊运过程伴随强放射性，科学的辐射防护分区及人员和物流通道设计能够有效降低受照人数、受照可能性、受照剂量，减少放射性污染区域和污染程度。

核动力舰船反应堆卸料前事先除了需要将反应堆上方的耐压壳体可拆板及相应的堆舱顶部屏蔽拆除，还要拆除反应堆顶部构件、控制棒驱动机构、压力容器主螺栓、压力容器顶盖等，这些部件的放射性水平一般不低，需要从专门的通道移出，在专门的区域存放，在辐射防护分区和物流通道设计时必须特别重视。

乏燃料元件从压力容器取出吊运至乏燃料水池的过程中，行进路径周围空间的辐射水平极高，且存在跌落和沾染的风险，因此，乏燃料吊运的行进路线及其周围空间应划作另一类专门的辐射防护分区。

这两类区域及其出入通道的地面应设置专门的隔离铺垫物，防止物件跌落或残余液滴、细小颗粒等污染地面，造成较强的污染。

11.5.2　专用工装具设计及远程操作控制

由于卸料过程中的许多环节的放射性水平非常高，工作人员不宜直接在现场作业，需要设计开发专门的工装具，供工作人员远程操作控制，如压力容器主螺栓自动拆卸装置、乏燃料组件自适应抓取和吊运装置、乏燃料贮存屏蔽容器等，物流进出通道设计加装自动传送装置，减少人员接触距离和接触时间，从而有效地降低受照剂量。为提高作业效率，减少作业时间，应改进优化卸料工艺，提高卸料作业速度，当然也会产生一些新的辐射安全风险，需要采取相应的措施应对。

11.5.3 辐射监测与剂量控制

由于卸料过程辐射水平高，必须对卸料区域进行严密的辐射监测，监测仪器的量程比一般涉核场所的区域辐射监测有所区别。另一方面，相关区域的辐射水平变化剧烈，辐射监测布点必须根据乏燃料吊运作业特点进行周密论证设计，避免出现监测盲区，造成人员误照射，必要时可考虑适当的冗余布置。如果原有的固定式辐射监测装置数量和测点布置不能满足要求，可以采用能够自组网的探测装置，与原有辐射监测系统共同组成退役作业辐射监测系统，以便能够在空间、时间、工程进度等多个维度查看、统计、分析辐射监测信息，为改进优化退役作业工艺提供支撑。

由于很难保证数千根乏燃料元件全部保持完好，而且在乏燃料卸出过程中可能会发生磕碰等情况，存在元件包壳破损导致向外释放放射性气体和易挥发性核素。因此，除了中子和γ射线外照射剂量率监测之外，还应重点关注放射性气体和气溶胶监测，而且要实时监测和报警，此时不必过于考虑测量的精确度，但要关注测量的响应时间，防止额外增加作业人员的内照射。

为及时发现卸料过程对作业场所的地面、设备表面等造成的污染，应考虑每次吊运作业后对相关区域的表面污染水平进行测量，必要时应追溯污染产生的原因，并改进完善作业方案流程。

为控制受照剂量，退役作业方案应对参加辐射水平较高、辐射风险较大的作业活动的作业人员的作业时间和受照剂量进行事先论证和评估，采取可行和有效措施优化作业流程步骤，加强防护手段，做好人员和物流通道的路径规划，尽量减少受照时间和受照剂量。参加现场作业人员应佩戴电子式个人剂量报警仪，以便能够在剂量率超限和剂量超限时收到报警信号提醒，及时撤离或采取应对措施。

11.5.4 乏燃料水池的安全防护

反应堆退役或燃料元件更换时，需将堆芯的乏燃料拆除。由于核燃料在核裂变过程中产生许多长半衰期的放射性核素，拆除后的乏燃料具有极强的放射性，需要进行足够的屏蔽防护才能保证工作场所的辐射水平满足要求；与此同时，这些射线的能量将被屏蔽材料吸收，导致屏蔽材料的温度不断上升。从屏蔽效果、安全性、便捷性和经济性等方面综合考虑，采用水进行屏蔽和冷却是最佳选择。因此，通常将从堆芯拆除的乏燃料置于足够深的水池（称作乏燃料水池）暂时贮存，一般数年后再将乏燃料吊起装入专门容器，运输至乏燃料后处理厂进行下一步处理。

乏燃料水池主要功能有：（1）屏蔽乏燃料中裂变产物发射的射线；（2）对乏燃料进行冷却，类似于反应堆余热排出系统。

为保证一定的屏蔽效果，乏燃料水池必须保持在足够高的水位，设计液位监测报警系统，以便在发生意外情况时及时发现水位过低的安全隐患；水池周围还应设置护栏，条件允许时还可增设一定厚度的屏蔽，防止人员受到过量照射。水池周围还应设置在线辐射监测仪器，并具有现场声光报警，以便在发生异常情况时现场及周边人员得到及时提醒，这些在线辐射监测仪器还应有数据无线传输或远程传输功能，综合控制室可以随时查看监测数据，并可存储和处理分析。

由于乏燃料中裂变产物的衰变不断释放能量，乏燃料水池中的水吸收能量后温度会升高，尤其是在卸料初期更明显，因而需要对乏燃料水池中的水进行冷却。另一方面，卸出的乏燃料可能在乏燃料水池中贮存相当长的时间，为了降低乏燃料的腐蚀，应对乏燃料水池中水的水质进行控制，通常采取离子交换等工艺流程进行净化。

乏燃料水池中的贮存格架除满足机械、化学等要求外，还应通过采用增加栅格之间的距离、采用含硼栅格架材料等措施，确保贮存于水池中的乏燃料不会发生超临界事故。

11.5.5 退役作业场所的防护

压力容器顶部构件、控制棒驱动机构、压力容器主螺栓、压力容器顶盖及乏燃料拆卸时的辐射水平很高，同时还存在气载放射性物质外逸、设备表面和场所地面被污染的风险；一回路系统设备、管道及堆舱其他设备、支架、吊架等部件拆除时需要进行切割，会产生大量放射性气溶胶或放射性粉尘和细小颗粒；由于一回路系统的跑冒滴漏和一些泄漏，产生的放射性气溶胶或微粒在反应堆舱各设备表面沉降和逐渐积累，在反应堆长期运行过程中附着在表面，不易彻底清除，某些退役作业可能会使其重新扬起并进入空气，给现场作业人员造成内照射。

因此，退役作业场所应需要采取一些特别的防护措施，堆舱必须进行有效的通排风，同时必须防止堆舱空气进入邻近舱室而使其遭受污染，从堆舱抽出的气体必须经过净化过滤等处理后再向大气环境排放。在切割作业现场，必要时可视情搭建临时的气帐，并加装抽气系统，在气帐内形成负压，防止切割产生的放射性粉尘和细小颗粒等逃逸到其他区域，抽出的气体也应经过净化过滤等处理后才能向大气环境排放。

11.5.6 退役放射性废物管理

核动力舰船退役作业会产生数量庞大、种类和形态繁多的放射性废物，对照辐射防护最优化和废物最小化的目标，比较有效的选择措施有：

（一）退役工艺的优化设计与科学选择

退役作业工艺的优化设计和科学选择不但能够提高退役作业的整体效率，降低辐射安全风险，减少人员受照剂量，还可以从源头上减少放射性废物的产生，例如采用水下等离子切割方法，可以避免产生放射性粉尘和细小颗粒进入空气；先拆除无放射性或放射性水平很低的部件，防止拆除放射性较强的部件时产生的污染，也能够减少放射性废物的产生量。

（二）放射性废物的分类收集和贮存

分类收集和贮存可以有效减少后续处理工艺的负担和二次废物的产生，例如对不同污染对象进行去污时，产生的放射性废液的放射性水平、化学成分有很大的差别，如果混在一起，将极大地提高后续处理工艺的处理难度，降低经济性，二次废物量也会增加。但如果在去污时就能够将去污产生的废液进行分类收集，并贮存于不同的容器，再分别采用适用于每种废液的工艺进行处理，将能够明显降低处理难度，提高处理工艺的经济性，同时还可有效减少二次废物的产生量。

11.6 核事故应急过程中的辐射防护

核动力舰船发生核事故时进行应急响应时，必须及时采取充分措施保护事故舰船工作人员、救援行动参与人员及周边公众的辐射安全。但针对不同类别人员，具体辐射防护措施有较大差别。

核动力舰船发生核事故时，放射性物质可能突破多道防护屏障，释放到舰船内、外环境，对不同类型的人员，其防护方法和侧重点不尽相同，而且核事故在外海发生和在港口发生，各类人员的防护也不相同。

11.6.1 事故舰船工作人员的防护

当核动力舰船发生核事故时，在气象和海况等条件允许时，应将舰船纵向（艏-艉方面）尽量调整至与风向垂直，开启堆舱应急排风系统，以防止从堆舱排出的放射性物质又从艏或艉位置的升降口等进入到其他舱室，造成交叉污染。同时为防止和减少排出的放射性物质尤其是浮尘颗粒态的放射性物质通过各种途径重新进入舱室，可以将排出的气体直接排至舷外侧的海水中（需要在舰船设计阶段考虑设置相关阀门管道），放射性气溶胶或浮尘颗粒等大部分将直接被海水吸纳，放射性碘可能只有部分被海水吸纳，放射性惰性气体则不会被海水吸纳。为了防止未被海水吸纳的放射性碘和惰性气体重新进入舱室，一方面应使应急排风系统的出口处于下风向，另一方面，条件允许时可开启集体防护系统，减少这些放射性物质重新进入舰船舱室空气。

若条件允许，在能够保障履行关键重要岗位基本工作职责的前提下，与事故处置和保障无关的人员应尽量分散到与堆舱距离较远的舱室，避免不必要的照射和放射性物质的吸入。

若放射性物质可能或已经通过内部通道进入工作或生活舱室时，应向有关工作人员发放稳定碘等抗放药品并立即服用，以减少放射性碘的吸收；尽可能迅速隔离生活和工作舱室的食物和饮用水，防止食物和饮用水被污染，控制进食和饮水；相关工作人员应立即穿戴防护手套、防护口罩及防护服等，进入堆舱抢修人员应戴面具或隔绝式呼吸器等防护器材；根据舰船内部辐射监测系统和便携式辐射监测仪器的监测数据，将舰船的不同舱室临时划分为不同级别的防护区域，控制人员进出和经过，防止交叉污染。

11.6.2 应急抢修人员的防护

应急抢修人员根据其作业范围可大致分为两类：需要进入事故区域中心部分的人员（进入事故舰船堆舱等区域进行维修作业）和不必进入事故区域中心部分的应急抢修保障人员（如制定作业方案、抢修工装输送等）。

对第一类人员，首先应根据抢修对象的现状，制定具有较强操作性的详细抢修工艺和过程，准备好可能用到的图纸资料、工装器件和零部件等，以减少现场作业时间；如果抢修对象故障不明，应根据事先论证研究的情况，准备多种实施方案，携带相应的资料、工装具和零部件，宁可备而不用，不可用而不备，如果到现场发现缺项再去准备和实施，不但会增加无谓的受照剂量，还可能错失抢救时机；应通过故障前一段时间的运行参数、现场人员查看、工业电视录像等多种方式尽可能多地获取待抢修对象的信息，条件允许时通过远程专家支持系统获得总体设计单位、技术责任单位和研制供货单位专家的技术支持，制定更为科学的抢修方案，从源头上缩短在现场的作业时间。其次，应根据现场辐射水平，选择穿着重型防护服，但这会给抢修作业带来不便，增加作业时间，或者考虑穿着普通防沾染服，外加防护背心、防护短裤和防护眼镜等，可以减少给抢修作业带来的不便；如条件允许，可以穿戴能够独立供气的隔绝式呼吸器。第三，应急抢修作业人员应佩戴中子和 γ 个人剂量报警仪，在实时剂量率或总受照射剂量超标时提醒作业人员迅速撤离，由于现场可能十分嘈杂，加之穿着防护服等因素，一般条件下能够正常工作的声光报警信号此时可能不足以提醒抢修作业人员，应考虑增强信号或者采用振动等其他报警方式。第四，应分组轮流作业，使受照剂量在较多人员之间分摊，避免少数或个别人受照剂量过大；在前一组进行作业时，后一组要同时备便，以减小等待时间；分组作业并不一定采取简单的时间接续方式分组，可以根据抢修对象检查、拆卸、更换等不同环节的特点进行任务分解和人员分组，发挥不同人员的专长，提高抢修工作的效率，缩短抢修时间，从而减小受照射剂量。第五，在抢修人员进行抢修方案研究、器材准备时，核防护专业人员应事先利用辐射监测系统的固定式探测量和便携式辐射监测仪器对作业区域的辐射水平和放射性气溶胶浓度进行测量，根据预估的抢修作业所需时间，合理分配每个小组或每个成员的工作时间，以控制参与抢修作业人员的个人受照剂量；如果固定式辐射监测仪表故障不可用或不能代表抢修现场的辐射水平，可以采用探测装置测量部分（一次仪表）与数据处理和显示部分（二次仪表）分离、相互之间通过较长电缆连接或者无线方式通信的便携式辐射监测仪表，在抢修现场附近严密跟踪，及时动态掌握作业人员受照剂量，做好剂量控制工作。

如果是堆舱内关键设备发生故障，不立即进行抢修可能导致事故态势迅速恶化，甚至可能导致更严重的、影响大部分工作人员生命安全和舰船安全的事故，此时可能需要相关工作人员在第一时间进行抢修，尽快控制事态发展趋势，这时的剂量控制要求应按照国军标规定的相应等级来确定，实施抢修作业前应得到指挥员的批准。

11.6.3 援潜救生人员的防护

由于作业的需要，救援舰船可能需要比较接近事故舰船，船体应具备一定 γ 射线屏蔽防护能力，同时还应有集体防护系统，现场状况不明时应开启集体防护系统，以防止受到过量辐射照射和吸入放射性物质而造成内照射。

水下作业人员下潜前，首先应由应急监测人员使用水下辐射监测仪器对事故舰船周围一定范围和深度的海水的中子和 γ 辐射水平进行监测，初步估计水下作业允许时间，以控制人员受照剂量，同时应佩戴水下个人剂量报警仪，当辐射水平超标或累计剂量超标时应立即撤离。个人剂量报警仪除应满足水下正常工作的防水耐压等要求外，其佩戴方式和报警方式应特别考虑水平作业环境、作业人员着装和携带工装等特点，佩戴报警仪应尽量不对水下作业产生额外不便，报警信号可采取声音、灯光、振动等多种组合方式，确保作业人员能及时收到报警提醒。个人剂量报警仪的监测数据或报警信息甚至可以考虑通过某种方式远程传输至救援舰船，由救援舰船以其他方式通知作业人员。

水下作业人员重新登船前应对穿戴的潜水服和携带的工装具进行初步的洗消并进行表面污染监测，防止对其他其他区域和人员产生新的污染。洗消越早，效果越好，否则等潜水服和工装具表面水分干燥后，放射性物质可能附着在潜水服和工装具表面。应该注意的是，洗消废水可能含有一定的放射性，但其放射性活度浓度一般不高，在核应急救援时可以放宽标准，不一定需要专门收集和处理，可以考虑直接排入海里，防止过度占用和消耗有限和宝贵的核应急救援资源。

11.6.4 其他应急救援人员的防护

需要防护的其他应急救援人员包括但不限于以下人员：空中、海上和地面的应急辐射监测人员，医疗救护人员，去污洗消人员等。

对实施航空辐射监测任务的飞机，由于飞机可能会接近甚至进入放射性云团内部，如技术和其他条件允许，最好使用小型无人机载带辐射监测仪器设备进行，但无人机应做好密封工作，防止云团中的放射性气体或气溶胶进入机内，使机内设备遭受沾染。如果是有人驾驶飞机，除飞机做好密封措施外，机内人员还应携带个人剂量报警仪和热释光剂量片，穿上防沾染服和佩戴呼吸器，机舱内安装剂量率监测和报警仪器。除具有辐射监测功能外，航空辐射监测系统还应能够定位、定高、测速等，并将辐射监测数据与飞行轨迹等数据实时传回应急监测信息处理中心后台，进行数据融合处理后得到随飞行轨迹的辐射监测数据信息，由技术支持人员给出核事故放射性物质释放量、放射性烟云、辐射场等信息的分析判断，供应急决策部门参考。

实施海上辐射监测任务的舰船，应配备集体防护系统，防止云团中的放射性物质进入人员工作生活舱室，到甲板等开放区域实施监测任务的人员，也应穿戴防沾染服和口罩，必要时佩戴面具。实施事故舰船周围海水辐射监测的人员，由于大型救援舰船不能过于靠近，可能需要依托救生船靠近。由于事故舰船周围辐射水平可能较高，除了驾驶航行安全外，特别需要加强人员的外照射防护。另一方面，为了能与事故舰船保持一定距离，应考虑使用无线或长距离有线传导方式的远程辐射监测装备，这些装置应有一定动力，但续航力要求不一定要很强，只要能航行较短距离和下潜一定深度即可，救援人员可进行远程控制其航行距离和下潜深度等参数，并可实时接收监测数据；有时也可以考虑向事故舰船周围抛投若干自组网式的辐射监测装置，能够获取事故舰船周围海水比较全面的辐射水平分布，对于后续水下作业路径规划和人员剂量控制具有实际的参考价值，但应考虑和修正这些抛投出去的辐射监测装置的位置受到海水洋流作用对测量值的影响。

对实施地面应急监测的车辆和人员，车辆应安装剂量报警仪和放射性气溶胶在线监测仪，在进入污染区时给出报警信号，以便能够准确、有效、及时地控制受照剂量。实施外围区域监测时，监测人员应穿戴防沾染服和口罩，必要时佩戴面具。

核事故应急时，医疗救护人员主要负责伤员转运，对伤员可能遭受放射性沾染的伤口进行快速清创处理，对伤员的鼻咽腔等部位沉积的放射性物质进行清理等工作。因此一般不会在强放射性水平区域长时间停留，重点是放射性污染和内照射防护，不必采取过多的外照射防护措施，否则还可能对工作产生不利影响。平时的医用工作服、医用橡胶手套、医用口罩等可以比较有效地防止放射性物质沾染到皮肤和产生额外的内照射，从事故舰船转运伤员时，可以考虑戴面具，在医用工作外再穿戴一套沾染防护服，待伤员转移到临时医疗救援处置点后，脱去面具和沾染防护服，防止产生交叉污染。

去污洗消对象包括对参与救援的人员及被救工作人员，救援过程中被污染的舰船、飞机、车辆、仪器设备、工装具等。

对参与救援的人员进行洗消前，首先应根据救援现场情况区分参与救援人员的沾染类型和沾染程度，再选择最适于相应污染类型的去污洗消方法，以提高洗消效率，尽量减少二次废物的产生。

对被放射性烟云或其沉降物等干式沾染的飞机、车辆、装备和人员等，由于放射性物质在受污染对象表面附着力很弱，可以考虑采用高压气吹除的方式进行去污，速度快，效率高，而且不会产生二次废物，但应注意风向，防止从污染表面吹除下来的放射性物质再沾染其他人员或装备表面，或者搭建临时帐篷，配备抽气泵，将吹除下来的放射性物质抽出并经过滤后再排入大气。对被放射性废液等湿式污染的小型仪器设备等，可考虑在去污的同时通过真空抽吸等方式将去污产生的废液收集起来，避免产生更大范围的污染，也省去了后期专门收集去污洗消废液的麻烦，符合辐射防护最优化和废物最小化的原则。在去污洗消过程中，必然伴随着产生放射性飞尘、液滴等，尤其是采用液态去污剂的作业人员应穿着全身防水型防沾染服，佩戴面具，防止吸入放射性物质。

11.6.5 周边公众的防护

如果核动力舰船是在远海发生核事故，一般不会对公众产生明显影响，更不需要撤离或避迁，但需要根据事故严重程度或可能向外释放的放射性物质的数量划定一定范围的警戒区域，防止附近经过的船只受到放射性烟云或放射性海水的沾染。

如果核动力舰船是在驻泊港口发生核事故，营区官兵是重点防护的“公众对象”，如果营区正好处于事故舰船的下风向，官兵应首先进行隐蔽，关闭门窗，必要时及时服用稳定碘；严禁食用或饮用从室外获取的食物和水，应根据事故进程发展和辐射监测实际数据决定是否需要进一步向外转移或者解除防护措施。解除防护措施前应对营区地面、道路、建筑物等进行广泛的辐射监测，如遇有局部热区，应做好警戒标识，及时采取去污消洗措施，经监测满足开放要求后才能解除警戒，确保营区官兵的健康安全。对营区内的露天水源，如游泳池、池塘、水渠等，应当区分加以对待，游泳池内的水应当全部排出，并进行去污洗消，池塘和水渠等水源不得用于灌溉草坪等，更不得用于养殖。

另一方面，应视情及时向有关部门通报，以便尽早获得支援和采取有效的辐射防护措施，营区周边的公众也应根据事态发展趋势和实际辐射监测数据等综合考虑是否需要临时撤离或避迁。由于核动力舰船反应堆功率相对于核电厂而言小得多，因此应急区范围相应地要小得多，而且核动力舰船停靠在码头，水域范围除了禁止无关船只进入外，可以暂时不考虑其他应急措施。

11.7　放射性废物管理

核动力舰船及陆上相关保障设施在运行和维修期间，会产生各种不同形态和放射性水平的废物，对这些放射性废物的产生、收集、处理、整备、运输、贮存、处置与排放等各个阶段进行严格有效管理，是保证工作人员和公众健康、环境安全的必然要求，是辐射防护管理的重要环节。

放射性废物是指含有放射性物质或被放射性物质污染，其活度或活度浓度大于规定的清洁解控水平，预期不再使用的废弃物。放射性废物管理是包括废物的产生、处理、整备、运输、贮存和处置在内的所有的行政和技术活动。核动力舰船的放射性废物管理应实行从“产生”到“处置”的生命周期全过程的优化管理，力求达到最佳的军事、经济和环境效益。放射性废物管理者的责任是按照国家和军队颁发的相关法律、法规和标准，以及行业一致认可的放射性废物管理基本原则和辐射防护原则，安全、经济、科学、合理地处理处置好废物。废物最小化应作为放射性废物管理必须遵守的宗旨和努力目标，为此，废物管理应该把豁免的、可再利用、再循环的物料分出来，经过适当的处理，使需要最终处置的废物可合理达到的尽可能少，经过适当处理和整备得到安全处置，放射性废物管理环节如图 11-1 所示。

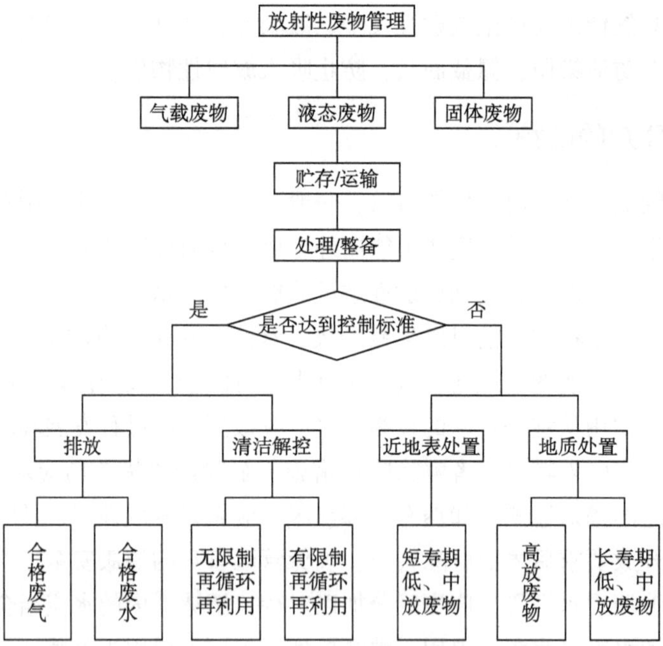

图 11-1　放射性废物管理环节

各种放射性废物经过收集、分类后，根据需要进行贮存、处理和整备，整备后的废物达不到排放或清洁解控水平的再进行处置。

放射性废物处理指的是通过改变放射性废物的物理、化学性质、使之变成适于往大气、水体排放或作最终处置的状态所实施的工艺过程。废物整备是指为形成适于搬运

(装卸)、运输、贮存和处置的废物包而进行的操作，例如将废物转变为固体形态、封装在容器内、进行必要的外包装等。废物处置是指为使放射性核素在衰变到对人类无危害水平之前保持与生物圈隔离状态所采取的措施。由于固体废物不会流动，它的长期贮存或永久处置更加安全，且较易监督，所以一般应将放射性废物转化成为不溶解的、稳定的固体状态，然后处置。废气和废液经净化（使放射性核素分离出来进入固体废物）达到符合排放标准后有控制地排入环境，也是一种处置。

我国于2002年颁布GB 14500《放射性废物管理规定》，除吸收借鉴国际普遍适用的放射性废物处理与处置原则之外，同时结合我国的具体国情，提出了8条废物管理基本原则和40字方针，8条基本原则是：

（1）保护人类健康。放射性废物管理应确保工作人员和公众健康的影响达到可接受的水平。在确定辐射防护的可接受水平时应符合国家相关规定，并在考虑了经济和社会因素后，使发生照射的可能性、个人剂量的大小和受照的人数都保持在可合理达到的尽量低水平。在确定其他有毒物质危害的可接受水平时应符合国家相应标准的规定。

（2）保护环境。放射性废物管理应使对环境的保护达到可接受的水平。在确定环境保护的可接受水平时应符合国家相关法规和标准（特别是向环境排放限制）的规定要求，并使废物管理各阶段放射性和非放有害物质向环境的释放保持在实际可达到的最低水平。

（3）保护后代。放射性废物管理，特别是废物处置、核设施退役和环境整治活动应保证对后代预期的健康影响不大于当今可接受的水平，同时不给后代留下不适当的负担。

（4）考虑境外影响。放射性废物管理应考虑对境外人类健康和环境的保护，并确保对其的影响不大于对自己境内已经判定可接受的水平。

（5）遵守国家法律和法规。放射性废物管理应在国家有关法律和法规体系的框架内进行（包括明确职责和具有独立审管职能），并遵守国家法律和法规。

（6）放射性废物产生的最小化。在一切核活动中，应控制废物的产生量，使其在放射性活度和体积两方面都保持在实际可达到的最小量。

（7）废物管理各步骤间的相互依赖。放射性废物管理应遵循“减少产生、分类收集、净化浓缩、减容固化、严格包装、安全运输、就地暂存、集中处置、控制排放、加强监测”的方针，实行系统管理。废物管理应以安全为目的，以处置为核心，充分发挥废物处置（包括排放）对整个废物管理系统的制约作用，废物管理应实施对所有废气、废液和固体废物流的整体控制方案的优化和对废物从产生处置的全过程的优化，力求获得最佳的技术、经济、环境和社会效益，并有利于可持续发展。

（8）废物管理设施的安全。在废物管理设施的选址、设计、建造、运行及退役或处置场关闭的各个阶段应优先考虑安全的需求，以保证设施在其寿期内的安全，并保证公众不会遭受不可接受的危害。

放射性废物管理的40字方针是：减少产生、分类收集、净化浓缩、减容固化、严格包装、安全运输、就地暂存、集中处置、控制排放、加强监测。

核动力舰船反应堆在运行、修理、退役、事故等各阶段均会产生大量的不同种类和形态、放射性水平高低不一的放射性废物，其收集、贮存、处理、处置的基本原则与方法与核电厂差别不大，但由于两者的应用背景、空间重量限制、运行管理等存在较大差别，因此放射性废物管理在某些具体的环节上也存在明显的差异。本书不对放射性废物管理的具体技术和工艺进行过多的专门介绍，仅对其中与辐射防护密切相关的有关问题进行阐述。

11.7.1 放射性废物的来源与分类

根据放射性废物形态的不同，可将放射性废物分为放射性气载废物、放射性废液、放射性固体废物。

核动力舰船产生的放射性气载废物主要来源于核动力舰船反应堆和陆上相应保障设施的运行和维修等环节，如反应堆正常运行期间因跑冒滴漏产生的放射性气体和气溶胶，堆舱空气活化产生的放射性气体，反应堆燃料包壳破损释放的放射性气体，一回路检修或反应堆换料等过程或工艺产生的放射性气体或气溶胶。

核动力舰船产生的放射性废液主要来源于反应堆运行、检修、退役等过程及人员和设备洗消，如反应堆启堆时冷却剂因受热膨胀而产生的直排水，一回路系统跑冒滴漏产生的放射性废水，一回路系统串洗水，一回路取样系统排水，一回路系统检修时排放的废水，反应堆换料或卸料时产生的废水，核动力装置退役产生的废水，设备表面或地面去污产生的废水，涉核操作人员洗消产生的废水等。

核动力舰船产生的放射性固体废物主要来源于退役设备、部件、受沾染的工装材料等含放射性的金属废物和人员防护用品等软废物。

由于不同形态的放射性废物的核素种类、收集、处理和排放或处置方式不同，为方便管理起见，通常对三类不同形态的放射性废物进行分别分类，放射性气载废物和放射性废液通常根据所含放射性核素的活度浓度（单位体积的放射性活度）分别分为两类和三类，而放射性固体废物分类相对复杂一些，根据所含放射性核素的活度浓度（单位质量的放射性活度）和半衰期进行分类，且将含有 α 发射体的废物单列，另外也单独给出了豁免放射性固体废物的范围，详见表 11-2 至表 11-4。

表 11-2 放射性气载废物的分类

级别	名称	放射性活度浓度 A_V/（Bq/m^3）
Ⅰ	低放	排放限值$<A_V\leqslant 4\times10^7$
Ⅱ	中放	$A_V>4\times10^7$

表 11-3 放射性废液的分类

级别	名称	放射性活度浓度 A_V/（Bq/L）
Ⅰ	低放	排放限值$<A_V\leqslant 4\times10^6$
Ⅱ	中放	$4\times10^6<A_V\leqslant 4\times10^{10}$
Ⅲ	高放	$A_V>4\times10^{10}$

表 11-4 放射性固体废物的分类

级别	名称	放射性活度浓度 A_m/（Bq/kg）			
		$T_{1/2}\leqslant 60$ d(1)	60 d$<T_{1/2}\leqslant 5$ a(2)	5 a$<T_{1/2}\leqslant 30$ a(3)	30 a$<T_{1/2}$

续表

级别	名称	放射性活度浓度 A_m/（Bq/kg）			
		$T_{1/2}\leqslant 60$ d(1)	60 d$<T_{1/2}\leqslant 5$ a(2)	5 a$<T_{1/2}\leqslant 30$ a(3)	30 a$<T_{1/2}$
Ⅰ	低放	$A_0<A_m\leqslant 4\times10^6$	$A_0<A_m\leqslant 4\times10^6$	$A_0<A_m\leqslant 4\times10^6$	$A_0<A_m\leqslant 4\times10^6$
Ⅱ	中放	$A_m>4\times10^6$	$A_m>4\times10^6$	$4\times10^6<A_m\leqslant 4\times10^{11}$ 且释热率≤2 kW/m³	$A_m>4\times10^6$ 且释热率>2 kW/m³
Ⅲ	高放	—	—	$A_m>4\times10^{11}$ 或释热率>2 kW/m³	$A_m>4\times10^{10}$ 且释热率>2 kW/m³
含 α 发射体的废物		单个货包中长寿命 α 放射性核素的 A_m 大于 4×10^6 Bq/kg，对近地表处置设施，多个包装的 A_m 平均值大于 4×10^5 Bq/kg			
豁免废物		对公众成员产生的年剂量小于 10 μSv，对公众集体剂量不超过 1 人 · Sv/a 的含极少放射性核素的废物			

注：（1）包括 ^{125}I；（2）包括 ^{60}Co；（3）包括 ^{137}Cs。A_0 表示清洁解控水平

11.7.2　放射性废物管理中的辐射防护

放射性废物管理包括放射性废物的产生、收集、贮存、处理、整备、运输、处置与排放等环节，由于涉及放射性，每一个环节都与辐射防护密切相关，除了具体的工艺之外，必须做好相关的辐射防护工作，保证相关人员的健康和设备的运行安全，使环境免受放射性污染。以下仅对放射性废物的收集、处理、整备、运输、贮存、处置等方面与辐射防护密切相关的问题分别进行简要阐述，具体的工艺和方法不作讨论。

11.7.2.1　放射性废物的收集

放射性废物的收集处于放射性废物管理流程的前端，对于放射性废物最小化具有至关重要的作用。有效的分类收集可以减少实际放射性废物的数量，减少成分复杂、处理难度大、费用高的放射性废物的数量，具有重要的经济和环保价值。放射性废物的分类收集是指按照放射性废物的理化特性、放射性活度浓度或表面沾染水平等进行分类，分别暂存在不同的区域或容器，便于根据废物的特性，针对性地采取经济、高效、二次废物产生量少的工艺流程进行处理。

对液态放射性废物而言，根据其含盐量高低，含油量高低，是否含有硼、铬等特殊元素以及放射性活度浓度大小等指标进行分类，分别贮存于不同的槽内或区域。

对可能受到放射性沾染的口罩、手套、鞋套、防护服等放射性软废物首先应通过表面放射性沾染水平检测进行分类，在放射性工作场所出口放置两类贮存容器：豁免水平的可以直接归为放射性豁免管理的普通废物，部分甚至可以考虑重复使用，高于豁免水平的单独放置于另一类贮存容器。考虑到这些废物的表面放射性沾染水平一般很低，难以快速、便捷地直接测量，可以考虑制定管理水平限值：即测量放射性工作场所的气溶胶活度浓度、地面或设备表面放射性水平及出入放射性工作场所后放射性软废物的表面沾染水平，获取口罩、手套、鞋套、防护服等媒介的表面放射性沾染水平与工作场所气溶胶活度浓度、地面或设备表面特性及放射性水平之间的工程经验关系，确定放射性工作场所的气溶胶活度浓度、地面或设备表面放射性水平的安全管理水平限值。低于安全管理水平限值的

放射性工作场所，工作人员穿戴后产生的放射性软废物，可以归为放射性豁免的普通废物，否则归为放射性废物。

11.7.2.2　放射性废物的贮存

放射性废物的贮存包括收集后的暂时贮存、处理后及整备后的贮存等，涉及辐射防护问题的方面主要有：(1) 分区分类贮存：不同类别、性质、放射性水平的废物分区分类贮存，防止低放射性水平的废物混入中高放射性水平的废物；(2) 严防计划外释放：防止因渗漏、外逸等原因导致放射性物质向工作场所甚至外界释放，污染工作场所和外界环境；(3) 防止衰变热破坏贮存设施或容器导致泄漏；(4) 考虑地震、火灾等灾害及其次生效应可能带来的不利影响，防止贮存设施受破坏后放射性废物大量向环境释放。

11.7.2.3　放射性废物的处理

放射性废物处理的基本原则和目标是采取安全、高效、二次废物量少和经济性好的方法和设备，降低废物的放射性水平或危害、减少废物处置的体积。

从处理方法和技术的角度讲，放射性废物处理与一般工业废物的处理并无本质差别，但理念却有很大差别，由于目前还没有任何可行的方法手段能够将放射性核素的放射性衰变消除，只能将放射性废物中所含的放射性核素截留或浓集，降低其余部分的放射性物质的含量，使其对人或环境的危害达到可以向环境排放的要求或相关管控要求。

放射性废物处理工艺流程在设计阶段，应考虑放射性局部浓集产生的辐射水平增高、放射性物质外逸等对人员、工作场所或环境的影响，避免工作场所的放射性水平超过相关标准或管理限值，防止放射性物质使工作场所的空气、地面或设备表面遭受放射性沾染，避免放射性物质扩散到工作场所以外区域。如失效后的离子交换树脂或选择性吸附材料、蒸发工艺的蒸残液等放射性水平可能很高，必须布置在单独空间或距离操作人员工作经常停留区域较远处，必要时还应采取局部屏蔽防护措施，以减少人员受照剂量；放射性废物处理装置必须考虑操作时挥发、溅出、飞扬，设备或管道“跑冒滴漏”等问题，采取过滤通风、防洒防溅、负压密闭等措施，采用更严格的工艺设计和更高安全等级的设备或部件，将放射性物质外逸的可能性及危害降至合理可行尽量低的水平。如合理设计放射性工作场所的通排风气体的气流走向，避免排出气体又被吸入，防止交叉污染或污染扩大，同时保持必要的负压或换气次数或周期要求。

11.7.2.4　放射性废物的整备

放射性废物整备的目标是把废物转变成符合后续废物接收准则要求的废物体或废物包，保证搬运、运输、贮存和处置过程中的安全。

放射性废物的整备应遵循一定原则：充分利用空间、重量等资源，防止不必要的体积扩大；可以考虑将待最终处置的不同活度的放射性废物掺混在一起，尽量提高单个箱体的总活度，但同时要保证表面剂量率和表面污染放射性水平不能超过相应的标准。

例如，为了防止吊装或运输过程中摇晃松动而导致安全风险，一般需要将废物贮存箱中的固体废物（例如被活化的一回路设备管道、一次屏蔽、被活化或沾染后无法通过洗消等达到复用目的的工装具等）进行固定，可用于固定的材料有水泥、沥青、聚合物、玻璃、陶瓷体等。从放射性废物最小化和辐射防护最优化角度出发，可以考虑掺入部分待固化的废树脂或蒸残液等湿废物，可起到对固体废物的固定作用，又可减少废物贮存箱使用量，同时固体废物也部分充当了湿废物的屏蔽体。

11.7.2.5　放射性废物的运输

放射性废物运输的目标是确保废物安全到达目的地，在整个运输过程中不发生泄漏、不丢失，废物包装不损坏，环境不受污染，工作人员和公众所受的照射剂量低于 GB 11806 规定的限值。

除了普通运输作业应考虑的工业安全问题外，放射性废物的运输还有一些与辐射防护相关的特殊因素需要考虑，如货包的放射性（包括表面剂量率、表面污染水平、特定核素含量等）、运输平台的屏蔽防护、运输人员的工作时间控制、武装押运、防止核材料扩散等。

11.7.2.6　放射性废物的处置

放射性废物处置的目标是将放射性废物与人类及环境长期、安全地隔离，使其对人类和环境的影响减小到合理可行尽量低的水平。

为达到这一目标，需要遵循一些基本原则：处置场址应远离人口聚集地，地质构造稳定，岩石土壤防渗水性能较好，与饮用水相关联的地表水、地下水隔绝效果较好；设置多道屏障，实现放射性废物与环境、尤其是地下水的有效隔离，防止废物容器破损后放射性物质进入地下水。

思考题

1. 核动力舰船与陆地核电厂在辐射防护管理方面有哪些特殊问题需要考虑？
2. 核动力舰船辐射屏蔽设计的源项应该包括哪些信息？主要要求有哪些？
3. 核动力舰船反应堆一次屏蔽的基本目标是什么？
4. 核动力舰船二次屏蔽的基本要求是什么？二次屏蔽选材和布局与陆地核电厂相比，主要有哪些不同？
5. 对执行空中、海上和地面应急监测任务的人员，其辐射防护措施各应注重哪些？
6. 核动力舰船的辐射源项控制主要包括哪些措施？
7. 核动力舰船修理过程中的辐射防护应重点关注哪些事项？
8. 用于核动力舰船换料的乏燃料水池应考虑哪些防护措施？
9. 核动力舰船发生核事故时，工作人员应采取哪些防护措施？

第12章 核武器辐射监测与防护

核武器被视作一种“终极威慑”的武器，不到万不得以，不会使用，长期处于储存、维护、战备巡航等状态或过程，这些状态或过程中存在放射性物质泄漏或核事故风险，对相关人员和环境造成严重危害。核武器有很多类型，本章主要就现代战略核武器（原子弹或氢弹）的辐射风险来源和管理进行简要探讨。

12.1 铀钚氚的主要特性

核武器均装有一定量的核材料，包括铀、钚、氚等，为进行科学有效的防护，应掌握其主要物理化学特性、衰变和裂变特性等。

12.1.1 铀的主要特性

铀属于锕系元素，元素符号为 U，原子序数为 92，广泛存在于自然界中，地球上平均每吨地壳物质中约含 2.5 g 铀，沥青铀矿石、铜铀矿石和钒钾矿石等含量较高。海洋也含有丰富的铀资源，虽然海水含铀量很低，但数量庞大，其总含量是陆地铀矿的 1 000 多倍，且从海水中提取铀比从矿石中提取要容易，对环境的污染也小得多，目前已成为许多国家的研究热点。

12.1.1.1 铀及其主要化合物的物理化学特性

自然界中不存在游离态的金属铀，它总是以化合状态存在的，主要是二氧化铀和八氧化三铀等形态。经过开采、提炼等工序制备的金属铀是一种银白色金属，密度约 19 g/cm^3，熔点 1 132 ℃，沸点 3 818 ℃。铀的化学性质极其活泼，除惰性气体外，铀几乎能够与所有其他元素发生化学反应。在空气中金属铀块表面将很快氧化，生成黑色的金属氧化膜，使表面变暗，但这层氧化膜起到一定程度的保护作用，可以减缓进一步的氧化过程，但高温和潮湿环境将加剧氧化过程，例如 60 ℃时的氧化速度是 20 ℃时的 60 倍。因此，金属铀的贮存环境应保持低温、干燥、无氧等条件。

铀块在空气中加热后可以燃烧，粉末状的铀在空气中可以发生自燃，铀粉末与金属粉末混合也可能发生自燃，甚至发生爆炸，但氧化铀很稳定，不会燃烧。

铀在溶液中可以被氧化成三价、四价或五价等不同价态，金属铀可溶于 HNO_3，也可溶于 HCl，在氧化剂 H_2O_2 或 HNO_3 存在时可与 H_2SO_4 反应。一般情况下，铀不与碱发生反应，但在碱中加入 H_2O_2 后可能生成过铀酸钠、铀酸根或重铀酸根而被溶解。在适应环境下，铀可与多种金属生成合金，铀合金的许多性质优于金属铀，如机械强度大幅提高、更耐腐蚀、不易发生辐照肿胀等。

铀有许多化合物，以下仅简要介绍在核工业和科学研究中有重要应用的化合物的特性。

（1）二氧化铀。二氧化铀分子式为 UO_2，密度约 10.8 g/cm^3，呈红褐色或暗红色，不溶于水，化学性质稳定，是铀的最常见氧化物的形式之一，是铀矿提炼过程中的重要产物。二氧化铀的熔点达到 2 875 ℃，沸点达到 4 400 ℃，而且在高温下也具有良好的热稳定性和化学稳定性，热膨胀系数低，因此非常适合作为核反应堆的核燃料。但二氧化铀经过长时间的辐照后会发生晶格畸变，体积会略微增加，称为辐照肿胀，因此核燃料芯块和核燃料包壳之间留有一定的间隙。

（2）八氧化三铀。八氧化三铀分子式为 U_3O_8，其密度与制备方式和形态有关，通常在 8.4~9.8 g/cm^3，呈灰色或黑色粉末，也是铀的最常见氧化物的形式之一，是铀提炼过程中的重要中间产物，常用于核燃料生产和铀的浓缩，是俗称“黄饼”的主要成分。八氧化三铀常温下相对稳定，不易与其他物质发生化学反应，但可与强酸或强碱反应。

（3）六氟化铀。六氟化铀分子式为 UF_6，室温下是无色的晶体或粉末，但熔点和沸点很低，加热后迅速转变为气体。六氟化铀在干燥环境中相对稳定，但对水或湿气非常敏感，容易水解生成氢氟酸和铀的氢氧化物。由于六氟化铀加热后转变为气体，可以通过气体离心法或气体扩散法用于铀同位素分离。

（4）铀硝酸盐。铀硝酸盐的化学态取决于铀的氧化态，常见的有硝酸铀酰［$UO_2(NO_3)_2$］和硝酸铀［$U(NO_3)_4$］。铀硝酸盐通常呈黄色或绿色晶体，有些可能呈现为无色或棕色，易溶于水。铀硝酸盐在干燥环境中相对稳定，但在潮湿环境中可能会分解。铀硝酸盐可与还原剂反应，还原成较低氧化态的铀化合物，也可与碱反应生成铀的氢氧化物。铀硝酸盐可作为核燃料生产的前体物质，可通过进一步的化学处理转化为二氧化铀等其他形式的铀化合物。

（5）铀酰盐。铀酰盐是含有铀酰离子［$(UO_2)^{2+}$］的盐类化合物，通常呈现黄色或绿色，多数易溶于水。除了前面介绍的销酸铀酰外，常见的还有硫酸铀酰（UO_2SO_4）、氯化铀酰（UO_2Cl_2）、醋酸铀酰［$UO_2(CH_3COO)_2$］、碳酸铀酰（UO_2CO_3）等，这几种铀酰盐的稳定性受温度、湿度、光照、pH、氧化还原条件等的影响，在干燥空气中一般都比较稳定，加热时会分解，在潮湿空气中易吸湿并水解或转化为其他类型的铀化合物。

12.1.1.2　铀的衰变和裂变特性

铀有 20 多种同位素，但大多数半衰期较短，自然界中仅存在^{234}U、^{235}U、^{238}U 等三种同位素，半衰期分别为 2.455×10^5 年、7.038×10^8 年、4.468×10^9 年，天然丰度分别约为 0.005 4%、0.720 4%、99.274 2%，铀的这三种同位素以 α 衰变方式为主，自身发射 γ 射线的分支比很小，能量也不高，但有的衰变子体可能会发射较强的 γ 射线。因此，接触或者接近含有铀元素的材料时，尤其是经过人工浓缩后的含铀材料，应同时采取一定的外照射和内照射防护措施，以保障人员健康。

除发生 α 衰变外，^{234}U、^{235}U 和^{238}U 还可能发生自发裂变，但发生概率极小，如^{234}U 的自发裂变分支比为1.6×10^{-9}%，^{235}U的自发裂变分支比为7.0×10^{-9}%，^{238}U的自发裂变分支比为5.4×10^{-5}%，实践中完全可以忽略不计。

^{235}U与中子发生反应的截面较大，尤其是热中子诱发裂变截面达580 b以上，比^{238}U大好几个数量级，虽然自然界中的^{235}U丰度较低，但只需较低倍数的浓缩就可以用作轻水反应堆的核燃料。另一方面，由于^{238}U吸收一个中子转变为^{239}U后经过两次β衰变后转换为易裂变核素^{239}Pu，实现核燃料的增殖，因此可以直接使用天然铀作为快堆的核燃料，而且快堆可将天然铀资源的利用率从热堆的1%左右提高到60%以上，同时产生的长寿命放射性废物更少。

由于体积、质量等方面的限制，核武器需要使用高浓缩铀（一般^{235}U的富集度至少达到80%以上）和（或）^{239}Pu作为核燃料。

12.1.1.3 铀的生物危害性

铀及其化合物会发生放射性衰变，其衰变子体也具有放射性，释放出α射线、β射线、γ射线等，对生物组织造成辐射损伤，同时又具有化学毒性。

铀及其化合物可能通过吸入、食入和皮入等途径进入人体，由于铀的三种主要同位素的半衰期很长，铀化合物在生物体内的滞留时间主要取决于生物新陈代谢过程。铀进入人体后，主要被肝脏和肾脏富集。如果铀从胃肠道途径进入人体，被吸收后进入血液，然后输运到肝脏，再通过血液循环输运到肾脏、骨骼和肺部等。在人体组织器官的环境下，铀没有气态化合物，主要通过肾脏和肝脏的代谢过程排出。铀在人体组织或器官的循环、分布及代谢过程与铀的化学形态、生理条件、外部干预（如饮水、服用促排药或络合药物等）等密切相关。

12.1.2 钚的基本特性

钚也属锕系元素，在自然界中并不存在，是一种人造元素，元素符号为Pu，原子序数94。

12.1.2.1 钚及其主要化合物的物理化学特性

钚是一种具有银白色金属光泽的金属，密度19.8 g/cm^3，熔点仅640 ℃，沸点3 228 ℃。钚的化学性质十分活泼，在空气中很快被氧化成暗灰色，湿度较大时将加速氧化过程；当在空气中暴露的时间较长时，表面的氧化层（主要是二氧化钚）将转换成十分松散的形态甚至碎渣粉末。

与铀类似，钚块在空气中加热时可能会发生自燃，粉末状的钚在空气中可以发生自燃。

金属钚能与氢气、卤素气体和氨气发生反应，与氮气作用的速率很慢。钚与氢气反应的产物主要为PuH_2和PuH_3，在温度升高时，反应速率较快。

因此，为抑制氧化，钚的贮存和操作的气氛环境应保持干燥，最好是用无氧气氛，如高纯氮气等。

钚也有多种化合物，最重要的化合物为二氧化钚，可用于制备钚的其他化合物。二氧化钚是淡黄色至黄绿色的固体，密度约11.5 g/cm^3，十分坚硬，熔点高达2 200 ℃以上，几乎不溶于水。二氧化钚是一种较强的氧化剂，在干燥环境中相对稳定，但在潮湿空气中会吸收水分和二氧化碳，生成氢氧化钚和碳酸钚。

钚的不同氧化态在水溶液中呈现不同的颜色，如钚（Ⅲ）离子通常呈现为暗棕色，钚（Ⅳ）离子通常呈现黄绿色，钚（Ⅴ）离子通常呈现黄色，钚（Ⅵ）离子通常呈现粉红色或红色，但这些颜色可能会因溶液的 pH、其他离子以及溶液尝试等因素而有所不同。

在一定条件下，钚可与铁、钴、镍等形成合金，其机械性能、热性能和耐腐蚀性能更好。

12.1.2.2 钚的衰变和裂变特性

钚在自然界中没有稳定的同位素，有十几种放射性同位素，都是由核反应堆生产的，质量数从 232 至 246，其中 ^{239}Pu 是重要的核燃料，^{238}Pu 主要用于生产核电池，^{240}Pu 是生产超钚元素的主要原料。钚的这三种同位素基本只发生 α 衰变，自发裂变概率很小，发射 γ 射线的强度很小、能量很低，这使得通过测量 γ 射线来判断它们的存在十分困难。

^{238}Pu 的半衰期约 87.7 年，主要发射 5.499 MeV、5.456 MeV 两种能量的 α 粒子，衰变分支比分别为 70.91%和 28.98%，自发裂变分支比约 1.9×10^{-7}%，热中子诱发裂变截面约 17.9 b。^{239}Pu 的半衰期约 2.41 万年，主要发射 5.157 MeV、5.144 MeV 和 5.105 MeV 三种能量的 α 粒子，衰变分支比分别为 70.77%、17.11%和 11.94%，自发裂变分支比约 3.1×10^{-10}%，热中子诱发裂变截面 748 b。^{240}Pu 的半衰期约 6561 年，主要发射 5.168 MeV 和 5.123 MeV 两种能量的 α 粒子，衰变分支比分别为 72.8%和 27.1%，自发裂变分支比约 5.7×10^{-6}%，热中子诱发裂变截面约 0.056 b。由于 ^{239}Pu 热中子诱发裂变截面大，且比其他几种同位素更容易生产，所以它比 ^{235}U 或 ^{238}U 更适合作为核武器的裂变材料。

12.1.2.3 钚的生物危害性

钚及其化合物会发生放射性衰变，其衰变子体也具有放射性，主要释放出 α 射线，因此只有被人体吸入或食入、或者沾染在皮肤表面才会造成辐射损伤。另一方面，钚的化学毒性极强，而且化学毒性和辐射损伤是同时发生的，且相互促进，对人体的整体伤害比单独的化学毒性或辐射损伤更为严重。

不溶性钚化合物被吸入后绝大部分将被呼吸道截住，可溶性钚化合物被吸入后大部分将进入人体循环系统；食入的可溶性钚化合物较容易被胃肠道吸收并进入血液，分布到全身，钚主要积聚在骨骼中，其次是肝脏。未被吸收的钚随粪便排出，被吸收的钚主要通过肾脏过滤后进入尿液。

12.1.3 氚的基本特性

氚（Tritium，可记为 T 或 ^{3}H）是氢的一种放射性同位素，原子核内有 1 个质子和 2 个中子，原子核外 1 个电子。

氚只发生 β 衰变（这种情况称为纯 β 放射性），半衰期为 12.3 年，衰变时放出一个 β 粒子，转变为 ^{3}He，β 粒子的能量是连续的，最大能量 18.6 keV，平均能量 5.7 keV。由于氚衰变放出的 β 粒子能量较小，穿透力很弱，一般情况下不需要专门的外照射防护。

常温常压下，氚主要以气态存在，质量密度比氢高，沸点和熔点也比氢高。

氚的化学性质与氢基本相同，能够与多种金属或非金属元素以及化合物发生反应，但由于质量较氢重，反应速率可能有所差异。由于氚具有放射性，而且可以被检测到，因而可以用来标记生物分子，在生物化学中十分有用。

氚的有些物理性质与氢相差很大，气态氚能与油、润滑剂、橡胶等高分子有机物的氢发生同位素交换，氚衰变发射的 β 粒子可能会破坏高分子有机物的化学键，影响有机物的性能。氚气可以通过氧化和同位素交换反应生成氚化水（HTO 或 T_2O），氚化水的毒性比氚气大得多，进入人体后更新缓慢，对人体危害更大。氚与水分子的氢发生同位素交换后生成氚化水，这种反应过程的速率在大气环境中与氚的浓度、温度、温度、光照条件等有关。

由于氢气和氚气分子较小，能够渗透进入许多材料，按渗透率从大到小的顺序为聚合物、金属、陶瓷，渗透率大小与温度、压力差、材料的孔隙率和晶界等有关。氚化水对某些有机高分子材料的渗透率比氚气大得多，在许多场合应引起重视，对常见的橡胶，按渗透率从大到小的顺序为硅橡胶、天然橡胶、丁腈橡胶、氯丁橡胶、三元乙丙橡胶、丁基橡胶、卤化丁基橡胶。为减小氚的渗透，应尽量避免和控制氚向氚化水的转化，比如手套箱，应采取有效措施控制手套箱内部的水分和氧气。

12.2　核武器及其贮存场所的辐射监测

核武器及其贮存场所的放射性主要来源于铀钚氚核材料、天然氡及其子体等，辐射监测对象可大致分为放射性气溶胶和氚两大类，以下分别简要介绍其监测原理和方法。

12.2.1　放射性气溶胶监测

放射性气溶胶是悬浮在空气中包含一定量放射性核素的微小颗粒，由于粒径极小，可以长期悬浮而不沉降。与设备管道内的放射性液体或密封或开放放射源的放射性核素空间分布比较集中的特点不同，放射性气溶胶中的放射性核素的分布非常分散，单位体积内的放射性核素很少，即放射性活度浓度很低，很难使用核辐射探测器进行直接测量，必须设法将气溶胶采样浓集后再对采样介质进行测量才能实现目的。

放射性气溶胶的采样浓集包括气体流道、采样介质、抽气泵等，抽气泵作为驱动源，气体在专门设计的流道中流动，遇到采样介质时，气体分子直接穿透采样介质，气溶胶及浮尘等微小颗粒被采样介质截留，根据气溶胶所含物质的特性，过滤介质可采用滤纸、滤盒等多种形式。随着采样时间的加长，被采样介质截留的气溶胶逐渐积累（被截留的放射性核素也会衰变），总的积累量与采样流量、采样时间、滤纸截留效率、放射性核素的半衰期等有关。

根据气溶胶采样介质的工作使用方式，可以分为连续走纸式采样和间断更换式采样两种。连续走纸式采样装置主要由卷式滤纸、放纸轴、收纸轴和电机及辅助部件等构成，如图 12-1 所示，卷式滤纸套在放纸轴上，最外圈的活动端固定于收纸轴，收纸轴由电机驱动以一定速度转动，滤纸从放纸轴慢慢转移到收纸轴上卷起来，类似自行车采用飞轮带动后轮的方式。走纸式采样适用于监测实时性要求较高的场合，间断更换式采样的介质为事先形状和大小裁剪好的，当总的累积流量达到要求时，取样采样介质放到测量装置中测量，这种方法适用于实时性要求不太高、但精确性要求更高的场合。

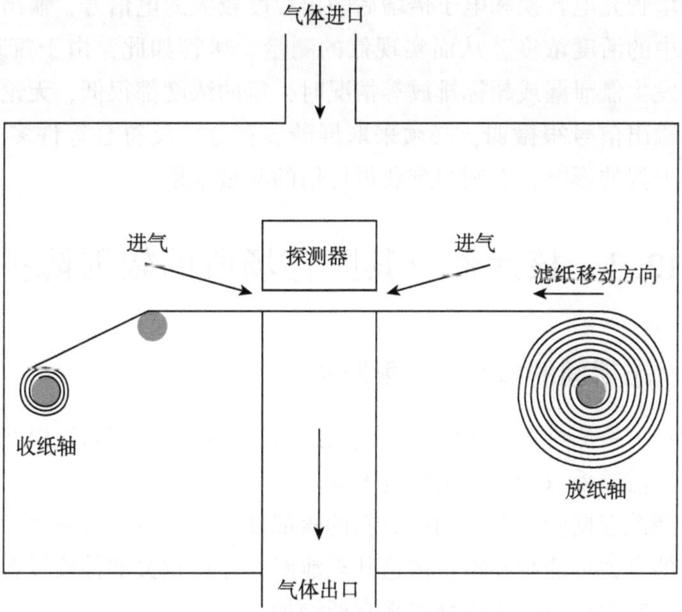

图 12-1 连续走纸式气溶胶采样和测量装置示意图

根据测量目的的不同，放射性气溶胶监测可分为总 α 活度浓度监测、总 β 活度浓度监测、某个核素的活度浓度监测等，也有通过测量 γ 能谱的方式实现放射性核素监测的。放射性气溶胶的总 α 和总 β 活度浓度监测可采用复合闪烁体探测器或半导体探测器，通过探测器输出信号的幅度大小或脉冲形状对 α 粒子和 β 粒子进行分类，核素的活度浓度监测一般采用半导体探测器监测，通过 α 能谱或 γ 能谱实现核素识别的定性测量和活度浓度的定量测量。如果测量对象是 α 粒子，则需要考虑采样介质的自吸收作用、空气层的吸收等，为了准确测量 α 能谱，必须抽真空才行。

实际测量中，经常存在不同来源的放射性气溶胶，为了测量目标气溶胶，可以根据测量对象核素半衰期的不同，采取延迟测量的方法，即采样完毕后不立刻测量，而是等待一段时间待干扰核素明显衰减之后再测量，等待时间根据目标核素和干扰核素的半衰期而定。

12.2.2 氚监测

根据氚的化学形态的不同，氚可分为气态氚（T_2 或 HT）和氚化水（T_2O 或 HTO），其监测原理和方法有较大差别。由于氚为纯 β 放射性核素，发射的 β 粒子最大能量仅 18.6 keV，平均能量约 5.7 keV，在许多介质中的射程很短，如果采用常规方法测量，β 粒子在进入探测器灵敏介质之前已被空气、探测器保护壳等吸收，无法在探测器灵敏介质中沉积能量从而产生有效的电信号。一个比较有效的方法是将氚引入探测器内部直接进行测量，从而回避空气、探测器外壳等吸收的影响。对气态氚，目前多采用电离室，采用抽气泵将其含有气态氚的空气抽入电离室灵敏体积内部，氚衰变发射的 β 粒子直接使电离室工作气体发生电离，输出电流信号的平均幅度体现了氚在空气中的浓度，从而实现氚的测量。对于氚化水，多采用液体闪烁探测器，将含有氚化水的溶液制备好后与液体闪烁液混合，氚化水成为探测器灵敏介质的一部分，氚衰变发射的 β 粒子被闪烁液吸收产生闪烁光，经光电倍增管光电转换和电子倍增后输出幅度较大的电信号，输出信号的脉冲计数率反应了氚在水中的活度浓度，从而实现氚的测量。尽管如此，由于氚衰变发射的 β 粒子能量很低，未发生氚泄漏或超标排放等情况时，氚的浓度都很低，无论是电离室还是液体闪烁探测器，输出信号很微弱，必须采取屏蔽、符合、反符合等许多方法措施降低本底、噪声及外界干扰的影响，否则很难获得可信的测量结果。

12.3 核武器及其贮存场所的辐射防护

12.3.1 不同状态期间的核武器辐射防护

核武器在贮存、检测维护、运输等不同状态期间，产生的辐射源以及工作人员靠近核武器的程度不同，需要采取的防护措施也不同。

核武器在长期贮存期间，含有铀钚材料的核部件不可避免地会发生一定程度的氧化腐蚀，贮存氚材料的容器可能存在微量渗透甚至泄漏，导致相关部件或设备、地面的表面污染水平和贮存场所空间的空气放射性水平有所增加。

如果工作人员需要进入核武器贮存场所进行常规的安全检查等，应提前一段时间开启过滤通风系统，降低空气放射性水平，同时工作人员应穿沾染防护服、戴口罩、戴手套、穿鞋套等措施，多管齐下，尽可能减少人员通过吸入途径或通过手和面部等直接、间接接触途径产生的内照射剂量。从这些区域出来后进入清洁区域前应根据实际情况进行手部、面部甚至全身的洗消，避免将沾染在体表的放射性物质带入办公区或食堂、宿舍。对于更换的防沾染服、手套、口罩、鞋套等，应集中收集贮存，进行表面污染测量，必要时取样制样后进行高纯锗核素分析或液体闪烁计数器测量分析，根据相关的放射性废物管理规定或标准进行分类贮存，定期进行集中处理。

对核武器涉核部件进行检测、维护等操作时，除了采取通风、穿戴防沾染防护用品等措施外，工作人员可能需要十分接近甚至直接操作含铀钚的核部件，因此还应考虑外照射防护的问题，此时可以考虑戴上含铅玻璃防护眼镜，将沾染防护服罩于铅衣或铅背心外面，起到防沾染和外照射防护的双重作用，同时铅衣或铅背心不会发生放射性沾染，可以重复使用。由于采取这些防护措施后，相比未采取措施的情形，工作人员的工作效率可能明显下降，完成相同的任务需要更长的时间，事先应根据任务情况作好计划或预案，采用人员分组轮流等方法，控制人员受照剂量。操作含铀钚或含氚的部件时，应在开启抽风的手套箱内进行，并通过手套箱内外部压差的监测等措施确保手套箱的密闭性满足相关要求。平时要特别关注手套箱密闭薄弱处，如手套橡胶、手套与箱体的连接处、通风管道与箱体的连接处、密封垫等，定期检查或更换，确保手套箱的密闭性。由于氚水在橡胶、皮肤等介质中的渗透性显著高于氚气，因此，操作含氚的部件时应采取措施防止氚气转换为氚水，或减少氚气转换为氚水的比例和速率，从而减少氚产生的内照射。

如果核武器在运输途中因车辆着火等原因导致核武器发生化学爆炸，含铀钚的部件可能被炸裂，产生不同大小的碎块，部分甚至发生燃烧，将产生大量的放射性气溶胶和微小的悬浮颗粒。在消防专业人员灭火后，其他专业工作人员进行应急救援时，首先应根据当时的风向等气象条件，在穿戴好密闭性能较好的全身防护装具和呼吸道防护装具后选择上风向进入，并尽可能采取面朝下风向的姿势开展相关工作，以减少气溶胶和悬浮颗粒的吸入内照射，同时减少化学毒性的伤害。

如果在核武器吊装等操作过程中发生跌落、撞击等导致含铀钚或含氚的核部件发生破损时，若未产生明火或判明不会有爆炸风险时，应加大排风量，根据空气放射性监测结果适时进场处理。若产生明火，存在爆炸风险，应首先扑灭明火消除燃烧和爆炸风险再进场处理。若发生燃烧和爆炸，首先应确保完全灭火后再进场。需要注意的是，灭火器材应考虑燃烧对象的特殊性，不能直接使用泡沫灭火器。待确认收回所有核部件后，应先进行表面污染监测，对污染热点区域进行初步去污后再进行其他操作，防止扩大污染范围。所有设备、部件和地面表面应进行表面污染监测，超过限值时应根据对象特性使用合适的去污方法进行去污，确保表面污染水平低于限值。

受污染的防护装具和用品应根据类型和污染水平分类处理，超过低水平放射性废物下限标准的手套、鞋套等一次性用品作为放射性废物，面具、专用防护服等视去污情况而定。

12.3.2 核武器贮存场所的辐射防护

为加强辐射防护管理，降低受照人数和受照剂量，贯彻辐射防护最优化原则，核武器贮存场所应根据空气放射性、表面放射性和外照射剂量等进行分区，进入不同的区域应获得相应的授权，同时采取规定的辐射防护措施，并安排专人进行监督和检查。

如前节所述，核武器贮存场所的辐射源既有来自核武器的铀、钚、氚等，也有来自贮存场所的氡及其衰变子体。根据辐射来源及其特点，核武器贮存场所的辐射防护应重点从通风换气、辐射监测两方面着手。

平时应定期通风，进场作业前应保证足够次数的通风换气，以减少放射性气溶胶在贮存场所空气环境中的积累和在设备、地面的沉积，定期采用吸尘器等工装清除设备和地面的浮尘，或者采用专门的方法和装置降低空气中氡子体的浓度，以尽量减少吸入内照射和人员的表面沾染。

贮存场所的辐射监测应采用在线连续监测和手工巡测相结合的方式，在线连续监测应包括氡（及其子体）活度浓度监测、氚活度浓度监测、重点部位的 γ 剂量率监测等，其中氡和氚监测的取样口应根据对象特点设置；手工巡测主要是重点部位的表面放射性监测、在线连续监测难以覆盖区域的氡和氚的监测等，可采取便携式表面污染监测仪、便携式氡取样监测仪、便携式氚取样监测仪进行定期或不定期巡回测量。对各种方式获取的监测数据，应采用有效方法进行及时统计、分析，从其变化趋势中发现异常，及早采取措施处理。

思考题

1. 用于核武器的铀钚材料有哪些重要特征？这些材料在长期保存时应注意什么问题？可以采取哪些措施？
2. 贮存氚气的容器宜采用什么材料？要注意控制哪些因素？
3. 洞库和地下设施的辐射危害来源有哪些？有什么特点？
4. 核武器贮存期间的辐射危害可能有哪些？可采取什么措施加以防护？

参考文献

[1] TURNER J E. Atoms, Radiation, and Radiation Protection [M]. Weinheim: WILEY-VCH Verlag GmbH & Co. KGaA, 2007.

[2] 陈伯显，张智，杨祎罡. 核辐射物理及探测学 [M]. 2 版. 哈尔滨：哈尔滨工程大学出版社，2021.

[3] 汪晓莲，李澄，邵明，等. 粒子探测技术 [M]. 合肥：中国科学技术大学出版社，2009.

[4] 安继刚. 电离辐射探测器 [M]. 北京：原子能出版社，1995.

[5] 李德平，潘自强. 辐射防护手册第五分册——辐射危害与医学监督 [M]. 北京：原子能出版社，1991.

[6] 环境保护部辐射环境监测技术中心. 核技术应用辐射安全与防护 [M]. 杭州：浙江大学出版社，2012.

[7] MARTIN A, HARBISON S, BEACH K, et al. An introduction to radiation protection [M]. 7th ed. Taylor & Francis, 2019.

[8] 霍雷，刘剑利，马永和. 辐射剂量与防护 [M]. 北京：电子工业出版社，2015.

[9] 夏益华. 电离辐射防护基础与实践 [M]. 北京：原子能出版社，2011.

[10] 潘自强，程建平，等. 电离辐射防护与辐射源安全（上册）[M]. 北京：原子能出版社，2007.

[11] 唐木涛，高伟. 军队辐射防护与管理 [M]. 北京：军事医学科学出版社，2014.

[12] 尚爱国，等. 核武器辐射防护技术基础 [M]. 2 版. 西安：西北工业大学出版社，2016.

[13] 朱国英，陈红红. 电离辐射防护基础与应用 [M]. 上海：上海交通大学出版社，2016.

[14] 郑钧正. 国际基本安全标准的演进 [J]. 辐射防护，2015（6）：356-366，380.

[15] ICRP. 国际放射防护委员会 2007 年建议书 [M]. 第 103 号出版物. 北京：原子能出版社，2008.

[16] 郑钧正，李君利. ICRP 放射防护基本建议书的演进及其启示 [J]. 辐射防护通讯，2008（6）：1-8，25.

[17] 夏益华. 电离辐射防护与安全 [M]. 北京：北京理工大学出版社，2023.

[18] ICRP. 国际放射防护委员会第 118 号出版物 [M]. 北京：原子能出版社，2011.

[19] 国际放射防护委员会，辐射单位与测量委员会. 外照射放射防护中使用的换算系数 [R]：国际放射防护委员会第 74 号出版物，1995.

[20] 潘自强，等. 辐射源与屏蔽 [M]. 北京：原子能出版社，1989.

[21] 古雪夫 Н Г. 电离辐射防护 [M]. 北京：原子能出版社，1988.

[22] 牛延涛，胡鹏志，曹国全. 放射物理与辐射防护学 [M]. 北京：科学出版社，2022.

[23] 强永则. 医学辐射防护学 [M]. 北京: 高等教育出版社, 2013.
[24] MARTIN J E. Physics for Radiation Protection [M]. Weinheim: WILEY-VCH Verlag GmbH & Co. KGaA, 2006.
[25] 徐钟济. 蒙特卡罗方法 [M]. 上海: 上海科学技术出版社, 1985.
[26] 许淑艳. 蒙特卡罗方法在实验核物理中的应用 [M]. 北京: 原子能出版社, 2006.
[27] 邓力, 李刚. 粒子输运问题的蒙特卡罗方法与应用 (上册) [M]. 北京: 科学出版社, 2019.
[28] 李德平, 潘自强. 辐射防护手册第一分册——辐射源与屏蔽 [M]. 北京: 原子能出版社, 1987.
[29] 李星洪. 辐射防护基础 [M]. 北京: 原子能出版社, 1986.
[30] 陈倩兰, 骆志平, 夏益华. 利用不同呼吸道模型计算 ^{239}Pu 的肺部滞留量结果比较 [J]. 中国辐射卫生, 2018, 27 (2): 97-101.
[31] 汲长松. 中子探测 [M]. 北京: 中国原子能出版, 2014.
[32] 汲长松. 中子探测实验方法 [M]. 北京: 原子能出版社, 1998.
[33] 卢玉楷, 等. 简明放射性同位素应用手册 [M]. 上海: 上海科学普及出版社, 2004.
[34] 凌球. 核电站辐射测量技术 [M]. 北京: 原子能出版社, 2001.
[35] 杨宁, 张文首, 江新标. 燃料元件破损监测用缓发中子探测器的国内发展及其技术要点 [J]. 核电子学与探测技术, 2013 (12): 1485-1489.
[36] 袁彬. 中国脉冲堆燃料元件包壳破损监测三元法数字化技术研究 [D]. 衡阳: 南华大学, 2010.
[37] 袁彬, 刘才学, 曾少立. 燃料元件包壳破损监测三元法数字化技术研究 [C]. 中国核学会 2011 年学术年会, 贵阳, 2011.
[38] 岳会国, 等. 核事故应急准备与响应手册 [M]. 北京: 中国环境科学出版社, 2012.
[39] 岳会国. 辐射应急监测技术 [M]. 北京: 人民交通出版社股份有限公司, 2014.
[40] 杨新芳, 李秀芹, 赵进沛, 等. 参加全国放射工作人员个人剂量监测系统比对结果分析 [J]. 解放军医药杂志, 2012 (5): 49-51.
[41] 徐青. 个人辐射剂量监控管理系统的设计与实现 [D]. 上海: 上海交通大学, 2010.
[42] 张红梅, 马梅, 马楠, 等. 放射源及个人剂量监测管理系统设计与实现 [C]. 第 11 届全国计算机在现代科学技术领域应用学术会议, 长岛, 2003.
[43] 刘杰, 刘忠, 饶书锦. 放射防护综合管理系统的研究 [J]. 中华放射医学与防护杂志, 1994 (2): 128-129.
[44] 曹龙生, 廖宇航, 吕安标, 等. 超大流量气溶胶自动连续采样分析系统监测方法研究 [J]. 辐射防护, 2023, 43 (3): 235-242.
[45] 龚玉巍, 贾铭椿, 郭智荣, 等. Gold 解谱算法在放射性气溶胶监测中的应用 [J]. 核电子学与探测技术, 2015, 35 (1): 66-69.
[46] 孔繁燕. 低水平放射性气溶胶测量的 γ 能谱解析方法研究与系统设计 [D]. 南昌: 东华理工大学, 2021.
[47] 李语奇, 徐鹏程, 占勤, 等. 氢同位素形态对电离室氚测量的影响 [J]. 原子能科学

技术，2023，57（12）：2428-2434.
［48］吕晓侠，陈细林，姚顺和. 液闪 TDCR 测量装置研制［J］. 原子能科学技术，2014，48（11）：2133-2136.
［49］吴永乐，刘浩然，柳加成，等. 氚化水放射性活度的绝对测量［J］. 核化学与放射化学，2016，38（1）：32-37.
［50］温伟伟，徐荣政，吴友朋，等. 地下工程氡防护方法及能力研究［J］. 辐射防护，2022，42（1）：48-53.